基於EXCEL的
財務金融建模 實訓

主　編　趙　昆
副主編　董雲杰、劉新星、劉秀麗

前 言

一、財務金融建模概述

財務金融建模是一門實踐性很強的課程，要求學生在熟練掌握相關計算機軟件的條件下，綜合運用經濟學、管理學、金融學、財務管理和會計學等相關學科的理論和方法，來解決現實經濟社會中的實際問題。在經濟社會中，從個人、家庭到企業，再到國家，各行各業的活動隨時都在產生信息，隨時都需要接收和處理信息。可以說，任何經濟管理活動中的決策，都是在對相關信息進行消化之后做出的。對信息的處理、加工和分析能力越高，決策的正確性和效率就越高。

財務金融建模的任務就是，針對實際問題所需要達成的目標，運用經濟管理和財務金融相關理論和方法，在計算機軟硬件的輔助下，對經濟信息建立「數量模型」，以此完成相應地工作。這些工作主要有以下幾大類：

(1) 處理和加工原始信息；
(2) 對經濟活動進行描述性統計分析；
(3) 對經濟活動進行計量分析，揭示變量之間的數量關係；
(4) 構建會計信息之間的量化關係，搭建財務會計核算體系；
(5) 在給定的目標和條件下，對比若干策略，做出最優化決策；
(6) 為經濟活動主體（個人、家庭或企業）做理財規劃和財務規劃；
(7) 對經濟金融市場進行計量分析與預測；
(8) 其他應用領域。

二、Excel 在財務金融建模中的應用

財務金融建模從信息收集、存儲、處理、加工再到分析、描述以及與用戶的交互，都越來越離不開計算機硬軟件的輔助。在各類統計軟件、財務軟件和數據庫軟件中，Excel 具有獨特的優勢。

（一）軟件普及性高

Excel 是微軟公司的辦公軟件「Microsoft office」的組件之一，是 Windows 操作系統下運行的一款試算表軟件，可以進行各種數據的處理、統計分析和輔助決策操作，廣泛地應用於管理、統計財經、金融等眾多領域。Excel 的普及率相當高，幾乎是每臺個人電腦和辦公電腦的必裝軟件，因此，用 Excel 編製的數據表格可以在任意一臺電腦上打開，其通用性較高。

（二）數據處理功能強大

Excel 內置了大量的公式函數，使用它們可以很方便地實現各專業領域的複雜計

算；另外，Excel 還提供了對信息的管理和分析功能，可以很方便地管理電子表格或網頁中的數據列表，並且可輕鬆完成數據資料的圖表製作。

（三）強大的二次開發功能

Excel 除了給用戶提供現成的功能模塊和公式函數以外，還提供了強大的 Visual Basic for Applications（VBA）編程功能。VBA 是一種宏語言，是微軟開發出來在其桌面應用程序中執行通用的自動化（OLE）任務的編程語言，用來擴展 Windows 應用程序，特別是 Microsoft Office 軟件的功能。Excel VBA 就是專門為擴展 Excel 功能而研發的 VB 編程語言。

編寫 VBA 代碼，可以讓 Excel 自動完成原本需要手工逐步操作的工作，可以批量完成原本需重複性操作的工作。另外，VBA 還可以編寫依託於 Excel 的應用程序，在實現複雜計算和分析的同時，其程序界面又可以增強用戶與數據的交互性。總之，掌握了 VBA，可以發揮以下作用：

（1）規範用戶的操作，控制用戶的操作行為；
（2）使操作界面人性化，方便用戶的操作；
（3）多個步驟的手工操作通過執行 VBA 代碼可以迅速地實現；
（4）實現一些 Excel 手工操作無法實現的功能；
（5）實現複雜的統計計量分析。

三、本書的特點

（一）理論與實踐相結合

本書雖為實訓教材，但在每個實訓任務和具體技能訓練開始之前，都有相應地理論知識介紹作為先導，從而使讀者能夠充分瞭解理論是如何應用到實踐中的，實踐又是如何結合理論而展開的。

（二）以實訓技能為導向，註重基本操作方法的介紹

本書共分為六大模塊，每個模塊中又分若干實訓任務，每個實訓任務中，又有不同的實訓技能訓練，整個邏輯體系的安排是以具體技能作為導向，並且以基本操作方法的講解作為側重點。因此，學完本書中所有實訓或部分實訓，讀者能清晰地知道自己掌握了什麼技能。

（三）在側重基本技能的同時，又不失對高級建模技術的探討

本書在各個模塊的實訓技能任務中，除了詳細介紹必備知識和基本操作方法外，還對 Excel 高級建模技術有初步的引導。本書通過一些較為簡單的案例，讓讀者在短時間內學會一些高級技能，切身感受到進階高級技術並不是遙不可及的目標，從而激發學生學習的積極性。

四、本書適用的對象

（一）普通高等院校（專科、本科）學生

本書可以作為普通高等院校專科生和本科生的實訓教材，也可以作為理論課的實踐輔助教材。通過本書的學習，學生將能夠較好地掌握如何運用 Excel 軟件來解決財務金融領域的實際問題。

（二）企事業單位財務金融方面的實踐工作者

Excel 作為最著名的辦公軟件之一，在各行各業的普及面很廣，很多企事業單位的工作人員都需要經常性地操作 Excel 軟件來收集數據、處理數據和分析數據，因此，本書可以作為企事業單位從事財務金融實務工作者的參考書。只要掌握了本書介紹的基本技能，那麼對於一般的財務金融問題，讀者也就具備了用 Excel 軟件來解決的基礎能力。

當然，本書的缺點和不足在所難免，讀者一旦發現，請與作者聯繫，我們將在改版中，加以調整和修改。另外，如果有其他好的修訂建議和意見，也請不吝賜教，我們將非常感謝。

編者

目 錄

模塊一　財務金融建模的 Excel 基礎 ……………………………………（1）
　　任務 1　常見 Excel 函數的使用 …………………………………………（2）
　　　　實訓技能 1　數學與統計函數 ………………………………………（4）
　　　　實訓技能 2　財務函數 …………………………………………………（6）
　　　　實訓技能 3　邏輯函數 …………………………………………………（10）
　　任務 2　常見 Excel 圖表的製作 …………………………………………（12）
　　　　實訓技能 1　折線圖的製作 ……………………………………………（14）
　　　　實訓技能 2　散點圖的製作 ……………………………………………（19）
　　　　實訓技能 3　柱狀圖的製作 ……………………………………………（21）
　　　　實訓技能 4　餅狀圖的製作 ……………………………………………（23）

模塊二　Excel 在會計核算中的應用 ……………………………………（26）
　　任務 1　編製會計憑證 …………………………………………………（27）
　　　　實訓技能　在 Excel 中編製會計分錄 ………………………………（38）
　　任務 2　編製會計科目匯總表 …………………………………………（45）
　　　　實訓技能 1　根據 Excel 中的會計憑證編製明細科目匯總表 ………（48）
　　　　實訓技能 2　根據 Excel 中的會計憑證編製科目匯總表 ……………（53）
　　任務 3　編製資產負債表 ………………………………………………（61）
　　　　實訓技能　根據 Excel 中的科目匯總表編製資產負債表 ……………（67）
　　任務 4　編製利潤表 ……………………………………………………（73）
　　　　實訓技能　根據 Excel 中的科目匯總表編製利潤表 …………………（74）

模塊三　Excel 在理財規劃中的應用 ……………………………………（78）
　　任務 1　養老規劃模型的 Excel 實現 ……………………………………（79）
　　　　實訓技能 1　基於 Excel 函數的養老規劃解決方案 …………………（80）

　　　　實訓技能 2　Excel 控件在養老規劃解決方案中的運用 …………… (82)

　　任務 2　基於 Excel 函數的教育規劃解決方案 ………………………… (86)

　　　　實訓技能 1　基於 Excel 函數的教育規劃解決方案 …………… (87)

　　　　實訓技能 2　Excel 控件在教育規劃解決方案中的運用 …………… (90)

　　任務 3　住房規劃模型的 Excel 實現 …………………………………… (93)

　　　　實訓技能 1　基於 Excel 函數的住房按揭貸款的還款解決方案 …… (95)

　　　　實訓技能 2　租房與買房的比較 ……………………………… (102)

模塊四　Excel 在金融投資分析中的應用 ……………………………… (105)

　　任務 1　股票價值分析 ……………………………………………… (106)

　　　　實訓技能 1　股票貝塔系數的計算 …………………………… (108)

　　　　實訓技能 2　貝塔系數選股有效性的檢驗 …………………… (114)

　　任務 2　債券價值分析 ……………………………………………… (115)

　　　　實訓技能 1　債券價值決定模型的 Excel 建模 ……………… (119)

　　　　實訓技能 2　債券定價原理的直觀驗證 ……………………… (120)

　　　　實訓技能 3　債券久期的計算 ………………………………… (125)

　　　　實訓技能 4　債券久期免疫策略的應用 ……………………… (128)

　　任務 3　資產配置與證券投資組合分析 …………………………… (138)

　　　　實訓技能 1　股票收益率的計算 ……………………………… (142)

　　　　實訓技能 2　股票收益率的風險 ……………………………… (143)

　　　　實訓技能 3　構建最優證券投資組合 ………………………… (146)

模塊五　Excel 在經濟管理決策中的應用 ……………………………… (150)

　　任務 1　投資項目評估 ……………………………………………… (151)

　　　　實訓技能 1　淨現值法 ………………………………………… (153)

　　　　實訓技能 2　內部報酬率法 …………………………………… (155)

　　　　實訓技能 3　投資回收期法 …………………………………… (160)

　　任務 2　資本成本與資本結構 ……………………………………… (162)

實訓技能 1　資本成本的計算 ………………………………… (164)
　　　實訓技能 2　最優資本結構的求解 …………………………… (167)
　　　實訓技能 3　財務槓桿比率的計算與分析 …………………… (170)
　任務 3　最優化問題 ……………………………………………………… (173)
　　　實訓技能 1　最優生產決策問題 ……………………………… (174)
　　　實訓技能 2　盈虧平衡問題 …………………………………… (177)
　任務 4　經濟數據的分析與預測 ………………………………………… (179)
　　　實訓技能 1　運用移動平均來預測經濟數據 ………………… (181)
　　　實訓技能 2　經濟數據的迴歸分析 …………………………… (189)

模塊六　Excel 財務金融高級建模技術 …………………………………… (193)
　任務 1　Excel 窗體控件的基本操作 …………………………………… (194)
　　　實訓技能 1　啟用開發工具選項卡 …………………………… (195)
　　　實訓技能 2　數值調節鈕和滾動條的使用 …………………… (197)
　　　實訓技能 3　列表框與選項按鈕的使用 ……………………… (205)
　任務 2　Excel 工具的綜合使用 ………………………………………… (211)
　　　實訓技能 1　創建具有互動性的理財規劃模型 ……………… (213)
　　　實訓技能 2　創建動態數據圖表 ……………………………… (218)
　任務 3　編寫 VBA 程序來提升工作效率 ……………………………… (224)
　　　實訓技能 1　宏程序的錄制 …………………………………… (225)
　　　實訓技能 2　編寫一個簡單的 VBA 程序 …………………… (231)
　　　實訓技能 3　批量處理表格數據 ……………………………… (235)

模塊一　財務金融建模的 Excel 基礎

【模塊概述】

　　基於 Excel 的財務金融建模需要用到 Excel 內置的函數、控件和圖表。其中，函數用於計算特定關係或複雜關係所決定的結果（有數值型和非數值型）。而控件的設置，則可以讓用戶得以操控模型的參數，使用戶與模型建立交互關係。最後，圖表的應用可以讓模型能夠以直觀的形象展現在用戶面前，使用戶能夠更好地把握整個模型的解決思路和結論。

　　因此，我們有必要學好以上三個方面的基本知識和技能。作為基礎性的預備知識，本模塊只介紹函數和圖表的應用，把控件的使用以及圖表製作的高級技巧放在模塊六（Excel 高級建模技術）中來介紹。

【模塊教學目標】

1. 介紹在財務金融建模中常用的 Excel 函數、窗體控件和圖表；
2. 掌握資金的時間價值及其相關函數。

【知識目標】

1. Excel 函數、控件與圖表；
2. 資金時間價值；
3. 現值、終值、年金、期限與貼現率。

【技能目標】

1. 掌握 Excel 常見函數的使用；
2. 掌握關於資金時間價值的 Excel 函數應用；
3. 學會製作 Excel 圖表。

【素質目標】

1. 培養學生自主學習 Excel 的能力；
2. 培養學生對財務金融現實問題進行概括、抽象，並創建合適 Excel 模型的能力。

任務 1　常見 Excel 函數的使用

【案例導入】

張先生計劃 5 年后買車，屆時需要一次性支付 10 萬元，從現在開始，張先生就著手準備這筆未來的購車款。如果張先生選擇投資某金融產品，該產品的年化收益率為 10%，那麼張先生每年年初要投入多少錢呢？

思考：在現實經濟社會生活中，像上面這樣的財務金融問題屢見不鮮，如何快速有效地解決這些問題呢？這就需要我們熟練掌握 Excel 提供的內置函數。

【任務目標】

通過實訓，學生應熟練掌握 Excel 常見的財務函數、數學函數、統計函數以及邏輯函數等，並且對圖表製作和窗體控件的使用有較深入的認識。

【理論知識】

一、貨幣時間價值

貨幣時間價值是指貨幣經歷一定時間的投資和再投資所增加的價值，也稱資金的時間價值。從經濟學觀點來說：同量貨幣在不同時間的價值是不相等的，貨幣持有者假如放棄現在使用此貨幣的機會，就可以在將來換取按其所放棄時間的長短來計算貨幣的時間價值，也就是我們常說的今天的一元比未來的一元更值錢。

貨幣時間價值的體現在我們的生活中隨處可見。比如：你在商業銀行存了 10,000 元 1 年期定期存款，假設一年期定期存款利率為 3%，那麼一年以後這筆存款到期，你將能從銀行獲得本金和利息共計 10,300 元，其中這 300 元的利息就是資金的時間價值。

如果你繼續把這筆資金（10,300 元）存一年期定期存款，那麼再過一年之後，連本帶利你將擁有 10,609 元。計算公式如下：

$$10,609 = 10,300 \times (1 + 3\%)$$

現在的 10,000 元，兩年後變成了 10,609 元，從經濟學的角度來講，我們認為這兩

筆錢是等價的。

二、現值

所謂現值，是指將來的貨幣資金折算到現在或起始日期的價值。我們通過一個實際的例子來解釋現值的含義。

例子：張先生的孩子5年後要上大學，屆時需要一次性準備好大學四年的費用約60,000元。如果張先生選擇投資某金融產品，該產品的年化收益率為5%，那麼張先生現在要投資多少錢，才能保證將來孩子上學無憂呢？需要計算的這筆初始資金，就是將來5年後60,000元折算到當前的價值，也就是現值。如何把5年後的60,000元折算到當前呢？我們用下面的公式來計算：

$$PV = \frac{60,000}{(1+5\%)^5} = 47,011.57$$

因此，張先生需要準備47,011.57元來進行這筆教育投資，才能在5年後保證孩子上大學的60,000元費用。

根據現值的定義，我們不難給出其統一計算公式，如下所示：

$$PV = \frac{c_1}{(1+y)} + \frac{c_2}{(1+y)^2} + \cdots + \frac{c_T}{(1+y)^T} = \sum_{i=1}^{T} \frac{c_i}{(1+y)^i}$$

式中：c_1、$c_2 \cdots c_T$ 表示從第1期到第T期期末所發生的資金流。

y 表示貼現率（利率、投資收益率、內部報酬率等）。

註：貼現率在本書中不同章節模塊可能根據具體情況而有不同的表示符號，這沒有統一的標準，其他指標亦是如此，特此說明。

三、終值

所謂終值，是指貨幣資金折算到未來某一時間點的價值，與現值是一對相反的概念。我們同樣通過一個實際的例子來對終值的概念加以解析。

例子：張先生再過10年就要退休了，為了將來退休之後有一筆養老費用，張先生現在把100,000元（PV）存入銀行。假設這10年的平均年利率為3%，請問10年後張先生能得到多少錢（FV）呢？計算公式如下：

$$FV = 100,000 \times (1+3\%)^{10} = 134,391.64$$

結果表明：現在的100,000元（現值）在10年之後將會變成134,391.64元（終值）。

終值FV的計算公式如下：（如果不考慮年金）

$$FV = PV \cdot (1+y)^T$$

式中：y 表示貼現率（利率、投資收益率、內部報酬率等）。

四、年金

所謂年金，並非特指每年發生的資金流，而是一個約定俗成的統稱，表示等時間間距且等額發生的資金流。舉一個例子來加以說明。

例子：王先生從銀行貸款30萬元用於購房，與銀行約定的年利息為7.38%，貸款

期限為30年，還款方式為等額本息，每月償還一次。經過計算，王先生每月需要償還2,073.05元，直到30年最後一個月為止。

從這個案例中，每月等額本息償還額，就是年金。

五、期限

期限，是指資金流所經歷的時間跨度。從上面關於現值、終值和年金的概念及舉例中，我們每一次都離不開一定的期限。我們再舉一個例子來認識期限的概念。比如：小張現有10萬元資本金用於購買證券投資基金，已知每年平均可從證券投資基金中獲得15%的收益率。那麼請問小張的資本金多少年以後會變成100萬元？

這就是資金時間價值的期限問題。求解期限，需要有其他條件，如現值、終值及利率（貼現率、收益率）等，否則就沒有意義，也不能計算。

六、貼現率

貼現率，在關於資金時間價值的應用中，有其他多種稱呼，有時候是利率，有時候是投資收益率，有時候是項目的內部報酬率。不管叫什麼，在資金時間模型的意義上，其性質都是一致的。在關於資金時間價值的計算中，總是離不開貼現率這個變量，否則的話，也就沒有了資金的時間價值。貼現率正是資金時間價值程度的體現。

舉一個例子，比如：某項投資初始資金為10萬元，通過10年時間增值到了100萬元。那麼這項投資的年化收益率是多少呢？這就是一個根據現值和終值以及期限來求解貼現率的實例。在後續介紹的Excel函數操作中，我們將計算出其結果（包括上述其他例子的結果，我們都會在Excel裡操作一遍）。

實訓技能 1　數學與統計函數

一、實訓內容

本實訓介紹一些常見的數學與統計函數，如SUM、AVERAGE、ABS、VAR、STDEV、COUNT、COUNTA、MAX、MIN等。

二、實訓方法

1. 介紹函數的用途和語法；
2. 以實際例子的操作來加以說明。

三、實訓步驟

1. 函數的語法與用途

（1）SUM函數

SUM函數為求和函數，返回某一單元格區域中數字、邏輯值及數字的文本表達式之和。如果參數中有錯誤值或不能轉換成數字的文本，將會導致錯誤。

語法：
SUM（number1，number2，…）
（2）AVERAGE 函數
返回參數平均值（算術平均）。
語法：
AVERAGE（number1，number2，…）
（3）ABS 函數
返回參數的絕對值。
語法：ABS（number）
（4）VAR 與 STDEV 函數
求取方差和標準差的函數。
語法：
VAR（number1，number2，…）
STDEV（number1，number2，…）
（5）COUNT 與 COUNTA 函數
COUNT 函數計算包含數字的單元格以及參數列表中數字的個數。使用函數 COUNT 可以獲取區域或數字數組中數字字段的輸入項的個數。

COUNTA 函數計算區域中不為空的單元格的個數。

語法：
COUNTA（value1，value2，…）
COUNTA（value1，value2，…）
（6）MAX 與 MIN 函數
返回最大值與最小值的函數。
語法：
MAX（number1，number2，…）
MIN（number1，number2，…）
2. 舉例說明

關於以上常用數學與統計函數的使用方法，我們可以通過如圖 1.1 所示的表格來加以驗證。請讀者自行新建 Excel 表格，仿照圖 1.1 中的數據和公式說明來操作，自然就能很快明白各自的用法了。

	A	B	C	D	E	F	G
1							
2		数据项					
3		-10		項目	计算结果	公式	
4		15		计算和	180.00	=SUM(B3:B12)	
5		90		计算平均值	22.50	=AVERAGE(B3:B12)	
6		-40		计算方差	2 285.71	=VAR(B3:B12)	
7				计算标准差	47.81	=STDEV(B3:B12)	
8		-30		计算最大值	90.00	=MAX(B3:B12)	
9		70		计算最小值	-40.00	=MIN(B3:B12)	
10		文字		B3单元格的绝对值	10.00	=ABS(B3)	
11		25		计算非空单元格个数	9	=COUNTA(B3:B12)	
12		60		计算含数字的单元格个数	8	=COUNT(B3:B13)	
13							

圖 1.1

四、注意事項

（1）在輸入 Excel 函數的時候，如果單元格的格式設置為文本，那麼錄入的公式是不是計算的，只會以文本形式顯示出來。

（2）輸入公式的方法有兩種，一種是雙擊單元格自動進入編輯狀態之后，輸入以等號開始的表達式；一種是點擊 Excel 的「插入函數」選項。不同的 Excel 版本，「插入函數」的菜單位置會有所不同，熟悉之后就好了。

實訓技能 2　財務函數

一、實訓內容

本實訓介紹常見的財務函數，主要是 PV、FV、PMT、NPER 與 RATE。

二、實訓方法

實訓方法仍然是採用一邊介紹函數的用途與語法，同時又以實際例子的操作來加以說明的方式。

三、實訓步驟

1. PV 函數

（1）用途與語法

返回投資的現值。現值為一系列未來現金流的當前值的累積和。

語法：

PV（rate，nper，pmt，fv，type）

Rate：各期利率

Nper：年金的付款總期數。

Pmt：各期所應支付的金額，其數值在整個年金期間保持不變。如果省略 pmt，則必須包含 fv 參數。

FV：終值（未來值），或在最後一次支付後希望得到的現金餘額，如果省略 fv，則必須包含 pmt 參數。

Type：取值為數字 0 或 1，用以指定各期年金的付款時間是在期初還是期末。

（2）實例說明

創建如圖 1.2 所示的表格，在 C6 單元格中輸入提示的公式，即可得到現值結果。

公式＝-PV（C3，C5，C4，C2）

	A	B	C	D	E
1					
2		終值（元）	60 000		
3		貼現率	5%		
4		年金	0		
5		期限	5		
6		現值（元）	47 011.57	=-PV(C3,C5,C4,C2)	
7					

圖 1.2

2. FV 函數

（1）用途與語法

基於固定利率及等額分期付款方式，返回某項投資的未來值。

語法：

FV（rate，nper，pmt，pv，type）

有關函數 FV 中各參數以及年金函數的詳細信息，請參閱函數 PV。

（2）實例說明

創建如圖 1.3 所示的表格，在 C6 單元格中輸入提示的公式，即可得到現值結果。

公式＝FV（C3，C5，C4，-C2）

	A	B	C	D	E
1					
2		現值（元）	100 000		
3		貼現率	3%		
4		年金	0		
5		期限	10		
6		終值（元）	134 391.64	=FV(C3,C5,C4,-C2)	
7					

圖 1.3

3. PMT 函數

（1）用途與語法

基於固定利率及等額分期付款方式，返回貸款的每期付款額。

語法：

PMT（rate，nper，pv，fv，type）

有關函數 PMT 中參數的詳細說明，請參閱函數 PV。

（2）實例說明

例題：王先生從銀行貸款 30 萬元用於購房，與銀行約定的年利息為 7.38%（月利率為 0.615%），貸款期限為 30 年，還款方式為等額本息，每月償還一次。請計算王先生的每月還款額度。

請讀者創建如圖 1.4 所示的表格，填入相關數據，在 C6 單元格中輸入：

公式＝PMT（C3，C5，-C4，C2）

回車即可得到計算結果，王先生每月應償還銀行 2,073.05 元。

	A	B	C	D	E
1					
2		終值	0		
3		貸款利率（月）	0.615%		
4		貸款額（元）	300 000		
5		期限（月）	360		
6		等額本息還款額（元）	2 073.05	＝PMT(C3,C5,-C4,C2)	
7					

圖 1.4

4. NPER 函數

（1）用途與語法

基於固定利率及等額分期付款方式，返回某項投資的總期數。

語法：

NPER（rate，pmt，pv，fv，type）

有關函數 NPER 中各參數的詳細說明及有關年金函數的詳細信息，請參閱函數 PV。

（2）實例說明

小張現有 10 萬元資本金用於購買證券投資基金，已知每年平均可從證券投資基金中獲得 15% 的收益率。那麼請問小張的資本金多少年以後會變成 100 萬元。

建立如圖 1.5 所示的表格，輸入相關數據和公式，即可得到結果。

公式＝NPER（C3，C4，-C2，C5）

	A	B	C	D	E
1					
2		現值（元）	100 000		
3		年收益率	15%		
4		年金	0		
5		目標終值（元）	1 000 000		
6		投資期限（年）	16.48	=NPER(C3,C4,-C2,C5)	
7					

圖 1.5

從圖 1.5 中所示結果可見，大約需要 16 年半才能讓資本金增值到 100 萬元。

5. RATE 函數

（1）用途與語法

返回年金的各期利率。函數 RATE 通過迭代法計算得出，並且可能無解或有多個解。如果迭代無解的話，函數 RATE 將返回錯誤值 #NUM!。

語法：

RATE（nper, pmt, pv, fv, type, guess）

有關參數 nper、pmt、pv、fv 及 type 的詳細說明，請參閱函數 PV。

（2）實例說明

比如：某項投資初始資金為 10 萬元，通過 10 年增值到了 100 萬元，那麼這項投資的年化收益率是多少呢？

在 Excel 新建一個文檔，建立如圖 1.6 所示的表格，即可得到計算結果。

公式=RATE（C3，C4，-C2，C5）

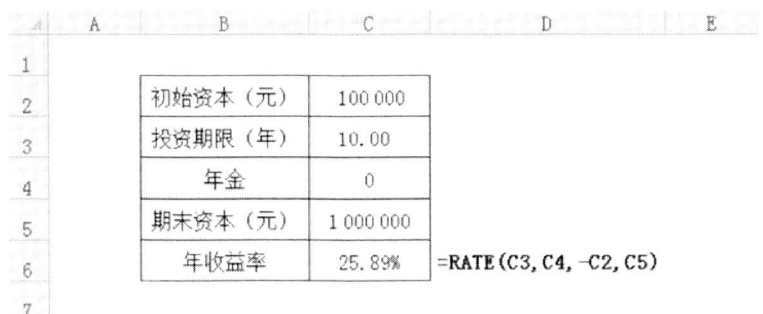

圖 1.6

由此可知，該項投資的年化收益率為 25.89%。

四、注意事項

用 Excel 函數來做計算的時候，最好建立起直觀形象的表格來操作，用一個個的單元格來存放所需的數據和參數。然後，在 Excel 函數中引用參數時，就可以用單元格的

名稱來表示參數，而不是用原始的數值。這樣做的好處是：計算過程和結果直觀形象，具有條理性。另外，當條件發生變化、我們需要更改參數的時候，只需要更改相應單元格的數值，而無須從函數中去修改。

實訓技能 3　邏輯函數

一、實訓內容

本次實訓將學習常見的邏輯函數：IF、AND、OR。

二、實訓方法

1. 介紹函數的用途與語法。
2. 以實際操作案例來學習函數的用法。

三、實訓步驟

1. 函數用途與語法
（1）IF 函數
語法：
IF（logical_test，value_if_true，value_if_false）

如果指定條件 logical_test 的計算結果為 TRUE，IF 函數將返回值 value_if_true；如果該條件的計算結果為 FALSE，則返回另一個值 value_if_false。

IF 函數裡面又可以包含 IF 函數，但這種直接嵌套的層數是有限的，Excel 2003 版本可以最多嵌套 7 層，Excel 2007 及以上版本，目前最多可以嵌套 64 層。

如果想突破嵌套層數的限制，有三種辦法：一種是採用定義名稱的方式；第二種是用其他輔助函數來變通實現多層嵌套的效果；最後一種就是用 VBA 編程。

（2）AND 函數
意為「邏輯與」。
語法：AND（logical1，logical2，…）

所有參數的計算結果為 TRUE 時，返回 TRUE；只要有一個參數的計算結果為 FALSE，即返回 FALSE。

關於 IF 函數的應用案例，見第 4 步的介紹。

（3）OR 函數
意為「邏輯或」。
語法：OR（logical1，logical2，…）

在其參數組中，任何一個參數邏輯值為 TRUE，即返回 TRUE；任何一個參數的邏輯值為 FALSE，即返回 FALSE。

2. 應用案例
已知某證券在一段時間內的每日開盤價和收盤價（數據如圖 1.7 所示），請標出符

合「已三連陽或三連陽以上」K 線特徵的交易日。下面我們就來應用上面介紹的邏輯函數來解決這一問題。

日期序号	开盘价（元）	收盘价（元）	K线特征	公式
1	8.99	8.97		
2	8.96	9.01		
3	9.01	9.12		=IF(AND(D5>C5,D4>C4,D3>C3),"已三连阳或三连阳以上","")
4	9.10	9.10		=IF(AND(D6>C6,D5>C5,D4>C4),"已三连阳或三连阳以上","")
5	9.10	9.11		=IF(AND(D7>C7,D6>C6,D5>C5),"已三连阳或三连阳以上","")
6	9.10	9.06		=IF(AND(D8>C8,D7>C7,D6>C6),"已三连阳或三连阳以上","")
7	9.03	9.10		=IF(AND(D9>C9,D8>C8,D7>C7),"已三连阳或三连阳以上","")
8	9.09	9.03		=IF(AND(D10>C10,D9>C9,D8>C8),"已三连阳或三连阳以上","")
9	9.01	9.13		=IF(AND(D11>C11,D10>C10,D9>C9),"已三连阳或三连阳以上","")
10	9.17	9.34		=IF(AND(D12>C12,D11>C11,D10>C10),"已三连阳或三连阳以上","")
11	9.32	9.60	已三连阳或三连阳以上	=IF(AND(D13>C13,D12>C12,D11>C11),"已三连阳或三连阳以上","")
12	9.62	9.68	已三连阳或三连阳以上	=IF(AND(D14>C14,D13>C13,D12>C12),"已三连阳或三连阳以上","")
13	9.80	10.07	已三连阳或三连阳以上	=IF(AND(D15>C15,D14>C14,D13>C13),"已三连阳或三连阳以上","")
14	10.00	10.00		=IF(AND(D16>C16,D15>C15,D14>C14),"已三连阳或三连阳以上","")
15	10.00	9.99		=IF(AND(D17>C17,D16>C16,D15>C15),"已三连阳或三连阳以上","")
16	9.97	10.04		=IF(AND(D18>C18,D17>C17,D16>C16),"已三连阳或三连阳以上","")
17	10.00	9.81		=IF(AND(D19>C19,D18>C18,D17>C17),"已三连阳或三连阳以上","")
18	9.86	10.23		=IF(AND(D20>C20,D19>C19,D18>C18),"已三连阳或三连阳以上","")
19	10.23	10.13		=IF(AND(D21>C21,D20>C20,D19>C19),"已三连阳或三连阳以上","")
20	10.10	10.12		=IF(AND(D22>C22,D21>C21,D20>C20),"已三连阳或三连阳以上","")

圖 1.7

在 Excel 中新建一個文檔，建立如圖 1.7 所示的表格。在 E5 單元格（對應第三個交易日），輸入公式「=IF（AND（D5>C5，D4>C4，D3>C3），" 已三連陽或三連陽以上"，"　"）」。

公式的含義是：如果當日、上一日、上二日的收盤價均大於開盤價（則均為陽線），那麼顯示「已三連陽或三連陽以上」；否則，就顯示空白。

輸入完公式之后按回車鍵，即可得到結果，但此時單元格什麼都不顯示，原因是沒有滿足三連陽的條件。

然后我們選中 E5 單元格，把鼠標移到該單元格的右下角，當鼠標形狀變成黑色實心的「十字」的時候，按住鼠標左鍵，往下拉動鼠標直到 E22 單元格為止，則同列的后續單元格均被自動填充了相應地公式，並且即時顯示出計算結果來。所有單元格的公式及最終結果如圖 1.7 所示，Excel 自動填充的公式正好符合我們的意願。

不難發現，在拉動單元格自動填充單元格公式的時候，往右拉動，列標會自動加 1 列，反之減 1 列；往下拉動，行號會自動加 1 行，反之，減 1 行。但如果在行號列標前加上絕對引用符號「 $ 」的話，在拉動的過程中，公式就不會自動增減行號列標，因為 Excel 把它鎖定了。

四、注意事項

在實際操作中，如果不考慮自動複製公式填充到其他單元格的話，那麼公式中行號列標前的絕對引用符號「 $ 」，可有可無。添加或不添加絕對引用符號「 $ 」，只是在自動填充公式時才有區別，除此之外，別無二致。

任務2　常見 Excel 圖表的製作

【案例導入】

在股票市場上，每個交易日都有大量的個股在交易，股票行情軟件能夠即時動態顯示 K 線和均線的變化，方便投資者進行分析。在宏觀經濟中，每個月、每年國家統計局都會公布各行各業的各項數據指標，給居民、企業和政府提供決策參考依據。在生產或銷售企業中，管理者經常都要查看產品生產或銷售的數據圖表，試圖從中窺探規律性的特徵。諸如此類的例子數不勝數。

思考：如何根據用戶的要求，把基本的數據繪製成各式各樣的圖表？

【任務目標】

通過實訓，學生應能夠掌握 Excel 基本圖表的製作方法。

【理論知識】

Excel 圖表的類型有很多，下面我們介紹常見的幾種。

一、折線圖

排列在工作表的列或行中的數據可以繪製到折線圖中。折線圖可以顯示隨時間而變化的連續數據（根據常用比例設置），因此非常適用於顯示在相等時間間隔下數據的趨勢。在折線圖中，類別數據沿水平軸均勻分佈，所有的值數據沿垂直軸均勻分佈。

如果分類標籤是文本並且表示均勻分佈的數值（例如月份、季度或財政年度），則應使用折線圖。當有多個系列時，尤其適合使用折線圖；對於一個系列，則應考慮使用散點圖。如果有幾個均勻分佈的數值標籤（尤其是年份），也應該使用折線圖。如果擁有的數值標籤多於十個，請改用散點圖。折線圖的樣式如圖 1.8 所示。

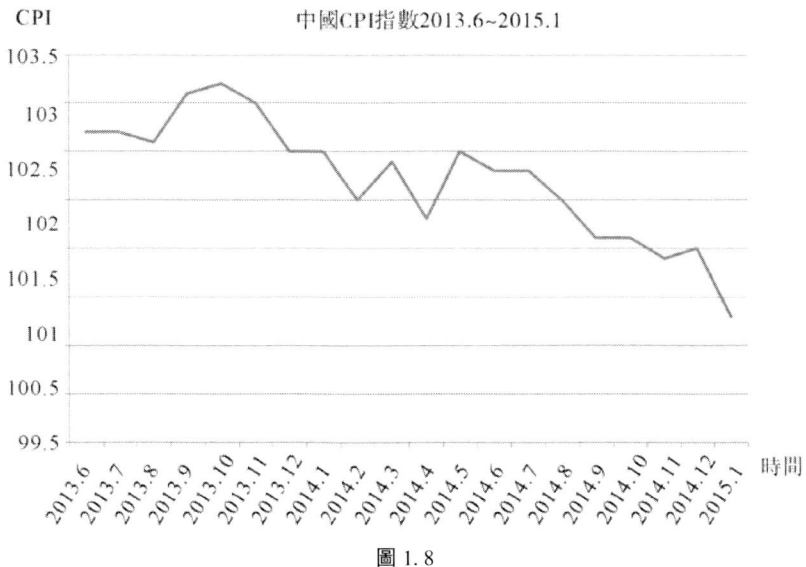

圖1.8

二、散點圖

排列在工作表的列和行中的數據可以繪製到散點圖中。散點圖顯示若干數據系列中各數值之間的關係，或者將兩組數字繪製為 XY 坐標的一個系列。

散點圖有兩個數值軸，沿橫坐標軸（X 軸）方向顯示一組數值數據，沿縱坐標軸（Y 軸）方向顯示另一組數值數據。散點圖將這些數值合併到單一數據點並按不均勻的間隔或簇來顯示它們。散點圖通常用於顯示和比較數值，例如科學數據、統計數據和工程數據。散點圖的樣式如圖1.9所示。

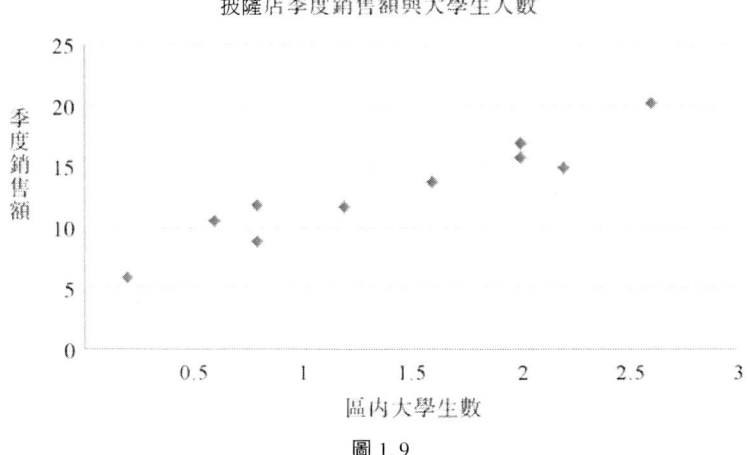

圖1.9

三、柱形圖

排列在工作表的列或行中的數據可以繪製到柱形圖中。柱形圖用於顯示一段時間內的數據變化或說明各項之間的比較情況。在柱形圖中，通常沿橫坐標軸組織類別，沿縱坐標軸組織值。柱形圖的樣式如圖 1.10 所示。

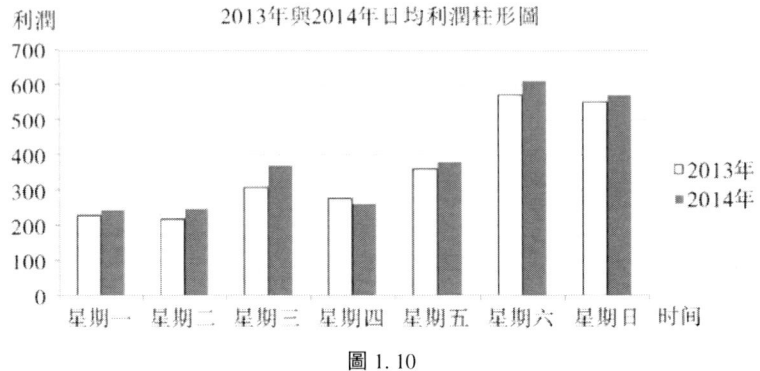

圖 1.10

四、餅圖

僅排列在工作表的一列或一行中的數據可以繪製到餅圖中。餅圖顯示一個數據系列中各項的大小，與各項總和成比例。餅圖中的數據點顯示為整個餅圖的百分比。具體如圖 1.11 所示。

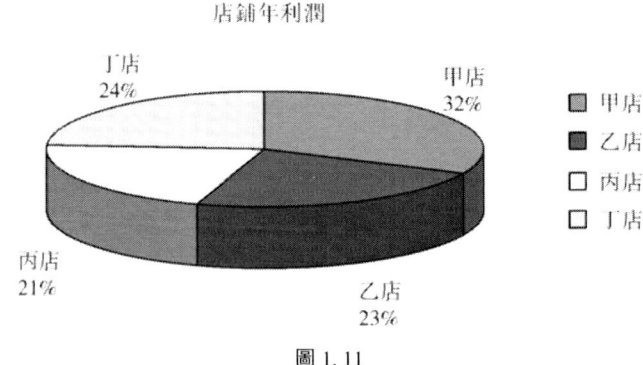

圖 1.11

實訓技能 1　折線圖的製作

一、實訓內容

已知中國 2013 年 6 月份至 2015 年 1 月份的 CPI 指數，如圖 1.15 所示。請畫出 CPI 指數的折線圖。

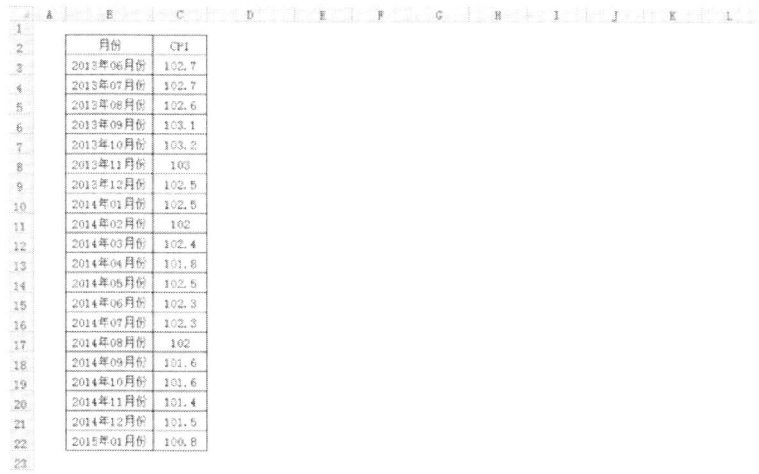

图 1.15

二、实训方法

根据表格所给数据，画出变量的变化趋势图，也即折线图。

三、实训步骤

（1）调出 Excel 窗口菜单项「插入」下的「折线图」，选择第一种折线图类型。具体如图 1.16 所示。

图 1.16

（2）在上一步的操作之后，将会出现一个空白的图表。在空白图表上点击鼠标右键，将会出现一列弹出菜单，点击「选择数据」。也可以直接点击功能区的「选择数据」，效果是一样的。具体如图 1.17 所示。

基於 Excel 的財務金融建模實訓

圖 1.17

（3）在上一步操作後，進入到如圖 1.18 所示的「選擇數據源」窗口中。在該窗口中，點擊「添加」，即可進入如圖 1.19 所示的「編輯數據系列」窗口。

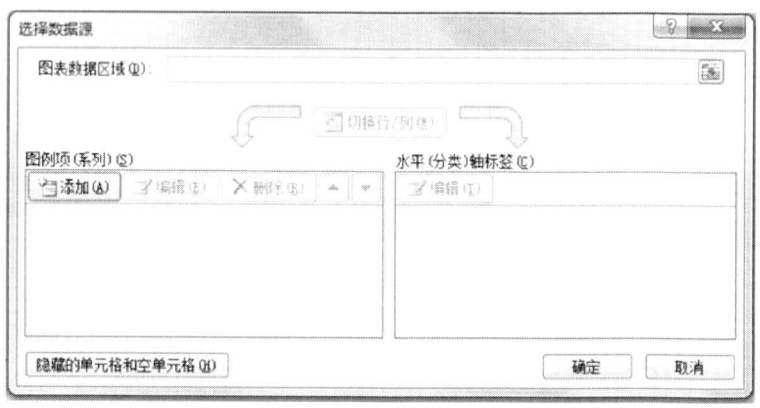

圖 1.18

（4）在如圖 1.19 所示的「編輯數據系列」窗口中，點擊參數選擇按鈕，即可按住鼠標左鍵在單元格之間拉動來選擇我們想要的單元格區域，而不用手工輸入區域符號。我們點擊系列值右邊的參數選擇按鈕，把系列值設置為 $C$3：$C$22 區域，當然 Excel 會自動顯示為「=折線圖！$C$3：$C$22」。（註：「折線圖！」表示當前 SHEET 表的名稱，后面再跟一個「！」，作為與后面的單元格或區域的連接，這是 Excel 引用表格的語法）然後再在「系列名稱」裡手動輸入「CPI」。最後得到如圖 1.19 所示的狀態，然後點擊「確定」。

16

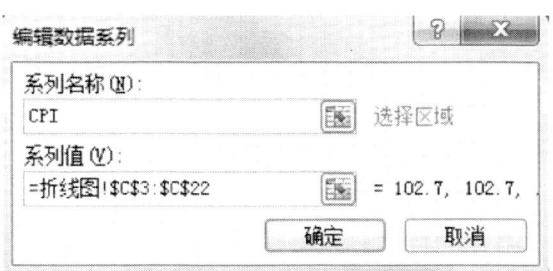

圖 1.19

（5）在上一步的操作之後，將會得到如圖 1.20 所示的界面。此時，圖表區已經顯示出來 CPI 的折線圖了。如果我們不設置水平分類軸的標籤的話，點擊「確定」就完成工作了。但對於本例題而言，在水平軸上標出日期月份，更有助於用戶對比不同月份的 CPI 指標。

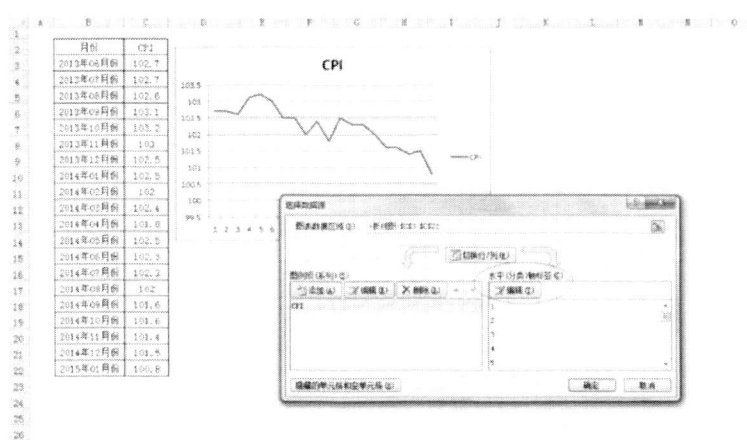

圖 1.20

（6）點擊水平分類軸標籤的「編輯」按鈕，進入設置界面，把標籤設置為月份對應的單元格區域，如圖 1.21 所示。

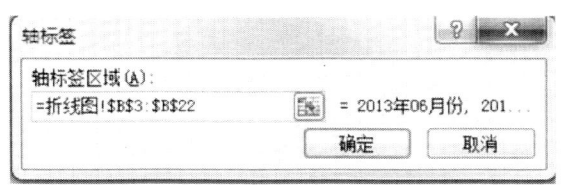

圖 1.21

（7）在上面的操作全部完成之后，最後得到如圖 1.22 所示的預期結果。

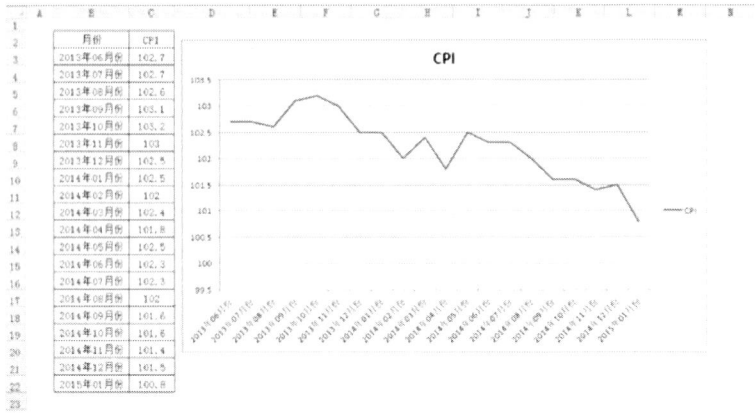

圖 1.22

四、注意事項

（1）折線圖的子類型有很多，本例只是採用最常見的一種形式。在本例這種形式的折線圖基礎上，讀者可以嘗試在圖表上點擊鼠標右鍵，選擇更改其他類型。

（2）另外，在當前圖表上，點擊折線圖（當折線圖上每一個點都被標記出來時，表示已選中），然后點擊右鍵，選擇設置數據系列格式。具體如圖 1.23 所示。

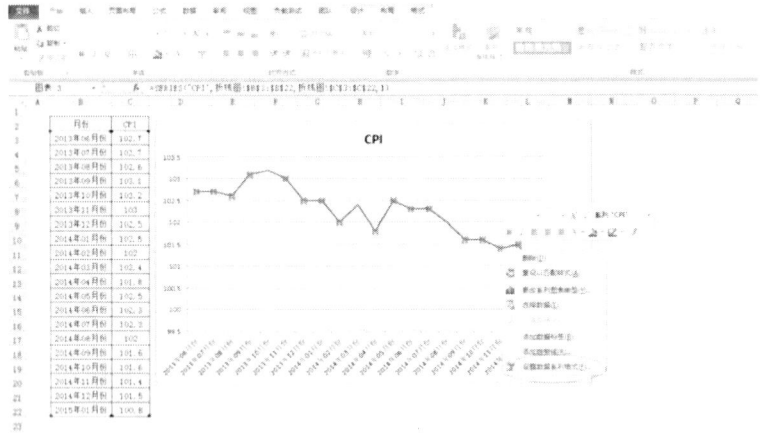

圖 1.23

我們可以讓折線圖顯示為各種不同的格式，請讀者自行嘗試，久而久之，對折線圖的製作及格式設計就熟能生巧了。

實訓技能 2　散點圖的製作

一、實訓內容

已知某比薩店季度銷售額與區內大學生人數，如圖 1.24 所示。要求畫出銷售額與大學生人數的散點圖，以揭示兩者之間的變化關係。請把散點圖畫在圖 1.24 所示的右邊空白區域內。

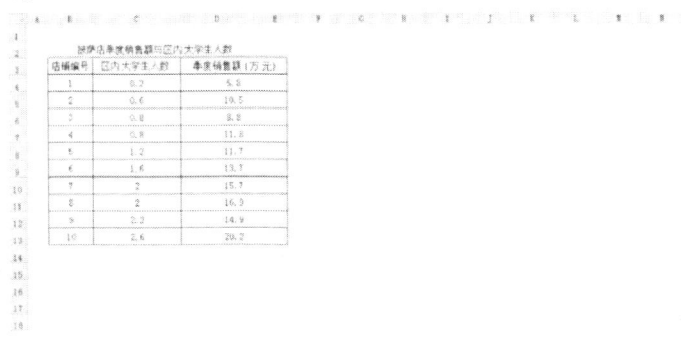

圖 1.24

二、實訓方法

根據表格所給數據，畫出因變量與自變量之間的變量關係圖，也即散點圖。

三、實訓步驟

散點圖的操作與折線圖的操作有許多地方都是大同小異的，我們就不一一列明所有操作步驟了。在這裡，我們只把幾個關鍵點給讀者介紹一下。

（1）插入散點圖的菜單位置與插入折線圖的位置是排列在一起的，很容易找到，如圖 1.25 所示。我們選擇第一種散點圖的式樣。

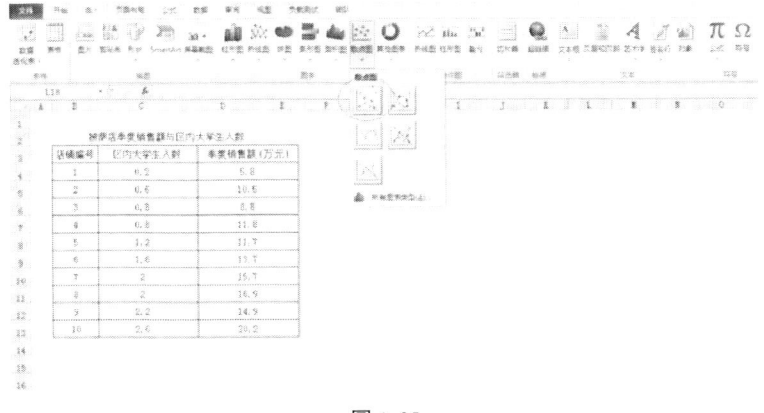

圖 1.25

（2）接下來，也是選擇數據源，然后添加數據系列。在編輯數據系列的時候，我們要設置 X 軸系列值和 Y 軸系列值。X 軸上應放自變量（影響因素）的數值，也就是「區內大學生數」，Y 軸上應放因變量（被影響變量）的數值，也就是「比薩的季度銷售額」。具體如圖 1.26 所示。

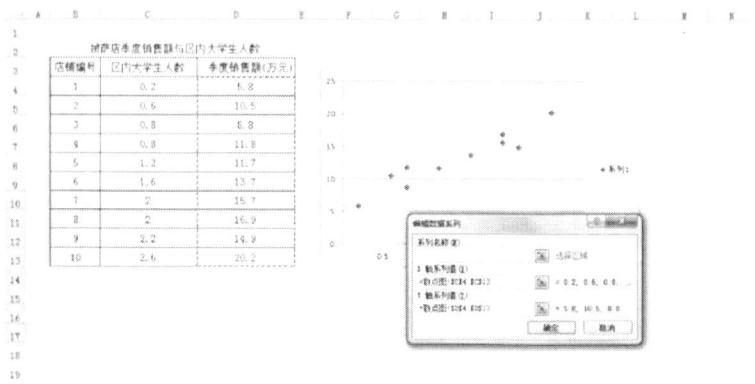

圖 1.26

（3）在上面的操作完成之後，最終可以得到如圖 1.27 所示的結果。

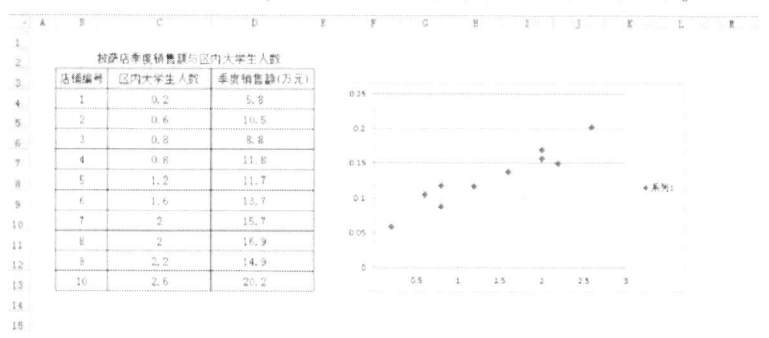

圖 1.27

在圖 1.27 中，並沒有標記橫坐標和縱坐標的名稱，如果散點圖是作為一張單獨的圖顯示給用戶的話，那麼是有必要把橫、縱坐標的名稱標記出來的，這樣用戶就知道這個散點圖是揭示什麼變量之間的關係。另外，散點圖上應有一個標題，還有圖中右邊的「系列1」這個標記沒有什麼意義，因為本圖只有一個系列，所以可刪去（點擊圖表中的「系列1」標記，選中之後，按鍵盤上的「Delete」鍵，即可刪除）。

（4）點擊圖表，選中之後，我們會發現 Excel 窗口頂端會出現一個「圖表工具」，有「設計」「佈局」和「格式」三個選項。具體如圖 1.28 所示。

在該界面下點擊「佈局」，在功能區會發現有「圖表標題」和「坐標軸標題」這兩個選項，通過這兩個選項，我們就可以添加橫、縱坐標的標題和圖表的總標題了。

模塊一　財務金融建模的 Excel 基礎

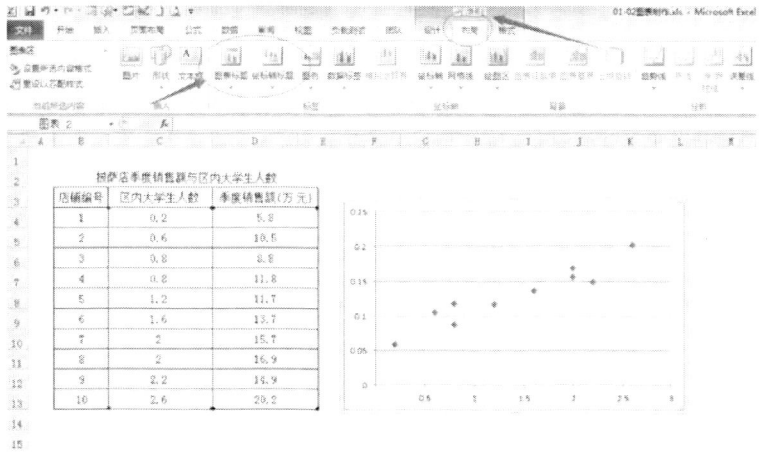

圖 1.28

（5）設置縱坐標的標題時，我們最好選擇豎排文字，這樣看起來比較符合習慣。另外，所有添加到圖表區裡的標題都可以隨意修改字體、大小和顏色，讀者可根據用戶要求或自己的偏好去設計。本例最后得到的散點圖如圖 1.29 所示。

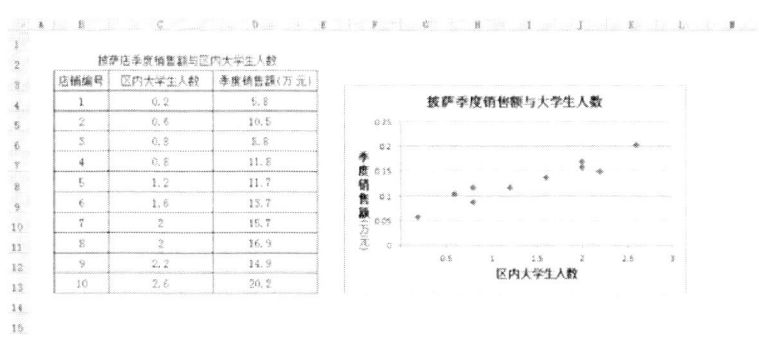

圖 1.29

四、注意事項

散點圖和折線圖應用的地方不同，折線圖通常用於展現數據發展的趨勢，而散點圖主要用於揭示變量之間相互影響、相互作用的關係。通過畫散點圖，把握變量之間的大致關係，可以為統計迴歸分析提前有一個定性的把握，以便創建合適的數學模型。

實訓技能 3　柱狀圖的製作

一、實訓內容

已知某專賣店在 2013 年和 2014 年兩年間每週每日的平均利潤，如圖 1.30 所示。

請用柱形圖來對比分析這兩年間每週每日的平均利潤。

星期	2013年	2014年
星期一	230	245
星期二	218	246
星期三	308	368
星期四	278	262
星期五	360	380
星期六	570	610
星期日	550	568

圖 1.30

二、實訓方法

根據表格所給數據，畫出柱形圖來對比分析年與年之間、周內每日之間的利潤差異。

三、實訓步驟

（1）插入「柱形圖」，選擇二維柱形圖形狀，然后設置數據源，先添加 2013 年的，再添加 2014 年的，數據系列的名稱分別設為「2013 年」和「2014 年」。以設置 2013 年的數據為例，如圖 1.31 所示。

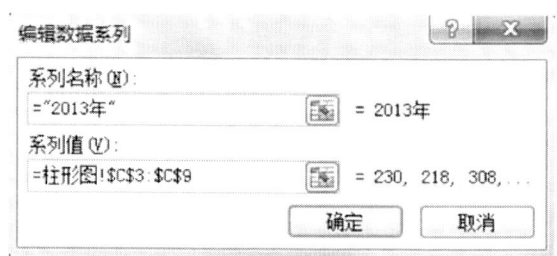

圖 1.31

（2）然后再把水平分類軸標簽設置為從星期一到星期日，如圖 1.32 所示。

圖 1.32

（3）設置完畢上述各項之後，點擊「確定」，就可以得到如圖 1.33 所示的結果。

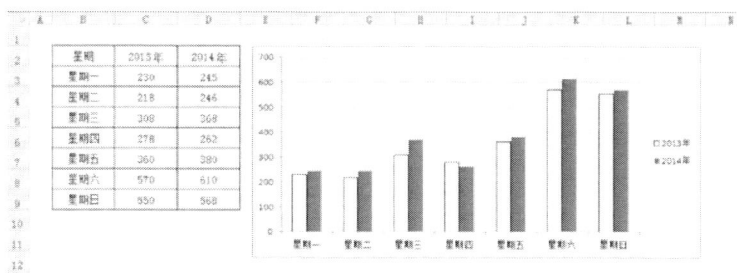

圖 1.33

（4）通過圖 1.33，我們可以很清晰地看到這兩年間，週末的銷售利潤都是最高的，周三和周五在平時也表現不錯。周一和周二是最差的。2014 年與 2013 年相比，每週內除了星期四略有下降外，其他時間的利潤都有一定程度的提升。

四、注意事項

（1）在柱形圖有多個系列的情況下，我們通常給每種系列設置不同的顯著顏色，幫助用戶更清晰地對各個系列作對比分析。

（2）我們還可以對已畫出的柱形圖作各種格式上的設置，在這裡就不一一操作了。請讀者自行嘗試。熟悉關於格式設置的相關技巧後，我們可以設計出很美觀的圖表來。優秀的圖表設計會極大地提升用戶的興趣，改善用戶的觀感。

實訓技能 4 餅狀圖的製作

一、實訓內容

某店在市區設有五個店鋪，分別記為 A 店、B 店、C 店、D 店、E 店，2014 年每個店鋪的年利潤數據如圖 1.34 所示。請用餅圖來描述各店鋪利潤所占總利潤的比重，從而直觀地把握各店鋪對總利潤的貢獻程度。

店鋪	年利潤（萬元）
A 店	6.8
B 店	2.3
C 店	4.6
D 店	5.2
E 店	1.8

圖 1.34

二、實訓方法

根據表格所給數據，畫出五個數據指標的餅圖，通過餅圖，直觀地認識各個店鋪對總利潤的貢獻程度。

三、實訓步驟

（1）插入「餅圖」，選擇「三維餅圖」的一種，然后設置數據源（數據區域為 C3：C7），再設置分類標籤為單元格區域 B3：B7，也就是五個分店的名稱——A 店、B 店、C 店、D 店和 E 店。最終得到如圖 1.35 所示的結果。

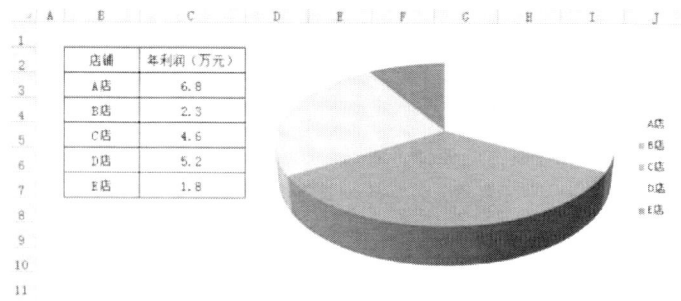

圖 1.35

（2）在圖 1.35 所示的餅圖中，餅圖各個分塊到底代表哪個店，光憑顏色區分可能會搞錯，因此我們有必要添加上標籤的類別名稱以及各類別所占的比例。另外，我們可以給餅圖設置有棱角的效果，讓餅圖看上去更有動感，更好看。

在圖 1.35 中的餅圖上點擊右鍵，就可以選擇「設置數據標籤格式」和「設置數據系列格式」了，然後根據自己的習慣進行設置。在本例中，「設置數據標籤格式」如圖 1.36 所示，設置「設置數據系列格式」如圖 1.37 所示。

圖 1.36

模塊一　財務金融建模的 Excel 基礎

圖 1.37

（3）按照要求設置完所有選項之後，我們最後將得到如圖 1.38 所示的餅圖。通過餅圖，我們可以清晰地對比出來各分店對總利潤的貢獻程度。

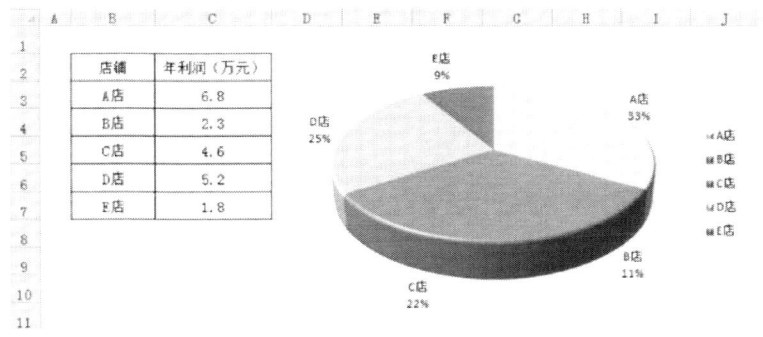

圖 1.38

四、注意事項

餅圖的使用規則：首先，僅有一個要繪製的數據系列；其次，要繪製的數值沒有負值；再次，要繪製的數值幾乎沒有零值；最后，類別不要超過七個。類別太多，就會凌亂不堪，難以清晰地對比各個類別的比重，失去了餅圖的意義。

模塊二　Excel 在會計核算中的應用

【模塊概述】

　　Excel 是 office 系列軟件中用於創建和維護電子表格的應用軟件，不僅具有強大的製表和繪圖功能，而且還內置了數學、財務、統計和工程等各種函數；同時也提供了數據管理與分析等多種方法和工具。通過它，我們可以進行各種數據處理、統計分析和輔助決策操作。因此，它被廣泛地運用於財務、會計、管理工作等各個方面。

　　對於有大量財務數據需要進行處理的財務決策部門而言，利用 Excel 所提供的各項功能，掌握會計憑證的核算以及會計報表編製方法，具有更加現實的意義。

【模塊教學目標】

1. 瞭解會計核算的一般原則；
2. 瞭解會計核算的方法；
3. 掌握會計核算的流程；
4. 掌握利用 EXCEL 進行會計核算的方法。

【知識目標】

1. 會計核算方法；
2. 根據原始憑證編製記帳憑證；
3. 編製財務報表；
4. 會計核算所涉及的 Excel 函數。

【技能目標】

1. 掌握運用 Excel 編製會計憑證的方法；
2. 掌握運用 Excel 編製科目匯總表的方法；
3. 掌握運用 Excel 編製資產負債表的方法；
4. 掌握運用 Excel 編製利潤表的方法。

【素質目標】

1. 培養學生處理會計實務的能力；
2. 培養學生利用 Excel 完成中小企業會計核算的能力。

任務 1　編製會計憑證

【案例導入】

小李是今年剛畢業的大學生，目前在一家小企業從事會計工作，由於公司成立時間不長，經營規模也較小，公司經理沒有同意小李購買會計電算化軟件的建議。按照經理的意見，現在可以先用手工記帳的方式來進行會計核算工作，等將來企業業務發展了，公司經營規模擴大以後，再考慮購買會計軟件。可是用手工的方法進行會計核算，效率低不說，還容易出錯。公司現有一臺電腦提供給會計使用，上面安裝了微軟的 office 辦公軟件，小李於是想能不能在現有條件下在電腦上完成會計核算工作呢？

思考：
1. 企業會計核算工作需要遵循哪些原則和方法？
2. 如何根據現有的條件在電腦上編製會計憑證？

【任務目標】

通過實訓，學生應瞭解會計核算的方法，掌握會計核算的流程、利用 EXCEL 進行會計核算的方法，並運用 EXCEL 完成會計憑證的編製。

【理論知識】

一、會計核算的一般原則

會計核算的一般原則是對會計核算提供信息的基本要求，是處理具體會計業務的基本依據，是在會計核算前提條件制約下，進行會計核算的標準和質量要求。

（一）有關總體性要求的原則

1. 客觀性原則

客觀性原則：又稱真實性原則，是指會計核算提供的信息，應當以實際發生的經濟業務為依據，如實反應財務狀況和經營成果，做到內容真實、數字準確、資料可靠。

2. 重要性原則

重要性原則：是指會計報表在全面反應企業財務狀況和經營成果的同時，對重要的會計事項應當單獨核算、單獨反應，而對不重要的會計事項則可以適當簡化或者合併反應，以集中精力抓好關鍵。

（二）有關信息質量要求的原則

1. 有用性原則

有用性原則：又稱相關性原則，是指會計核算所提供的經濟信息應該有助於信息使用者做出經營決策，會計提出的信息要同決策相關聯。

2. 可比性原則

可比性原則：是指會計核算應當按照規定的處理辦法進行，會計指標應當口徑一致，以便在不同企業之間進行橫向比較。

3. 一貫性原則

一貫性原則：是指各個企業和行政事業單位處理會計業務的方法和程序在不同會計期間要保持前後一致，不能隨意變更，以便於對前後時期會計資料進行縱向比較。

4. 及時性原則

及時性原則：是指會計事項的處理，必須在經濟業務發生時及時進行，講求時效，以便於會計信息的及時利用。

5. 清晰原則

清晰原則：是指會計記錄和會計報表應當清晰明了，便於理解和利用。

（三）有關確認計量要求的原則

1. 劃分收益性支出和資本性支出的原則

按照這個原則的要求，凡為取得本期收益而發生的支出也就是支出的收益只與本會計年度相關的，應當作為收益性支出；凡為形成生產經營能力，在以後各期取得收益而發生的各種資產支出，即支出的效果與幾個會計年度相關的，應當作為資本性支出。

如果一項收益性支出按資本性支出處理了，那麼就會造成少計費用而多計資產價值，出現淨收益和資產價值虛增的現象。相反如果資本性支出按收益性支出處理了，則會出現多計費用而少計資產價值的現象，出現當期淨收益降低，甚至虧損以及資產價值偏低的結果。

2. 配比原則

配比原則：是指對一個會計期間的收入和與其相關的成本費用應配合起來進行比較，在同一會計期間登記入帳，以便計算本期損益。

3. 權責發生制原則

權責發生制原則：是指企業應按收入的權利和支出的義務是否屬於本期來確認收入、費用的入帳時間，而不是按款項的收支是否在本期發生而予以確認。

4. 歷史成本原則

歷史成本原則：又稱實際成本原則或原始成本原則，是指企業各項財產物資，應

當按取得時的實際成本記帳，物價變動時，除了國家另有規定的外，帳面的歷史成本不得任意變動。

歷史成本計價的優點：
（1）它是買賣雙方通過正常交易確定的金額，或資產購進過程中實際支付的金額。
（2）有原始憑證作證明，隨時可以查證。
（3）可以防止企業隨意更改。
（4）簡化會計核算手續，不必經常調整帳目。

5. 謹慎原則

謹慎原則：又稱穩健性原則、審慎性原則，是指在處理企業不確定的經濟業務時，應該持謹慎的態度。它包括多個方面：如存貨在物價上漲時期的計價採用後進先出法，對應收帳款計提壞帳準備，固定資產採用加速折舊法等。

二、會計核算的方法

會計核算方法，是指會計對企事業，行政單位已經發生的經濟活動進行連續、系統、全面反應和監督所採用的方法。

（一）會計核算方法的組成

會計核算方法主要是指設置會計科目及帳戶、復式記帳、填製和審核憑證、登記帳簿、成本計算、財產清查和編製財務會計報告等幾種方法。會計核算方法構成會計循環過程。

1. 設置會計科目及帳戶

會計科目是對會計對象的具體內容進行科學分類的名稱。由於會計對象的內容是多種多樣的，因此必須通過科學分類的方法，才能將它系統地反應出來。企業可以選用國家統一會計制度設置的會計科目，也可以根據統一會計制度規定的內容自行設置和使用會計科目。

帳戶是根據會計科目在帳簿中設置的，具有一定的結構，用以反應會計對象具體內容的增減變化及其結果的載體。設置會計科目與帳戶，對復式記帳、填製憑證、登記帳簿和編製財務會計報告等的運用，具有重要意義。

2. 復式記帳

復式記帳是指每一項經濟業務事項，都要以相等的金額，在相互關聯的兩個或兩個以上的帳戶中同時進行記錄的方法。任何一項經濟業務事項，都會引起碼兩個方面的變化，或同時出現增減，或此增彼減。這種變化既相互獨立，又密切聯繫。如果採取單式記帳法，只能對其中的一種變化進行核算和監督，無法全面地反應經濟業務事項的全貌。採用復式記帳法，可以通過帳戶的對應關係完整地反應經濟業務的來龍去脈，還可以通過每一項經濟業務事項所涉及的兩個或兩個以上的帳戶之間的平衡關係，來檢查會計記錄的正確性。

3. 填製和審核憑證

會計憑證是記錄經濟業務事項、明確經濟責任人的書面證明，是登記帳簿的依據。

填製和審核憑證，是為了保證會計記錄真實、可靠、完整、正確而採用的方法。它不僅是會計核算的專門方法，也是會計監督的重要方式。對於任何一項經濟業務事項，都應根據實際發生和完成的情況填製或取得會計憑證，經有關部門和人員審核無誤後，方可登記帳簿。填製和審核憑證是保證會計資料真實、完整的有效手段。

4. 登記帳簿

會計帳簿，是由具有規定格式的帳頁所組成，用以全面、系統、連續地記錄經濟業務事項的簿籍。登記帳簿，是根據審核無誤的會計憑證，分門別類地記入有關簿籍的專門方法。帳簿是將會計憑證中分散的經濟業務事項進行分類、匯總、系統記錄的信息載體。帳簿記錄的資料，是編製財務會計報告的重要依據。

5. 成本計算

成本計算就是將經營過程中發生的全部費用，按照一定對象進行歸集，借以明確各對象的總成本和單位成本的專門方法。通過成本計算，可以考核各企業的物化勞動和活勞動的耗費程度，進而為成本控制、價格決策和經營成果的確定提供有用資料。

6. 財產清查

財產清查是指定期或不定期地對財產物資、貨幣資金、往來結算款項進行清查盤點，以查明其實物量和價值量實有數額的一種專門方法。通過財產清查，可以保證帳實相符，從而確保財務會計報告數據的真實可靠；同時，也是加強財產物資管理、充分挖掘財產物資潛力、明確經濟責任、強化會計監督的重要制度。

7. 編製財務會計報告

編製財務會計報告是根據帳簿記錄的數據資料，概括、綜合地反應各單位在一定時期經濟活動情況及其結果的一種書面報告。財務會計報告由會計報表、會計報表附註和財務情況說明書組成。編製財務會計報告是對日常核算的總結，是在帳簿記錄基礎上對會計核算資料的進一步加工整理，也是進行會計分析、會計檢查、會計預測和會計決算的重要依據。

以上這些會計核算方法反應了會計核算的過程，當會計主體（企業）的經濟業務發生後：首先，要填製或取得並審核原始憑證，按照設置的會計科目和帳戶，運用復式記帳法，編製記帳憑證；其次，要根據會計憑證登記會計帳簿，然後根據會計帳簿資料和有關資料，對生產經營過程中發生的各項費用進行成本計算，並依據財產清查的方法對帳簿的記錄加以核實；最後，在帳實相符的基礎上，根據會計帳簿資料編製會計報表。在會計核算過程中，填製和審核會計憑證是開始環節，登記會計帳簿是中間環節，編製會計報表是終結環節。

在一個會計期間，會計主體（企業）所發生的經濟業務，都要通過這三個環節將大量的經濟業務轉換為系統的會計信息。這個轉換過程，即從填製和審核會計憑證開始，經過登記會計帳簿，直至編製出會計報表周而復始的變化過程，就是一般稱謂的會計循環。在這個循環過程中，以三個環節為連接點，連接其他的核算方法，從而構成了一個完整的會計核算方法體系。

（二）會計核算方法的選擇

1. 會計處理方法的選擇原則

在會計核算中，對於同樣的經濟業務可能存在著不同的備選會計方法，這些方法各有優缺點。在手工會計條件下，對於會計處理方法的選擇除了要考慮信息提供的決策有用性原則外，成本效益原則也是必須要考慮的。在手工會計條件下，成本效益原則主要考慮會計核算工作量不能太大，提供相關信息帶來的管理效益不能低於處理信息的成本。因此，在會計核算時，常常需要由會計人員根據經驗選擇既能保證一定的信息質量，又比較簡便的會計核算方法，但核算方法的選擇離不開會計人員的主觀判斷，這就很難保證會計信息的真實性。而在會計信息化條件下，由於會計核算過程可由計算機來完成，因此成本效益原則已不再重要；另外，會計信息的開放性和動態化特徵要求會計信息規範化，會計核算方法也應規範化。因此，在會計信息化條件下，會計處理方法的選擇應遵循以下原則：

（1）規範化原則

在信息化條件下會計信息的開放性、智能化和即時化特徵要求會計信息規範化，因此會計核算方法也應遵循規範化原則。其意義在於：

①有助於真正實現會計信息的可比性，提高會計信息質量，實現會計信息系統與企業內外有關系統（如證監會、銀行、稅務、企業）的即時對接，進一步促進會計系統之間的協作和相互監控。

②可以促進會計核算軟件研製的標準化、規範化，加快管理型軟件的開發應用。

③保證會計信息的可比性，減少會計人員主觀判斷的機會，在一定程度上增強了會計信息的真實性。

（2）準確性原則

在信息化條件下，最需要考慮的是核算方法的科學性和合理性，準確性將成為會計核算方法選擇的重要原則。在會計信息化條件下，大部分核算業務交給計算機處理，因此在選擇會計核算方法時，不必計較核算工作量的多少；而且，由於信息化環境下信息高度共享，會計數據較手工環境下更易取得，不必為了權衡結果的精確性和過程的複雜性而選擇次優的方法。

（3）及時性原則

信息化環境下的一個顯著特徵是即時性，因此會計數據的採集、處理，會計信息的發布、傳輸和利用能夠實現即時化、動態化。會計數據處理的動態化要求會計處理方法的選擇必須考慮及時性原則。

（4）開拓性原則

隨著信息技術的不斷進步，會計核算方法的質量在不斷創新和發展，會計人員在選擇會計處理方法時，應當選擇會計發展過程中最現代化、最新穎也最具生命力的會計核算方法，實現會計方法的不斷變革，與時俱進，提高會計核算的效率與質量。

2. 會計處理方法的新選擇

（1）計量屬性的新選擇：公允價值計價

公允價值與歷史成本計量的優劣、公允價值的確定及其實踐等問題是當今會計界討論的一個熱門話題。在手工操作環境下，由於公允價值難以取得，只能採用單一的歷史成本計量屬性。而在會計信息化條件下，數據處理的高度自動化、信息資源的高度共享使資產按公允價值計價成為可能。通過互聯網可以使會計信息系統和企業內外有關係統即時交換數據，相互獲取信息，可以從網路上獲得最新的資產成交價格信息，用公允價值對資產計價，計量屬性將向公允價值計價發展。

（2）存貨計價方法的新選擇：移動加權平均法

在手工會計下，常用的存貨計價方法有：先進先出法、后進先出法（註：2006年2月頒布的新會計準則取消了此種方法）、全月一次加權平均法、個別計價法、移動加權平均法等。移動加權平均法將成為會計信息化條件下的最佳選擇，理由如下：

①在會計信息化條件下，先進先出法的不足在於：由於網路的即時監控，企業組織的存貨數量急遽減少（甚至趨向於零庫存），傳統會計中期末存貨成本計量的先進先出法失去了存在的意義。另外，在計算機條件下採用先進先出法核算存貨價格時，在每次調用存貨價格時，計算機都需要多次遍歷整個數據庫並不斷作日期比較。在一個龐大的數據庫系統中這是相當耗費機時的，會嚴重影響系統運行的速度和效率。

②全月一次加權平均法的缺陷在於：及時性較差，不適應會計信息化的即時化要求。

③個別計價法的缺陷在於：個別計價法極易被用作調節利潤的手段，因為如果營業不佳，估計利潤不高，管理人員就可以高價售出低成本的商品，以提高利潤，或以相反的方法調低利潤。因此這也不是最佳的方法。

④在會計信息化條件下，移動加權平均法的優勢在於：會計信息化的動態化為移動加權平均法的使用創造了便利條件，會計數據的採集是動態的，企業組織內部的存貨數據一旦發生，都將存入相應地服務器，並及時送到會計信息系統中等待處理，計算機自動檢索存貨數據庫獲取存貨的價格信息並進行移動加權核算。該方法是手工會計下非常繁瑣的一種方法，但在會計信息化條件下卻是程序設計最簡單的一種方法，成為會計信息化條件下的最佳選擇。

（3）壞帳準備計提方法的新選擇：帳齡分析法

壞帳準備計提的方法主要有：餘額百分比法、銷貨百分比法、帳齡分析法等。帳齡分析法將成為會計信息化條件下的最佳選擇，理由如下：

①應收帳款餘額百分比法和銷貨百分比法的不足在於：這兩種方法雖然簡便、易於操作，但忽略了應收帳款被拖欠的時間與發生壞帳可能性之間的正比例關係。一般來說，應收帳款拖欠的時間越長，應收帳款被收回的可能性越小，發生壞帳的風險就越大。

②帳齡分析法的優勢在於：帳齡分析法較為準確、合理，能反應會計信息的真實性，也符合對應收款項的管理要求。但它對會計核算要求較細，工作量較大，而在會計信息化條件下，由於大量的核算工作由計算機完成，工作量的大小已不是考慮的重

點，因此帳齡分析法應是最佳的選擇。

（4）累計折舊計提方法的新選擇：加速折舊法

累計折舊方法主要有直線法和加速折舊法等。加速折舊法將成為會計信息化條件下的最佳選擇。其原因在於：

①直線法的不足在於：直線法雖然具有簡單明了、易於掌握的優點，但其缺點在於沒有考慮固定資產的無形損耗，同時也沒有考慮資金的時間價值，不利於企業進行科學的財務決策。

②採用加速折舊法的優勢在於：

第一，可提前收回投資，對於企業轉換經營機制、促進企業技術進步有著重要的意義；

第二，符合會計準則的穩健性原則；

第三，符合配比原則，固定資產在使用前期因設備新、效率高，使得產量高、維修費低，所以就應多提折舊，而在后期則相反；

第四，遞延了企業的應交所得稅及應付紅利，增加了企業的現金淨流量，使企業從中得到了一定的財務收益；

第五，在會計信息化條件下，採用加速折舊法計算折舊不再是一項複雜的工作。

（5）輔助生產成本分配方法的新選擇：代數分配法

輔助生產成本分配方法一般有直接分配法、順序分配法、交互分配法、計劃成本分配法、代數分配法等。代數分配法將成為會計信息化條件下的最佳選擇。理由如下：

①直接分配法的不足在於：採用直接分配法分配輔助生產費用，計算手續較為簡單，但有一定的假定性，即假定各輔助生產車間之間相互提供勞務，因此分配結構不夠準確。

②順序分配法的不足在於：雖然採用順序分配法分配輔助生產費用，計算簡便，各種輔助生產費用只計算一次，但是由於排列在先的輔助生產車間不負擔排列在后的輔助生產車間的費用，分配結果的準確性受到了一定的影響。

③交互分配法的不足在於：採用交互分配法需要進行兩次分配，且由於交互分配率是根據交互分配前的待分配費用計算的，不是各輔助生產部門的實際單位成本，因而分配的結果也不夠準確。

④計劃成本分配法的不足在於：採用計劃成本分配法分配輔助生產成本時，對計劃單位成本的準確性要求較高；並且如果實際成本與計劃成本的差額過大，不利於企業內部的經濟核算，也使會計核算資料的合理性受到影響。

⑤在信息化條件下代數分配法的優勢在於：採用代數分配法，其分配結果最精確，但如果企業的輔助生產車間較多，未知數較多，在手工環境下，計算工作較複雜，企業往往不大採用。但在實現會計信息化后，無論車間多少、未知數多少，都可採用代數分配法。在會計軟件程序中，代數分配法比其他任何一種分配方法更為簡便，而且結果最為精確，因此，在會計信息化環境下，代數分配法應成為輔助生產成本分配的最佳選擇。

（6）製造費用分配方法選擇：聯合分配法

中國現行的製造費用分配方法一般是選擇某一種分配標準（工時、機器工時、產量、原材料數量等）分配費用。而筆者認為一種新型的方法——聯合分配法將成為會計信息化條件下的最佳選擇。聯合分配法是根據製造費用中各類費用的特點，將其劃分為若幹類，分別選擇合理的標準進行分配。選擇分類的標準可根據製造費用的性質和用途來進行，如有些企業將製造費用分為以下幾類：

①與產品工藝相關的基本費用，如機器設備的折舊費、修理費等；

②與組織和管理生產相關的一般費用，如車間管理人員的工資、福利費及辦公費等；

③與原材料的處理相關的費用，如材料處理人員的工資、福利費、運輸費等。

第一類可按機器工時或折合工時的比例進行分配，第二類可按直接人工工時的比例進行分配，第三類可按原材料消耗量或直接材料成本的比例進行分配。聯合分配法將成為會計信息化條件下的最佳選擇的理由如下：

①傳統方法的不足在於：

第一，沒有充分考慮製造費用的多樣性和複雜性，缺乏必要的因果關係，將兩種或更多種不同性質的費用以同一分配標準、同一方法進行分配，其結果有悖於實際；

第二，分配標準的單一，易導致產量高、技術性能低、複雜程度低的產品成本負擔偏高，而產量低、技術性能高、複雜程度高的產品成本負擔偏低，成本信息質量不高，不利於提高企業的管理水平；

第三，由於採用單一的方法、單一的分配標準加以分配，往往把關注的焦點放在某一個因素上，而忽略了對其他相關因素的管理。

②聯合分配法的優勢在於：在聯合分配法下，製造費用被劃分為若幹類，並針對不同類別的製造費用，選擇與其最密切的分配標準，充分考慮了製造費用項目的多樣性和複雜性、費用與成本對象之間的相關性，使成本計算更貼近實際，提高了成本信息的真實性和準確性。但採用聯合分配法，對分類的準確性提出了很高的要求，而且費用分配的工作量相當大，在會計信息化條件下，企業可以將分類標準程序化，由計算機完成製造費用的分類及計算工作，使得聯合分配法變得簡便，易於操作，大大提高了分配的合理性，保證了分配結果的準確性。

三、會計核算的流程

會計核算的流程在會計實務操作中就是由做原始憑證開始到編製會計報表這一過程，也叫會計循環。這是會計每個月要做的事情，整個流程分以下幾個步驟，具體如圖2.1所示。

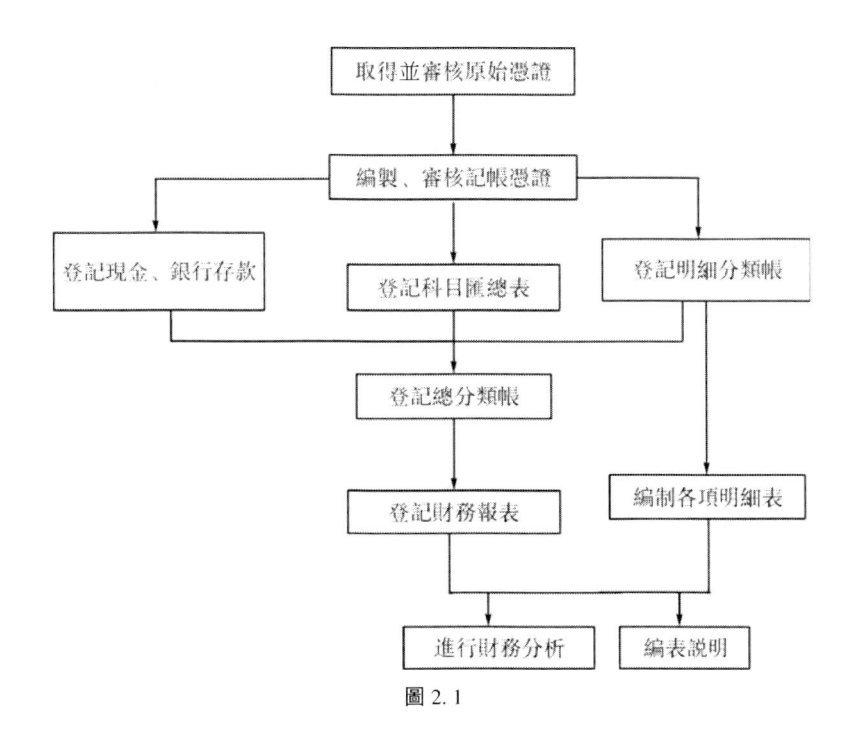

```
取得並審核原始憑證
    ↓
編製、審核記帳憑證
 ↓      ↓       ↓
登記現金  登記科目  登記明細
、銀行存款 匯總表   分類帳
        ↓       ↓
      登記總分類帳  編制各項明細表
        ↓       ↓
      登記財務報表
        ↓       ↓
      進行財務分析 編表說明
```

圖 2.1

(一) 取得並審核原始憑證

首先，拿來原始憑證后，會計人員要檢查是否合乎入帳手續。如果是發票，要檢查是否有稅務監制章，然后看以下四點：

（1）大小寫金額是否一致，與剪口處是否相符；

（2）是否有相關人員的簽名。

（3）付款單位的名稱、填製憑證的日期、經濟業務內容、數量、單位、金額等要素是否完備；

（4）是否有開發票單位的簽章。

在日常費用管理中，對報銷人員或報銷部門所提交上來的費用報銷進行審核。審核期間態度須客觀、嚴謹、仔細、公正、公開。

審核內容：

A. 報銷憑證的審核

報銷憑證必須用藍、黑墨水書寫，不得用圓珠筆和鉛筆書寫。填寫內容須規範、摘要明了、字跡清晰，大小寫金額、報銷部門、日期、經手人填寫無誤且已經部門負責人審批，補充說明的費用事項須在備註欄註明。報銷憑證須先整理分類后填寫。

B. 原始憑證的審核

粘貼次序須按報銷憑證填寫的順序，一般按小上大下，零散票據、面積過大票據須按公司財務部規定方式粘貼。發票類原始憑證超過規定額度時須與收據原始憑證分開填寫。

原始憑證不得有塗劃、修改痕跡，開具日期不得超過報銷的合理週期，一般為一個月內，超過合理週期一概不給予辦理報銷。特殊業務的須問明緣由並有相關人員證明或提前告之財務部。

原始憑證的合法性和真實性。即審核所發生的經濟業務是否符合國家、企業有關規定的要求，有否違反財經制度的現象；原始憑證中所列的經濟業務事項是否真實，有無弄虛作假情況。如在審核原始憑證中發現有多計或少計收入、費用、擅自擴大開支範圍、提高開支標準、巧立名目、虛報冒領、濫發獎金、津貼等違反財經制度和財經紀律的情況，不僅不能作為合法真實的原始憑證，而且要按規定進行處理。關於採購報銷的，還須將採購申請單作為附件附在相關原始憑證后面。

原始憑證的合理性。即審核所發生的經濟業務是否符合厲行節約、反對浪費、有利於提高經濟效益的原則，有否違反該原則的現象。如經審核原始憑證后，確實有使用預算結餘購買不需要的物品，不能作為合理的原始憑證。

原始憑證的完整性。即審核原始憑證是否具備基本內容，有否應填未填或填寫不清楚的現象。如經審核原始憑證后，確定有未填寫接受憑證單位名稱、無填證單位或制證人員簽章、業務內容與附件不符等情況，不能作為內容完整的原始憑證。

原始憑證的正確性。即審核原始憑證在計算方面是否存在失誤。如經審核憑證后確定有業務內容摘要與數量、金額不相對應，業務所涉及的數量與單價的乘積與金額不符，金額合計錯誤等情況，不能作為正確的原始憑證。對於審核后的原始憑證，如發現有不符合上述要求，有錯誤或不完整之處，應當按照有關規定進行處理；如符合有關規定，則根據審核無誤的原始憑證給予報銷處理。

取不到憑證的處理。因特殊業務辦理，取不到相關原始憑證的，須填製企業內部證明憑證。註明業務內容摘要、數量、金額及取不到憑證的緣由並經相關證明人證實。

(二) 編製、審核記帳憑證

根據經審核無誤的原始憑證，我們就可以做憑證了，憑證也叫傳票，有幾張原始憑證，就填幾張憑證。

會計記帳採用的是借貸記帳法。記帳規則是：有借必有貸，借貸必相等。

記帳方式採用收付轉記帳憑證，能細化憑證操作，便於查詢整理。收字記帳憑證是針對現金、銀行收入相關業務的憑證，憑證借方只能出現現金、銀行存款科目；付字記帳憑證在做憑證時與收字記帳憑證相反，只能在貸方出現現金、銀行存款科目；轉字記帳憑證是針對除現金、銀行收支以外的相關業務。

編製記帳憑證分錄時，須按照業務報銷日期序時登記，簡明概述各項業務摘要，以便事後查詢。

記帳憑證分錄編製過程，允許多借多貸，多借少貸，少借多貸。

記帳憑證登記完畢后須經審計人員審核方能登記各類帳簿。

(三) 登記帳簿

帳簿是連續、系統、全面記錄經濟業務的紙張記錄介質或電子記錄介質。通過帳簿記錄，為編製會計報表提供依據。在手工會計方式下，帳簿是由專門格式的帳頁組

成的；在計算機會計方式下，帳簿記錄呈現電子化，會計信息以數據庫形式存儲。

登記帳簿簡稱記帳，就是運用復式記帳法，將會計憑證所記錄的經濟業務連續、完整地記入有關帳簿的各個帳戶中。通過登記帳簿，我們將分散的經濟業務進行匯總、連續、系統地記錄每一筆經濟業務，反應經濟業務發展變化的全過程。

根據審核無誤的記帳憑證就可以登記各類明細帳、總帳帳簿。

在帳簿啟用時，必須填列「帳簿啟用和經管人員一覽表」，載明單位名稱、帳簿名稱、帳簿編號、帳簿冊數、帳簿頁數、啟用日期，會計主管人員和記帳人員簽名或蓋章；更換記帳人員時，應由會計主管人員監交，在交接記錄內寫明交接日期和交接人員姓名，並由交接人員和會計主管人員簽名或蓋章。

登記帳簿必須以審核無誤的會計憑證為依據。記帳時，應將會計憑證的日期、種類和編號、業務內容摘要、金額等逐項記入帳內，同時在會計憑證上註明所記帳簿的頁數或劃「√」符號，表示已經登記入帳。

帳簿的記錄必須清晰、耐久、防止塗改。在記帳時，必須用藍、黑墨水書寫，不得用圓珠筆和鉛筆書寫。紅色墨水只能在結帳劃線、改錯和衝帳時使用。

帳簿必須逐頁、逐行循序連續登記。在總分類帳和明細分類帳中，應在每一帳戶的首頁註明帳戶的名稱；各種帳簿都必須按寫的頁次逐頁、按行序連續登記，不得隔頁、跳行登記。如果發生隔頁、跳行登記，應將空頁、空行用紅色墨水對角劃線，加蓋「作廢」戳記，並由記帳人員簽章。

帳簿記錄必須逐頁結轉。每登記滿一張帳頁時，應在最后一行登記本頁發生額合計和餘額，並在「摘要」欄中寫明「轉次頁」字樣，然后將發生額合計和餘額記入下一帳頁的第一行，並在「摘要」欄中寫明「承上頁」字樣。

必須按照規定的方法更正錯帳。如果發現帳簿記錄有差錯，應根據錯誤的具體情況，採用規定的方法予以更正，不得塗改、挖補、亂擦或用褪色藥水消除原有字跡。

出納員也須編製現金、銀行日記帳，以便於期末對帳。

使用財務系統軟件則只需要在帳簿中按其查詢要求篩選查詢科目、期間、相關查詢信息即可。

四、編製記帳憑證

記帳憑證又稱記帳憑單，或分錄憑單，是指財會部門根據審核確認無誤的原始憑證或原始憑證匯總表編製、記載經濟業務的簡要內容，確認會計分錄，作為記帳直接依據的一種會計憑證。記帳憑證種類甚多，格式不一，但其主要作用都在於對原始憑證進行分類、整理，按照復式記帳的要求，運用會計科目，編製會計分錄，據以登記帳簿。它是會計人員根據審核無誤的原始憑證按照經濟業務事項的內容加以歸類，並據以確定會計分錄后所填製的會計憑證。它是登記帳簿的直接依據。在實際工作中，為了便於登記帳簿，需要將來自不同單位、種類繁多、數量龐大、格式不一的原始憑證加以歸類、整理，填製具有統一格式的記帳憑證，確定會計分錄並將相關的原始憑證附在記帳憑證后面。

除了要遵循記帳憑證編製的一般要求，在 Excel 中編製記帳憑證可以在形式上有所

簡化，但必須具備以下基本內容：
(1) 填製記帳憑證的日期；
(2) 記帳憑證的編號；
(3) 經濟業務事項的內容摘要；
(4) 經濟業務事項所涉及的會計科目及其記帳方向；
(5) 經濟業務事項的金額。

實訓技能　在 Excel 中編製會計分錄

一、實訓內容

根據佳視達實業公司的相關資料，運用 Excel 表格編製會計憑證。公司 200×年 12 月與會計核算相關業務資料如下：

(一) 基本業務資料

(1) 12 月 3 日，銀行轉來收款通知，三勇建材有限公司歸還欠款 234,000 元，收存銀行。

(2) 12 月 4 日，以現金 2,186 元支付職工困難補助。

(3) 12 月 4 日從銀行提取現金 5,000 元。

(4) 12 月 5 日，生產車間領用甲材料 400 千克，乙材料 100 千克。領用單號為 200301。

(5) 12 月 5 日，向上海全網公司買入材料 4,000 千克，單價 98 元，價款為 392,000 元，增值稅為 66,640 元；乙材料 2,000 千克，單價 48 元，價款為 96,000 元，增值稅為 16,320 元，款項以商業匯票支付。

(6) 12 月 6 日，銷售 A 商品 300 件給新星實業，貨款及稅款共計 140,400 元，收到款並存入銀行。出庫單號為 40035。

(7) 12 月 6 日，收到新星實業借用包裝物押金 2,000 元，存入銀行。

(8) 12 月 6 日，以銀行存款繳納增值稅 18,960 元和消費稅 6,000 元。

(9) 12 月 8 日，以銀行存款歸還上海全網公司貨款 117,000 元。

(10) 12 月 8 日，生產車間領用甲材料 2,700 千克，其中用於 A 產品生產 1,200 千克，B 產品生產 1,500 千克，領料單號為 200302/200303。

(11) 12 月 9 日，以現金支付企業管理部門辦公用品費用 885 元。

(12) 12 月 9 日，B 產品 4,000 件完工驗收入庫。入庫單號為 30021。

(13) 12 月 10 日，向深圳支聯商貿有限公司購買甲材料 1,000 千克，單價 100 元，價款為 100,000 元，增值稅為 17,000 元。款項尚未支付，材料已驗收入庫，入庫單號為 10344。

(14) 12 月 12 日，銷售 A 產品 1,200 件給深圳職業網路技術股份有限公司，貨款 480,000 元及增值稅 81,600 元尚未收到，出庫單號為 40037。

（15）12月12日，接受捐贈機器設備一臺，價值200,000元。

（16）12月13日，向上海全網購買的甲、乙兩種材料運至企業並驗收入庫，入庫單號為10345，以銀行存款支付運費12,000元。

（17）12月14日，生產車間領用甲材料1,800千克，乙材料1,000千克，用於生產A產品，領料單號為200304。

（18）12月17日，銷售部門領用甲材料100千克，領料單號為2000305。

（19）12月18日，以銀行存款發放工資108,000元。

（20）12月19日，銷售B產品200件給三勇建材有限公司，貨款20,000元及增值稅3,400元未收到，出貨單號為40038。

（21）12月19日，以銀行存款支付銷售B產品運費1,200元。

（22）12月20日接銀行付款通知，付電費18,100元，其中車間應負擔16,540元，行政管理部門應負擔1,400元，銷售部門負擔160元。

（23）12月21日，行政管理人員季群預借差旅費5,000元，以現金支付。

（24）12月21日，生產車間領用甲材料500千克，乙材料200千克，用於A產品生產，領料單號為200306，行政管理部門領用甲材料20千克，領料單號為200307。

（25）12月22日，以銀行存款支付本月產品廣告費用5,000元。

（26）12月23日，銷售甲材料100千克，貸款12,000元及增值稅2,040元已收到，存入銀行，出庫單號為40039。

（27）12月25日，以銀行存款支付違章罰款2,000元。

（28）12月28日，以銀行存款9,500元支付租入辦公用房屋租金。

（29）12月29日，以銀行存款支付本年度長期借款利息60,000元。

（30）12月29日，季群報銷差旅費5,500元，補付現金500元。

（二）期末其他相關資料

（1）本企業適用的相關稅率為：A產品的消費稅稅率為5%，城建稅稅率為1%，教育費附加為3%，所得稅稅率為25%。

（2）本月應付職工工資118,000元，其中生產A產品生產工人工資50,000元，生產B產品生產工人工資40,000元，車間管理人員工資6,000元，行政管理人員工資20,000元，銷售人員工資2,000元。

（3）本企業按職工工資總額的9%和7%的比例分別計提養老保險和醫療保險。

（4）本月應計提固定資產折舊15,000元，其中生產車間固定資產折舊為9,000元，行政管理部門固定資產折舊為5,000元，銷售機構固定資產折舊為1,000元。

（5）製造費用按A、B產品的生產工時比例進行分配，本月A產品耗用6,000工時，B產品耗用4,000工時。本月生產A產品尚未完工，B產品全部完工入庫。

（6）長期借款年利率為6%，利息按年支付，按月計提，該利息不符合資本化條件。

（7）本年利潤分配方案為：按本年稅後利潤的10%計提法定盈餘公積，將本年稅後利潤的20%按期初投資比例分配給投資者。

二、實訓方法

在 Excel 中將編製好的會計憑證按照規範的格式錄入電子表格中，為后續的會計核算工作準備好數據基礎。

三、實訓步驟

新建 Excel 工作簿，可將其命名為「會計核算」，並將第一個工作表命名為「12 月會計分錄」，然後，根據本月發生的經濟業務和會計事項在該工作表中編製會計分錄，如表 2.1 所示。

表 2.1   單位：元

				匯總校驗	5,915,188.27	5,915,188.27
日期	憑證號	會計科目		摘要	借方	貸方
12月3日	1	銀行存款		收三勇建材公司歸還欠款	234,000.00	
		應收帳款——三勇建材公司		收三勇建材公司歸還欠款		234,000.00
12月4日	2	應付職工薪酬——福利費		支付職工困難補助	2,186.00	
		庫存現金		支付職工困難補助		2,186.00
12月4日	3	庫存現金		從銀行提取現金	5,000.00	
		銀行存款		從銀行提取現金		5,000.00
12月5日	4	製造費用		生產車間領甲材料	45,000.00	
		原材料——甲材料		生產車間領甲材料		40,000.00
		原材料——乙材料		生產車間領甲材料		5,000.00
12月5日	5	材料採購——甲材料		買入材料	392,000.00	
		材料採購——乙材料		買入材料	96,000.00	
		應交稅費——應交增值稅——進項稅		買入材料	82,960.00	
		應付帳款——上海全網		買入材料		570,960.00
12月6日	6	銀行存款		銷售 A 商品	140,400.00	
		主營業務收入——A 商品		銷售 A 商品		120,000.00
		應交稅費——應交增值稅——銷項稅		銷售 A 商品		20,400.00
		主營業務成本——A 商品		銷售 A 商品	60,000.00	
		庫存商品——A 商品		銷售 A 商品		60,000.00
12月6日	7	銀行存款		收包裝物押金	2,000.00	
		其他應付款——押金		收包裝物押金		2,000.00

表2.1(續)

			匯總校驗	5,915,188.27	5,915,188.27
12月6日	8	應交稅費——應交增值稅——已交稅金	繳納稅款	18,960.00	
		應交稅費——應交消費稅	繳納稅款	6,000.00	
		銀行存款	繳納稅款		24,960.00
12月8日	9	應付帳款——上海全網	付上海全網公司貨款	117,000.00	
		銀行存款	付上海全網公司貨款		117,000.00
12月8日	10	生產成本——A產品成本	生產車間領用甲材料	120,000.00	
		生產成本——B產品成本	生產車間領用甲材料	150,000.00	
		原材料——甲材料	生產車間領用甲材料		270,000.00
12月9日	11	管理費用	辦公用品費	885.00	
		庫存現金	辦公用品費		885.00
12月9日	12	庫存商品——B商品	B產品完工驗收入庫	227,400.00	
		生產成本——B產品成本	B產品完工驗收入庫		227,400.00
12月10日	13	材料採購——甲材料	購買甲材料	100,000.00	
		應交稅費——應交增值稅——進項稅	購買甲材料	17,000.00	
		應付帳款——深圳支聯商貿有限公司	購買甲材料		117,000.00
12月12日	14	應收帳款——深圳職業網路公司	銷售A產品	561,600.00	
		主營業務收入——A商品	銷售A產品		480,000.00
		應交稅費——應交增值稅——銷項稅	銷售A產品		81,600.00
		主營業務成本——A商品	銷售A產品	240,000.00	
		庫存商品——A商品	銷售A產品		240,000.00
12月12日	15	固定資產	接受捐贈機器設備	200,000.00	
		營業外收入	接受捐贈機器設備		200,000.00
12月13日	16	材料採購——甲材料	支付材料運費	8,000.00	
		材料採購——乙材料	支付材料運費	4,000.00	
		銀行存款	支付材料運費		12,000.00
		原材料——甲材料	支付材料運費	8,000.00	
		原材料——乙材料	支付材料運費	4,000.00	
		材料採購——甲材料	支付材料運費		8,000.00

表2.1(續)

				匯總校驗	5,915,188.27	5,915,188.27
		材料採購——乙材料	支付材料運費			4,000.00
12月14日	17	生產成本——A產品成本	生產車間領用材料	230,000.00		
		原材料——甲材料	生產車間領用材料			180,000.00
		原材料——乙材料	生產車間領用材料			50,000.00
12月17日	18	銷售費用	銷售部門領用甲材料	10,000.00		
		原材料——甲材料	銷售部門領用甲材料			10,000.00
12月18日	19	應付職工薪酬——工資	發放工資	108,000.00		
		銀行存款	發放工資			108,000.00
12月19日	20	應收帳款——三勇建材公司	銷售B產品	23,400.00		
		主營業務收入——B商品	銷售B產品			20,000.00
		應交稅費——應交增值稅——銷項稅	銷售B產品			3,400.00
		主營業務成本——B商品	銷售B產品	11,370.00		
		庫存商品——B商品	銷售B產品			11,370.00
12月19日	21	銷售費用	支付B產品運費	1,200.00		
		銀行存款	支付B產品運費			1,200.00
12月20日	22	製造費用	付電費	16,540.00		
		管理費用	付電費	1,400.00		
		銷售費用	付電費	160.00		
		銀行存款	付電費			18,100.00
12月21日	23	其他應收款——季群	季群預借差旅費	5,000.00		
		庫存現金	季群預借差旅費			5,000.00
12月21日	24	生產成本——A產品成本	生產車間領用材料	60,000.00		
		管理費用	生產車間領用材料	2,000.00		
		原材料——甲材料	生產車間領用材料			62,000.00
12月22日	25	銷售費用	支付產品廣告費	5,000.00		
		銀行存款	支付產品廣告費			5,000.00
12月23日	26	銀行存款	銷售甲材料	14,040.00		
		其他業務收入	銷售甲材料			12,000.00
		應交稅費——應交增值稅——銷項稅	銷售甲材料			2,040.00
		其他業務成本	銷售甲材料	10,000.00		

表2.1(續)

				匯總校驗	5,915,188.27	5,915,188.27
			原材料——甲材料	銷售甲材料		10,000.00
12月25日	27		營業外支出	支付違章罰款	2,000.00	
			銀行存款	支付違章罰款		2,000.00
12月28日	28		管理費用	房屋租金	9,500.00	
			銀行存款	房屋租金		9,500.00
12月29日	29		應付利息	長期借款利息	60,000.00	
			銀行存款	長期借款利息		60,000.00
12月29日	30		管理費用	季群報銷差旅費	5,500.00	
			其他應收款——季群	季群報銷差旅費		5,000.00
			庫存現金	季群報銷差旅費		500.00
12月31日	31		管理費用	攤銷長期待攤費用	10,000.00	
			長期待攤費用	攤銷長期待攤費用		10,000.00
			營業稅金及附加	計提本月稅金及附加	31,499.20	
			應交稅費——應交消費稅	計提本月稅金及附加		30,000.00
			應交稅費——城建稅	計提本月稅金及附加		374.80
			應交稅費——教育費附加	計提本月稅金及附加		1,124.40
			主營業務收入——A商品	結轉損益	600,000.00	
			主營業務收入——B商品	結轉損益	20,000.00	
			其他業務收入	結轉損益	12,000.00	
			營業外收入	結轉損益	200,000.00	
			本年利潤	結轉損益		832,000.00
			本年利潤	結轉損益	437,034.20	
			主營業務成本——A商品	結轉損益		300,000.00
			主營業務成本——B商品	結轉損益		11,370.00
			其他業務成本	結轉損益		10,000.00
			營業稅金及附加	結轉損益		31,499.20
			管理費用	結轉損益		57,485.00
			銷售費用	結轉損益		19,680.00
			財務費用	結轉損益		5,000.00
			營業外支出	結轉損益		2,000.00
			所得稅費用	計提企業所得稅	98,601.45	

表2.1(續)

				匯總校驗	5,915,188.27	5,915,188.27
			應交稅費——應交所得稅	計提企業所得稅		98,601.45
			本年利潤	結轉損益	98,601.45	
			所得稅費用	結轉損益		98,601.45
			本年利潤	結轉損益	296,364.35	
			利潤分配——未分配利潤	結轉損益		296,364.35
12月31日	32		生產成本——A產品成本	分配職工工資	50,000.00	
			生產成本——B產品成本	分配職工工資	40,000.00	
			製造費用	分配職工工資	6,000.00	
			管理費用	分配職工工資	20,000.00	
			銷售費用	分配職工工資	2,000.00	
			應付職工薪酬——工資	分配職工工資		118,000.00
12月31日	33		生產成本——A產品成本	分配職工社保	8,000.00	
			生產成本——B產品成本	分配職工社保	6,400.00	
			製造費用	分配職工社保	960.00	
			管理費用	分配職工社保	3,200.00	
			銷售費用	分配職工社保	320.00	
			應付職工薪酬——養老保險	分配職工社保		10,620.00
			應付職工薪酬——醫療保險	分配職工社保		8,260.00
12月31日	34		製造費用	計提固定資產折舊	9,000.00	
			管理費用	計提固定資產折舊	5,000.00	
			銷售費用	計提固定資產折舊	1,000.00	
			累計折舊	計提固定資產折舊		15,000.00
12月31日	35		生產成本——A產品成本	分配製造費用	46,500.00	
			生產成本——B產品成本	分配製造費用	31,000.00	
			製造費用	分配製造費用		77,500.00
12月31日	36		財務費用	計提長期借款利息	5,000.00	
			應付利息	計提長期借款利息		5,000.00
12月31日	37		利潤分配——計提法定盈餘公積	計提法定盈餘公積	76,534.44	
			利潤分配——分配投資人利潤	分配投資人利潤	153,068.87	

表2.1(續)

			匯總校驗	5,915,188.27	5,915,188.27
	盈餘公積——法定盈餘公積		計提法定盈餘公積		76,534.44
	應付股利		分配投資人利潤		153,068.87
	利潤分配——未分配利潤		結轉未分配利潤	229,603.31	
	利潤分配——計提法定盈餘公積		結轉未分配利潤		76,534.44
	利潤分配——分配投資人利潤		結轉未分配利潤		153,068.87

定義會計分錄表的借貸平衡校驗公式：

借方＝SUM（E3：E1,000）

貸方＝SUM（F3：F1,000）

至此，Excel 中的記帳憑證就編製完成，並經校驗符合會計分錄借貸恒等的基本原則，利用這張表就可以繼續進行后面的業務處理。

四、注意事項

對於同一會計科目多次使用，在錄入時要確保每次錄入的科目名稱必須一致，否則只要有一個字符不一致，電腦就會認為是兩個不同的科目，導致核算結果出錯。

任務2　編製會計科目匯總表

【任務目標】

通過實訓，學生應瞭解會計科目匯總表，掌握利用任務1已經完成的 EXCEL 中的會計憑證編製會計科目匯總表的方法。

【理論知識】

科目匯總表亦稱「記帳憑證匯總表」，即定期對全部記帳憑證進行匯總，按各個會計科目列示其借方發生額和貸方發生額的一種匯總憑證。依據借貸記帳法的基本原理，科目匯總表中各個會計科目的借方發生額合計與貸方發生額合計應該相等，因此，科目匯總表具有試算平衡的作用。科目匯總表是科目匯總表核算形式下總分類帳登記的依據。

一、科目匯總表的編製

科目匯總表是根據一定時期內的全部記帳憑證，按相同的會計科目進行歸類編製，並定期匯總（如五天、十天、十五天或一個月），匯總出每一會計科目的借方本期發生額和貸方本期發生額，填寫在科目匯總表的相關欄內，用以反應全部會計科目在一定期間的借方發生額和貸方發生額。

為了便於編製科目匯總表，必須注意以下幾點：

（1）每一張收款憑證一般應填列一個貸方科目，每一張付款憑證一般應填列一個借方科目；轉帳憑證，只應填列一個借方科目和一個貸方科目，一式兩聯，一聯作為借方科目的匯總，一聯作為貸方科目的匯總。

（2）為了便於登記總帳，科目匯總表上的科目排列應按總分類帳上科目排列的順序來定。

（3）科目匯總表匯總的時間不宜過長，業務量多的單位可每天匯總一次，一般間隔期為 5～10 天，以便對發生額進行試算平衡，及時瞭解資金運動情況。

二、科目匯總表帳務處理程序的優缺點及適用範圍

優點：依據科目匯總表登記總帳，大大減少了登記總帳的工作量；科目匯總表本身能對所編製的記帳憑證起到試算平衡的作用。

缺點：由於科目匯總表本身只反應各科目的借、貸方發生額，根據其登記的總帳，不能反應各帳戶之間的對應關係。

適用範圍：適用於規模較大、經濟業務量較多的大中型企業。

三、EXCEL 中 SUMIF 函數的使用

SUMIF 函數是根據指定條件對若幹單元格求和。Excel 中 sumif 函數的用法是根據指定條件對若幹單元格、區域或引用求和。

（一）語法規則

SUMIF 函數語法：

SUMIF（range，criteria，sum_ range）

（1）range 為用於條件判斷的單元格區域。

（2）criteria 為確定哪些單元格將被相加求和的條件，其形式可以為數字、表達式、文本或單元格內容。例如，條件可以表示為 32，" 32" ，" >32" ，" apples" 或 A1。條件還可以使用通配符：問號（？）和星號（*），如需要求和的條件為第二個數字為 2 的，可表示為"？2 *"，從而簡化公式設置。

（3）sum_ range 是需要求和的實際單元格。

（二）參數說明

SUMIF 函數的參數如下：

第一個參數：range 為條件區域，用於條件判斷的單元格區域。

第二個參數：criteria 是求和條件，由數字、邏輯表達式等組成的判定條件。

第三個參數：sum_range 為實際求和區域，需要求和的單元格、區域或引用。

當省略第三個參數時，則條件區域就是實際求和區域。

criteria 參數中使用通配符［包括問號（?）和星號（*）］。問號匹配任意單個字符；星號匹配任意一串字符。如果要查找實際的問號或星號，請在該字符前鍵入波形符（~）。

（三）使用舉例

如圖 2.2 所示，求報表中各欄目的總流量。

	A	B	C	D	E	F	G
1	日期	种类	销售额(元)		种类	销售额合计(元)	
2	2014年10月6日	桃子	486		苹果	2 233	
3	2014年10月7日	苹果	466		桃子	2 738	
4	2014年10月8日	菠萝	503		鸭梨	2 285	
5	2014年10月9日	桃子	511		香蕉	1 933	
6	2014年10月10日	苹果	388		菠萝	3 188	
7	2014年11月3日	香蕉	302				
8	2014年11月4日	鸭梨	556				
9	2014年11月5日	苹果	588				
10	2014年11月6日	香蕉	674				
11	2014年11月7日	鸭梨	569				
12	2014年12月5日	菠萝	986				
13	2014年12月6日	香蕉	957				
14	2014年12月7日	桃子	1 087				
15	2014年12月8日	苹果	791				
16	2014年12月9日	菠萝	675				
17	2014年12月10日	桃子	654				
18	2014年12月11日	鸭梨	1160				
19	2014年12月12日	菠萝	1024				

F2 =SUMIF(B2:B19,E2,C2:C18)

圖 2.2

選中 F2 單元格，輸入公式：「=SUMIF（B2：B19，E2，C2：C19）」，輸入完成后，直接按「Enter」鍵，即可統計出蘋果的銷售額。

以此類推，選中 F3 單元格，輸入公式：「=SUMIF（B2：B19，E3，C2：C19）」，輸入完成后，直接按「Enter」鍵，可以求得桃子的銷售額。

選中 F4 單元格，輸入公式「=SUMIF（B2：B19，E4，C2：C19）」，可以求得鴨梨的銷售額。

選中 F5 單元格，輸入公式「=SUMIF（B2：B19，E5，C2：C19）」，可以求得香蕉的銷售額。

選中 F6 單元格，輸入公式「=SUMIF（B2：B19，E6，C2：C19）」，可以求得菠蘿的銷售額。

（四）SUMIF 函數使用的注意事項

只有在區域中相應地單元格符合條件的情況下，sum_range 中的單元格才求和。如果忽略了 sum_range，則對區域中的單元格求和。

Microsoft Excel 還提供了其他一些函數，它們可根據條件來分析數據。例如，如果要計算單元格區域內某個文本字符串或數字出現的次數，則可使用 COUNTIF 函數。如果要讓公式根據某一條件返回兩個數值中的某一值（例如，根據指定銷售額返回銷售紅利），則可使用 IF 函數。

四、TRIM 函數

在從其他應用程序中獲取帶有不規則空格的文本時，可以使用 TRIM 函數。

TRIM 函數設計用於清除文本中的 7 位 ASCII 空格字符（值 32）。在 Unicode 字符集中，有一個稱為不間斷空格字符的額外空格字符，其十進制值為 160。該字符通常在網頁中用作 HTML 實體。TRIM 函數本身不刪除此不間斷空格字符。

TRIM 函數語法是：

TRIM（text）

text 需要清除其中空格的文本。

實訓技能 1　根據 Excel 中的會計憑證編製明細科目匯總表

一、實訓內容

根據任務 1 已經完成的記帳憑證，運用 Excel 表格編製明細科目匯總表。

二、實訓方法

在 Excel 中利用「12 月會計分錄」這張工作表中的記帳憑證數據編製明細科目匯總表，為后續的會計科目匯總表準備好數據基礎。

三、實訓步驟

科目匯總表中的數據直接取自一級科目，因此，對於有明細核算的科目，首先要進行明細匯總，然后再編製科目匯總表。將「會計核算」工作簿中的一個工作表命名為「12 月明細匯總表」，按照表 2.2 所示定義單元格公式。

表 2.2

明細匯總			
說明	科目名稱	借方發生	貸方發生
明細	應收帳款——三勇建材公司		
明細	應收帳款——深圳職業網路公司		
總帳	應收帳款	=SUM（C3：C4）	=SUM（D3：D4）
明細	材料採購——甲材料		

表2.2(續)

明細匯總			
明細	材料採購——乙材料		
總帳	材料採購	=SUM（C7：C8）	=SUM（D7：D8）
明細	原材料——甲材料		
明細	原材料——乙材料		
總帳	原材料	=SUM（C11：C12）	=SUM（D11：D12）
明細	庫存商品——A商品		
明細	庫存商品——B商品		
總帳	庫存商品	=SUM（C15：C16）	=SUM（D15：D16）
明細	其他應付款——押金		
總帳	其他應付款	=SUM（C19）	=SUM（D19）
明細	其他應收款——季群		
總帳	其他應收款	=SUM（C22）	=SUM（D22）
明細	應付帳款——上海全網		
明細	應付帳款——深圳支聯商貿公司		
總帳	應付帳款	=SUM（C25：C26）	=SUM（D25：D26）
明細	應付職工薪酬——福利費		
明細	應付職工薪酬——工資		
明細	應付職工薪酬——養老保險		
明細	應付職工薪酬——醫療保險		
總帳	應付職工薪酬	=SUM（C29：C32）	=SUM（D29：D32）
明細	應交稅費——城建稅		
明細	應交稅費——教育費附加		
明細	應交稅費——應交所得稅		
明細	應交稅費——應交消費稅		

表2.2(續)

明細匯總			
明細	應交稅費——應交增值稅——進項稅		
明細	應交稅費——應交增值稅——銷項稅		
明細	應交稅費——應交增值稅——已交稅金		
總帳	應交稅費	=SUM（C35：C41）	=SUM（D35：D41）
明細	生產成本——A產品成本		
明細	生產成本——B產品成本		
總帳	生產成本	=SUM（C44：C45）	=SUM（D44：D45）
明細	盈餘公積——法定盈餘公積		
總帳	盈餘公積	=SUM（C48）	=SUM（D48）
明細	利潤分配——分配投資人利潤		
明細	利潤分配——計提法定盈餘公積		
明細	利潤分配——未分配利潤		
總帳	利潤分配	=SUM（C51：C53）	=SUM（D51：D53）
明細	主營業務收入——A商品		
明細	主營業務收入——B商品		
總帳	主營業務收入	=SUM（C56：C57）	=SUM（D56：D57）
明細	主營業務成本——A商品		
明細	主營業務成本——B商品		
總帳	主營業務成本	=SUM（C60：C61）	=SUM（D60：D61）

表2.2中明細科目「借方發生」「貸方發生」欄的公式定義以「應收帳款——三勇建材公司」明細科目為例說明：

借方發生=SUMIF（'12月會計分錄'！＄C＄3：＄C＄145，B3，'12月會計分錄'！＄E＄3：＄E＄145）

貸方發生=SUMIF（'12月會計分錄'！＄C＄3：＄C＄145，B3，'12月會計分錄'！＄F＄3：＄F＄145）

其餘有關單元格的計算公式分別根據C3和D3單元格的公式，通過複製填充得到。

公式定義完畢，即可得到如表2.3所示的結果。

表 2.3　　　　　　　　　　　　　　　　　　　　　　　　　　　　　單位：元

明細匯總說明	科目名稱	借方發生	貸方發生
明細	應收帳款——三勇建材公司	23,400.00	234,000.00
明細	應收帳款——深圳職業網路公司	561,600.00	0.00
總帳	應收帳款	585,000.00	234,000.00
明細	材料採購——甲材料	500,000.00	8,000.00
明細	材料採購——乙材料	100,000.00	4,000.00
總帳	材料採購	600,000.00	12,000.00
明細	原材料——甲材料	8,000.00	572,000.00
明細	原材料——乙材料	4,000.00	55,000.00
總帳	原材料	12,000.00	627,000.00
明細	庫存商品——A 商品	0.00	300,000.00
明細	庫存商品——B 商品	227,400.00	11,370.00
總帳	庫存商品	227,400.00	311,370.00
明細	其他應付款——押金	0.00	2,000.00
總帳	其他應付款	0.00	2,000.00
明細	其他應收款——季群	5,000.00	5,000.00
總帳	其他應收款	5,000.00	5,000.00
明細	應付帳款——上海全網	117,000.00	570,960.00
明細	應付帳款——深圳支聯商貿公司	0.00	117,000.00
總帳	應付帳款	117,000.00	687,960.00
明細	應付職工薪酬——福利費	2,186.00	0.00
明細	應付職工薪酬——工資	108,000.00	118,000.00
明細	應付職工薪酬——養老保險	0.00	10,620.00
明細	應付職工薪酬——醫療保險	0.00	8,260.00

表2.3(續)

明細匯總			
總帳	應付職工薪酬	110,186.00	136,880.00
明細	應交稅費——城建稅	0.00	374.80
明細	應交稅費——教育費附加	0.00	1,124.40
明細	應交稅費——應交所得稅	0.00	98,601.45
明細	應交稅費——應交消費稅	6,000.00	30,000.00
明細	應交稅費——應交增值稅——進項稅	99,960.00	0.00
明細	應交稅費——應交增值稅——銷項稅	0.00	107,440.00
明細	應交稅費——應交增值稅——已交稅金	18,960.00	0.00
總帳	應交稅費	124,920.00	237,540.65
明細	生產成本——A產品成本	514,500.00	0.00
明細	生產成本——B產品成本	227,400.00	227,400.00
總帳	生產成本	741,900.00	227,400.00
明細	盈餘公積——法定盈餘公積	0.00	76,534.44
總帳	盈餘公積	0.00	76,534.44
明細	利潤分配——分配投資人利潤	153,068.87	153,068.87
明細	利潤分配——計提法定盈餘公積	76,534.44	76,534.44
明細	利潤分配——未分配利潤	229,603.31	296,364.35
總帳	利潤分配	459,206.62	525,967.66
明細	主營業務收入——A商品	600,000.00	600,000.00
明細	主營業務收入——B商品	20,000.00	20,000.00
總帳	主營業務收入	620,000.00	620,000.00
明細	主營業務成本——A商品	300,000.00	300,000.00
明細	主營業務成本——B商品	11,370.00	11,370.00
總帳	主營業務成本	311,370.00	311,370.00

四、注意事項

Excel 函數中的各個參數，除中文文字外，均須使用半角字符。明細匯總表中所使用的會計科目名稱必須與會計分錄表中的會計科目名稱保持絕對一致，計算公式無法識別不一致的科目，並由此影響科目匯總結果。

實訓技能 2　根據 Excel 中的會計憑證編製科目匯總表

一、實訓內容

根據前面已經完成的會計憑證和明細科目匯總表，運用 Excel 表格編製科目匯總表。

二、實訓方法

在 Excel 中利用「12 月會計分錄」「12 月明細匯總表」這兩張工作表中的數據編製科目匯總表，為后續的會計報表準備好數據基礎。

三、實訓步驟

將「會計核算」工作簿中的一個工作表命名為「12 月科目匯總表」，設計如表 2.5 所示的表樣，其中的計算公式如表 2.5 所示。

表 2.4　　　　　　　　　　　　　　　　　　　　　　　　單位：元

科目名稱	科目代碼	餘額方向	借方發生	貸方發生	餘額
庫存現金	1001	借			
銀行存款	1002	借			
其他貨幣資金	1012	借			
交易性金融資產	1101	借			
應收票據	1121	借			
應收帳款	1122	借			
預付帳款	1123	借			
應收股利	1131	借			
應收利息	1132	借			
其他應收款	1221	借			
壞帳準備	1231	貸			
材料採購	1401	借			
在途物資	1402	借			

表2.4(續)

科目名稱	科目代碼	餘額方向	借方發生	貸方發生	餘額
原材料	1403	借			
庫存商品	1405	借			
發出商品	1406	借			
委託加工物資	1408	借			
週轉材料	1411	借			
消耗性生物資產	1421	借			
存貨跌價準備	1471	貸			
持有至到期投資	1501	借			
持有至到期投資減值準備	1502	貸			
可供出售金融資產	1503	借			
長期股權投資	1511	借			
長期股權投資減值準備	1512	貸			
投資性房地產	1521	借			
長期應收款	1531	借			
固定資產	1601	借			
累計折舊	1602	貸			
固定資產減值準備	1603	貸			
在建工程	1604	借			
工程物資	1605	借			
固定資產清理	1606	借			
生產性生物資產	1621	借			
無形資產	1701	借			
累計攤銷	1702	借			
無形資產減值準備	1703	貸			
長期待攤費用	1801	借			
遞延所得稅資產	1811	借			
待處理財產損溢	1901	借			
短期借款	2001	貸			
交易性金融負債	2101	貸			
應付票據	2201	貸			
應付帳款	2202	貸			

表2.4(續)

科目名稱	科目代碼	餘額方向	借方發生	貸方發生	餘額
預收帳款	2203	貸			
應付職工薪酬	2211	貸			
應交稅費	2221	貸			
應付利息	2231	貸			
應付股利	2232	貸			
其他應付款	2241	貸			
遞延收益	2401	貸			
長期借款	2501	貸			
應付債券	2502	貸			
長期應付款	2701	貸			
未確認融資費用	2702	貸			
專項應付款	2711	貸			
預計負債	2801	貸			
遞延所得稅負債	2901	貸			
實收資本	4001	貸			
資本公積	4002	貸			
盈餘公積	4101	貸			
本年利潤	4103	貸			
利潤分配	4104	貸			
庫存股	4201	貸			
生產成本	5001	借			
製造費用	5101	借			
勞務成本	5201	借			
研發支出	5301	借			
工程施工	5401	借			
工程結算	5402	借			
主營業務收入	6001	貸			
其他業務收入	6051	貸			
公允價值變動損益	6101	貸			
投資收益	6111	貸			
營業外收入	6301	貸			

表2.4(續)

科目名稱	科目代碼	餘額方向	借方發生	貸方發生	餘額
主營業務成本	6401	借			
其他業務成本	6402	借			
營業稅金及附加	6403	借			
銷售費用	6601	借			
管理費用	6602	借			
財務費用	6603	借			
資產減值損失	6701	借			
營業外支出	6711	借			
所得稅費用	6801	借			
以前年度損益調整	6901	借			
合計					

表 2.5

科目名稱	項目	計算公式
庫存現金	借方發生	=SUMIF('12月會計分錄'! $C$3：$C$145,TRIM(A2),'12月會計分錄'! $E$3：$E$145)
	貸方發生	=SUMIF('12月會計分錄'! $C$3：$C$145,TRIM(A2),'12月會計分錄'! $F$3：$F$145)
	餘額	=IF(C2="借",D2-E2,E2-D2)
銀行存款	借方發生	=SUMIF('12月會計分錄'! $C$3：$C$145,TRIM(A3),'12月會計分錄'! $E$3：$E$145)
	貸方發生	=SUMIF('12月會計分錄'! $C$3：$C$145,TRIM(A3),'12月會計分錄'! $F$3：$F$145)
	餘額	=IF(C3="借",D3-E3,E3-D3)
應收帳款	借方發生	=SUMIF('12月明細匯總表'! $B$3：$B$62,TRIM(A4),'12月明細匯總表'! $C$3：$C$62)
	貸方發生	=SUMIF('12月明細匯總表'! $B$3：$B$62,TRIM(A4),'12月明細匯總表'! $D$3：$D$62)
	餘額	=IF(C4="借",D4-E4,E4-D4)
其他應收款	借方發生	=SUMIF('12月明細匯總表'! $B$3：$B$62,TRIM(A5),'12月明細匯總表'! $C$3：$C$62)
	貸方發生	=SUMIF('12月明細匯總表'! $B$3：$B$62,TRIM(A5),'12月明細匯總表'! $D$3：$D$62)
	餘額	=IF(C5="借",D5-E5,E5-D5)

表2.5(續)

科目名稱	項目	計算公式
材料採購	借方發生	=SUMIF('12月明細匯總表'!＄B＄3:＄B＄62,TRIM(A6),'12月明細匯總表'!＄C＄3:＄C＄62)
	貸方發生	=SUMIF('12月明細匯總表'!＄B＄3:＄B＄62,TRIM(A6),'12月明細匯總表'!＄D＄3:＄D＄62)
	餘額	=IF(C6="借",D6-E6,E6-D6)
原材料	借方發生	=SUMIF('12月明細匯總表'!＄B＄3:＄B＄62,TRIM(A7),'12月明細匯總表'!＄C＄3:＄C＄62)
	貸方發生	=SUMIF('12月明細匯總表'!＄B＄3:＄B＄62,TRIM(A7),'12月明細匯總表'!＄D＄3:＄D＄62)
	餘額	=IF(C7="借",D7-E7,E7-D7)
庫存商品	借方發生	=SUMIF('12月明細匯總表'!＄B＄3:＄B＄62,TRIM(A8),'12月明細匯總表'!＄C＄3:＄C＄62)
	貸方發生	=SUMIF('12月明細匯總表'!＄B＄3:＄B＄62,TRIM(A8),'12月明細匯總表'!＄D＄3:＄D＄62)
	餘額	=IF(C8="借",D8-E8,E8-D8)
固定資產	借方發生	=SUMIF('12月會計分錄'!＄C＄3:＄C＄145,TRIM(A9),'12月會計分錄'!＄E＄3:＄E＄145)
	貸方發生	=SUMIF('12月會計分錄'!＄C＄3:＄C＄145,TRIM(A9),'12月會計分錄'!＄F＄3:＄F＄145)
	餘額	=IF(C9="借",D9-E9,E9-D9)
累計折舊	借方發生	=SUMIF('12月會計分錄'!＄C＄3:＄C＄145,TRIM(A10),'12月會計分錄'!＄E＄3:＄E＄145)
	貸方發生	=SUMIF('12月會計分錄'!＄C＄3:＄C＄145,TRIM(A10),'12月會計分錄'!＄F＄3:＄F＄145)
	餘額	=IF(C10="借",D10-E10,E10-D10)
長期待攤費用	借方發生	=SUMIF('12月會計分錄'!＄C＄3:＄C＄145,TRIM(A11),'12月會計分錄'!＄E＄3:＄E＄145)
	貸方發生	=SUMIF('12月會計分錄'!＄C＄3:＄C＄145,TRIM(A11),'12月會計分錄'!＄F＄3:＄F＄145)
	餘額	=IF(C11="借",D11-E11,E11-D11)
應付帳款	借方發生	=SUMIF('12月明細匯總表'!＄B＄3:＄B＄62,TRIM(A12),'12月明細匯總表'!＄C＄3:＄C＄62)
	貸方發生	=SUMIF('12月明細匯總表'!＄B＄3:＄B＄62,TRIM(A12),'12月明細匯總表'!＄D＄3:＄D＄62)
	餘額	=IF(C12="借",D12-E12,E12-D12)

表2.5(續)

科目名稱	項目	計算公式
應付職工薪酬	借方發生	=SUMIF('12月明細匯總表'!$B$3:$B$62, TRIM(A13),'12月明細匯總表'!$C$3:$C$62)
	貸方發生	=SUMIF('12月明細匯總表'!$B$3:$B$62, TRIM(A13),'12月明細匯總表'!$D$3:$D$62)
	餘額	=IF(C13=" 借", D13-E13, E13-D13)
應交稅費	借方發生	=SUMIF('12月明細匯總表'!$B$3:$B$62, TRIM(A14),'12月明細匯總表'!$C$3:$C$62)
	貸方發生	=SUMIF('12月明細匯總表'!$B$3:$B$62, TRIM(A14),'12月明細匯總表'!$D$3:$D$62)
	餘額	=IF(C14=" 借", D14-E14, E14-D14)
應付利息	借方發生	=SUMIF('12月會計分錄'!$C$3:$C$145, TRIM(A15),'12月會計分錄'!$E$3:$E$145)
	貸方發生	=SUMIF('12月會計分錄'!$C$3:$C$145, TRIM(A15),'12月會計分錄'!$F$3:$F$145)
	餘額	=IF(C15=" 借", D15-E15, E15-D15)
應付股利	借方發生	=SUMIF('12月會計分錄'!$C$3:$C$145, TRIM(A16),'12月會計分錄'!$E$3:$E$145)
	貸方發生	=SUMIF('12月會計分錄'!$C$3:$C$145, TRIM(A16),'12月會計分錄'!$F$3:$F$145)
	餘額	=IF(C16=" 借", D16-E16, E16-D16)
其他應付款	借方發生	=SUMIF('12月明細匯總表'!$B$3:$B$62, TRIM(A17),'12月明細匯總表'!$C$3:$C$62)
	貸方發生	=SUMIF('12月明細匯總表'!$B$3:$B$62, TRIM(A17),'12月明細匯總表'!$D$3:$D$62)
	餘額	=IF(C17=" 借", D17-E17, E17-D17)
盈餘公積	借方發生	=SUMIF('12月明細匯總表'!$B$3:$B$62, TRIM(A18),'12月明細匯總表'!$C$3:$C$62)
	貸方發生	=SUMIF('12月明細匯總表'!$B$3:$B$62, TRIM(A18),'12月明細匯總表'!$D$3:$D$62)
	餘額	=IF(C18=" 借", D18-E18, E18-D18)
本年利潤	借方發生	=SUMIF('12月會計分錄'!$C$3:$C$145, TRIM(A19),'12月會計分錄'!$E$3:$E$145)
	貸方發生	=SUMIF('12月會計分錄'!$C$3:$C$145, TRIM(A19),'12月會計分錄'!$F$3:$F$145)
	餘額	=IF(C19=" 借", D19-E19, E19-D19)

表2.5(續)

科目名稱	項目	計算公式
利潤分配	借方發生	=SUMIF('12月明細匯總表'!$B$3:$B$62,TRIM(A20),'12月明細匯總表'!$C$3:$C$62)
	貸方發生	=SUMIF('12月明細匯總表'!$B$3:$B$62,TRIM(A20),'12月明細匯總表'!$D$3:$D$62)
	餘額	=IF(C20="借",D20-E20,E20-D20)
生產成本	借方發生	=SUMIF('12月明細匯總表'!$B$3:$B$62,TRIM(A21),'12月明細匯總表'!$C$3:$C$62)
	貸方發生	=SUMIF('12月明細匯總表'!$B$3:$B$62,TRIM(A21),'12月明細匯總表'!$D$3:$D$62)
	餘額	=IF(C21="借",D21-E21,E21-D21)
製造費用	借方發生	=SUMIF('12月會計分錄'!$C$3:$C$145,TRIM(A22),'12月會計分錄'!$E$3:$E$145)
	貸方發生	=SUMIF('12月會計分錄'!$C$3:$C$145,TRIM(A22),'12月會計分錄'!$F$3:$F$145)
	餘額	=IF(C22="借",D22-E22,E22-D22)
主營業務收入	借方發生	=SUMIF('12月明細匯總表'!$B$3:$B$62,TRIM(A23),'12月明細匯總表'!$C$3:$C$62)
	貸方發生	=SUMIF('12月明細匯總表'!$B$3:$B$62,TRIM(A23),'12月明細匯總表'!$D$3:$D$62)
	餘額	=IF(C23="借",D23-E23,E23-D23)
其他業務收入	借方發生	=SUMIF('12月會計分錄'!$C$3:$C$145,TRIM(A24),'12月會計分錄'!$E$3:$E$145)
	貸方發生	=SUMIF('12月會計分錄'!$C$3:$C$145,TRIM(A24),'12月會計分錄'!$F$3:$F$145)
	餘額	=IF(C24="借",D24-E24,E24-D24)
營業外收入	借方發生	=SUMIF('12月會計分錄'!$C$3:$C$145,TRIM(A25),'12月會計分錄'!$E$3:$E$145)
	貸方發生	=SUMIF('12月會計分錄'!$C$3:$C$145,TRIM(A25),'12月會計分錄'!$F$3:$F$145)
	餘額	=IF(C25="借",D25-E25,E25-D25)
主營業務成本	借方發生	=SUMIF('12月明細匯總表'!$B$3:$B$62,TRIM(A26),'12月明細匯總表'!$C$3:$C$62)
	貸方發生	=SUMIF('12月明細匯總表'!$B$3:$B$62,TRIM(A26),'12月明細匯總表'!$D$3:$D$62)
	餘額	=IF(C26="借",D26-E26,E26-D26)

表2.5(續)

科目名稱	項目	計算公式
其他業務成本	借方發生	=SUMIF(´12月會計分錄´!＄C＄3：＄C＄145,TRIM(A27),´12月會計分錄´!＄E＄3：＄E＄145)
	貸方發生	=SUMIF(´12月會計分錄´!＄C＄3：＄C＄145,TRIM(A27),´12月會計分錄´!＄F＄3：＄F＄145)
	餘額	=IF(C27="借",D27-E27,E27-D27)
營業稅金及附加	借方發生	=SUMIF(´12月會計分錄´!＄C＄3：＄C＄145,TRIM(A28),´12月會計分錄´!＄E＄3：＄E＄145)
	貸方發生	=SUMIF(´12月會計分錄´!＄C＄3：＄C＄145,TRIM(A28),´12月會計分錄´!＄F＄3：＄F＄145)
	餘額	=IF(C28="借",D28-E28,E28-D28)
銷售費用	借方發生	=SUMIF(´12月會計分錄´!＄C＄3：＄C＄145,TRIM(A29),´12月會計分錄´!＄E＄3：＄E＄145)
	貸方發生	=SUMIF(´12月會計分錄´!＄C＄3：＄C＄145,TRIM(A29),´12月會計分錄´!＄F＄3：＄F＄145)
	餘額	=IF(C29="借",D29-E29,E29-D29)
管理費用	借方發生	=SUMIF(´12月會計分錄´!＄C＄3：＄C＄145,TRIM(A30),´12月會計分錄´!＄E＄3：＄E＄145)
	貸方發生	=SUMIF(´12月會計分錄´!＄C＄3：＄C＄145,TRIM(A30),´12月會計分錄´!＄F＄3：＄F＄145)
	餘額	=IF(C30="借",D30-E30,E30-D30)
財務費用	借方發生	=SUMIF(´12月會計分錄´!＄C＄3：＄C＄145,TRIM(A31),´12月會計分錄´!＄E＄3：＄E＄145)
	貸方發生	=SUMIF(´12月會計分錄´!＄C＄3：＄C＄145,TRIM(A31),´12月會計分錄´!＄F＄3：＄F＄145)
	餘額	=IF(C31="借",D31-E31,E31-D31)
營業外支出	借方發生	=SUMIF(´12月會計分錄´!＄C＄3：＄C＄145,TRIM(A32),´12月會計分錄´!＄E＄3：＄E＄145)
	貸方發生	=SUMIF(´12月會計分錄´!＄C＄3：＄C＄145,TRIM(A32),´12月會計分錄´!＄F＄3：＄F＄145)
	餘額	=IF(C32="借",D32-E32,E32-D32)
所得稅費用	借方發生	=SUMIF(´12月會計分錄´!＄C＄3：＄C＄145,TRIM(A33),´12月會計分錄´!＄E＄3：＄E＄145)
	貸方發生	=SUMIF(´12月會計分錄´!＄C＄3：＄C＄145,TRIM(A33),´12月會計分錄´!＄F＄3：＄F＄145)
	餘額	=IF(C33="借",D33-E33,E33-D33)
合計		=SUM(D2：D33)

表2.5中各會計科目的單元格公式可以分別通過複製「庫存現金」和「應收帳款」單元格公式得到,沒有明細科目只有總帳科目的複製「庫存現金」單元格的公式,有

明細科目的複製「應收帳款」單元格的公式。

四、注意事項

Excel 函數中的各個參數，除中文文字外，均須使用半角字符。

任務 3　編製資產負債表

【任務目標】

通過實訓，學生應瞭解資產負債表，掌握利用任務 1、任務 2 已經完成的 EXCEL 中的數據編製資產負債表的方法。

【理論知識】

一、資產負債表

資產負債表是反應企業在某一特定日期（如月末、季末、年末）全部資產、負債和所有者權益情況的會計報表。它表明權益在某一特定日期所擁有或控制的經濟資源、所承擔的現有義務和所有者對淨資產的要求權。它是一張揭示企業在一定時點財務狀況的靜態報表。資產負債表利用會計平衡原則，將合乎會計原則的「資產、負債、股東權益」交易科目分為「資產」和「負債及股東權益」兩大區塊，在經過分錄、轉帳、分類帳、試算、調整等會計程序后，以特定日期的靜態企業情況為基準，濃縮成一張報表。其報表功用除了企業內部除錯、制定經營方向、防止弊端外，也可讓所有閱讀者於最短時間瞭解企業的經營狀況。

資產負債表是反應企業在一定時期內全部資產、負債和所有者權益的財務報表，是企業經營活動的靜態體現，是根據「資產＝負債＋所有者權益」這一平衡公式，依照一定的分類標準和一定的次序，將某一特定日期的資產、負債、所有者權益的具體項目予以適當的排列編製而成的。

資產負債表為會計上相當重要的財務報表，最重要功用在於表現企業體的經營狀況。就程序而言，資產負債表為簿記記帳程序的末端，是集合了登錄分錄、過帳及試算調整后的最后結果的報表。就性質而言，資產負債表則是表現企業體或公司資產、負債與股東權益的對比關係，確切反應公司營運狀況的報表。

就報表基本組成而言，資產負債表主要包含了報表左邊算式的資產部分，與右邊算式的負債與股東權益部分。而作業前端，如果完全依照會計原則記載，並經由正確的分錄或轉帳試算過程后，必然會使資產負債表的左右邊算式的總金額完全相同。而總的來說，這個算式就是「資產金額總計＝負債金額合計＋股東權益金額合計」。

二、資產負債表的計算等式

（一）資產

貨幣資金＝現金＋銀行存款＋其他貨幣資金

短期投資＝短期投資－短期投資跌價準備

應收票據＝應收票據

應收帳款＝應收帳款（借）＋預收帳款（借）－應計提「應收帳款」的「壞帳準備」

其他應收款＝其他應收款－應計提「其他應收款」的「壞帳準備」

存貨＝各種材料＋商品＋在產品＋半成品＋包裝物＋低值易耗品＋委託代銷商品等

存貨＝材料＋低值易耗品＋庫存商品＋委託加工物資＋委託代銷商品＋生產成本等－存貨跌價準備

材料採用計劃成本核算，以及庫存商品採用計劃成本或售價核算的企業，應按加或減材料成本差異、商品進銷差價后的金額填列。

待攤費用＝待攤費用［除攤銷期限1年以上（不含1年）的其他待攤費用］

其他流動資產＝小企業除以上流動資產項目外的其他流動資產

長期股權投資＝長期股權投資［小企業不準備在1年內（含1年）變現的各種股權性質投資帳面金額］

長期債權投資＝長期債權投資［小企業不準備在1年內（含1年）變現的各種債權性質投資的帳面餘額；長期債權投資中，將於1年內到期的長期債權投資，應在流動資產類下「1年內到期的長期債權投資」項目單獨反應］

固定資產原價＝固定資產（融資租入的固定資產，其原價也包括在內）

累計折舊＝累計折舊（融資租入的固定資產，其已提折舊也包括在內）

工程物資＝工程物資

固定資產清理＝固定資產清理（借）（「固定資產清理」科目期末為貸方餘額，以「－」號填列）

無形資產＝無形資產

長期待攤費用＝「長期待攤費用」期末餘額－將於1年內（含1年）攤銷的數額

其他長期資產＝小企業除以上資產以外的其他長期資產

（二）負債

預付帳款＝應付帳款（借）＋預付帳款（借）

短期借款＝短期借款

應付票據＝應付票據

應付帳款＝應付帳款（貸）＋預付帳款（貸）

應付工資＝應付工資（貸）（「應付工資」科目期末為借方餘額，以「－」號填列）

應付福利費＝應付福利費

應付利潤＝應付利潤

應交稅金＝應交稅金（貸）（「應交稅金」科目期末為借方餘額，以「－」號填列）

其他應交款＝其他應交款（貸）（「其他應交款」科目期末為借方餘額，以「－」號填列）

其他應付款＝其他應付款

預提費用＝預提費用（貸）（「預提費用」科目期末為借方餘額，應合併在「待攤費用」項目內反應）

其他流動負債＝小企業除以上流動負債以外的其他流動負債

長期借款＝長期借款

長期應付款＝長期應付款

預收帳款＝應收帳款（貸）＋預收帳款（貸）

其他長期負債＝反應小企業除以上長期負債項目以外的其他長期負債〔包括小企業接受捐贈記入「待轉資產價值」科目尚未轉入資本公積的餘額。本項目應根據有關科目的期末餘額填列。上述長期負債各項目中將於1年內（含1年）到期的長期負債，應在「1年內到期的長期負債」項目內單獨反應。上述長期負債各項目均應根據有關科目期末餘額減去將於1年內（含1年）到期的長期負債后的金額填列〕

(三) 所有者權益

資本公積＝資本公積

盈餘公積＝盈餘公積

法定公益金＝「盈餘公積」所屬的「法定公益金」期末餘額

未分配利潤＝本年利潤＋利潤分配（未彌補的虧損，在本項目內以「－」號填列）

實收資本＝實收資本

應付職工薪酬＝應付工資＋其他應交款（應付職工工資附加費等支付給個人的款項）＋其他應付款（職工教育經費）

三、資產負債表的編製方法

會計報表的編製，主要是通過對日常會計核算記錄的數據加以歸集、整理，使之成為有用的財務信息。企業資產負債表各項目數據的來源，主要通過以下幾種方式取得。

(一) 根據總帳科目餘額直接填列

資產負債表大部分項目的填列都是根據有關總帳帳戶的餘額直接填列，如：「應收票據」項目，根據「應收票據」總帳科目的期末餘額直接填列；「短期借款」項目，根據「短期借款」總帳科目的期末餘額直接填列。「交易性金融資產」「工程物資」「遞延所得稅資產」「短期借款」「交易性金融負債」「應付票據」「應付職工薪酬」「應繳稅費」「遞延所得稅負債」「預計負債」「實收資本」「資本公積」「盈餘公積」等，都在此項之內。

(二) 根據總帳科目餘額計算填列

如「貨幣資金」項目，根據「庫存現金」「銀行存款」「其他貨幣資金」科目的期末餘額合計數計算填列。

（三）根據明細科目餘額計算填列

如「應收帳款」項目，應根據「應收帳款」「預收帳款」兩個科目所屬的有關明細科目的期末借方餘額扣除計提的減值準備后計算填列；如「應付帳款」項目，根據「應付帳款」「預付帳款」科目所屬相關明細科目的期末貸方餘額計算填列。

（四）根據總帳科目和明細科目餘額分析計算填列

如「長期借款」項目，根據「長期借款」總帳科目期末餘額，扣除「長期借款」科目所屬明細科目中反應的、將於一年內到期的長期借款部分，分析計算填列。

（五）根據科目餘額減去其備抵項目后的淨額填列

如「存貨」項目，根據「存貨」科目的期末餘額，減去「存貨跌價準備」備抵科目餘額后的淨額填列；又如「無形資產」項目，根據「無形資產」科目的期末餘額，減去「無形資產減值準備」與「累計攤銷」備抵科目餘額后的淨額填列。

資產負債表的「年初數」欄內各項數字，根據上年年末資產負債表「期末數」欄內各項數字填列，「期末數」欄內各項數字根據會計期末各總帳帳戶及所屬明細帳帳戶的餘額填列。如果當年度資產負債表規定的各個項目的名稱和內容同上年度不相一致，則按編報當年的口徑對上年年末資產負債表各項目的名稱和數字進行調整，填入本表「年初數」欄內。

資產負債表的編製原理是「資產＝負債＋所有者權益」會計恒等式。它既是一張平衡報表，反應資產總計（左方）與負債及所有者權益總計（右方）相等；又是一張靜態報表，反應企業在某一時點的財務狀況，如月末或年末。通過在資產負債表上設立「年初數」和「期末數」欄，也能反應出企業財務狀況的變動情況。

資產負債表的編製格式有帳戶式、報告式和財務狀況式三種。其中，帳戶式資產負債表分為左右兩方，左方列示資產項目，右方列示負債及所有者權益項目，左右兩方的合計數保持平衡。這種格式的資產負債表應用得最廣泛，企業會計制度要求採用的就是這種格式的資產負債表。

不論是何種格式的資產負債表，在編製時，首先需要把所有項目按一定的標準進行分類，並以適當的順序加以排列。世界上大多數國家所採用的就是按流動性排序的資產負債表。它首先把所有項目分為資產、負債、所有者權益三個部分，並按項目的流動性程度來決定其排列順序。

資產項目按其流動性排列，流動性大的排在前，流動性小的排在后；負債項目按其到期日的遠近排列，到期日近的排在前，到期日遠的排在后；所用者權益項目按其永久程度高低排列，永久程度高的排在前，永久程度低的排在后。

四、Excel 中 VLOOKUP 函數的使用

VLOOKUP 函數是 Excel 中的一個縱向查找函數，與 LOOKUP 函數和 HLOOKUP 函數屬於同一類函數。VLOOKUP 是按列查找，最終返回該列所需查詢列序所對應的值；與之對應的 HLOOKUP 是按行查找。

(一) 語法規則 (表 2.6)

該函數的語法:

VLOOKUP (lookup_ value, table_ array, col_ index_ num, range_ lookup)

表 2.6

參數	簡單說明	輸入數據類型
lookup_ value	要查找的值	數值、引用或文本字符串
table_ array	要查找的區域	數據表區域
col_ index_ num	返回數據在查找區域的第幾列數	正整數
range_ lookup	模糊匹配	TRUE (或不填) /FALSE

(二) 參數說明

lookup_ value 為需要在數據表第一列中進行查找的數值。Lookup_ value 可以為數值、引用或文本字符串。

table_ array 為需要在其中查找數據的數據表,是對區域或區域名稱的引用。

col_ index_ num 為 table_ array 中查找數據的數據列序號。col_ index_ num 為 1 時,返回 table_ array 第一列的數值,col_ index_ num 為 2 時,返回 table_ array 第二列的數值,以此類推。如果 col_ index_ num 小於 1,函數 VLOOKUP 返回錯誤值 #VALUE!;如果 col_ index_ num 大於 table_ array 的列數,函數 VLOOKUP 返回錯誤值#REF!。

range_ lookup 為一邏輯值,指明函數 VLOOKUP 查找時是精確匹配,還是近似匹配。如果為 false 或 0 ,則返回精確匹配,如果找不到,則返回錯誤值 #N/A。如果 range_ lookup 為 TRUE 或 1,函數 VLOOKUP 將查找近似匹配值。也就是說,如果找不到精確匹配值,則返回小於 lookup_ value 的最大數值。

(三) 使用舉例

如圖 2.3 所示,我們要在 A2:F12 區域中提取工號為 100003、100004、100005、100007、100010 五人的全年總計銷量,並對應地輸入 I4:I8 中。

	A	B	C	D	E	F	G	H	I	J
1			年度销量报表							
2	工号	第一季度	第二季度	第三季度	第四季度	全年总计				
3	100001	91	91	68	87	337		工号	全年总计	
4	100002	59	78	69	80	286		100003		
5	100003	71	88	89	70	318		100004		
6	100004	91	60	66	89	306		100005		
7	100005	84	89	86	57	316		100007		
8	100006	86	83	67	63	299		100010		
9	100007	77	90	67	73	307				
10	100008	79	88	74	70	311				
11	100009	74	68	69	74	285				
12	100010	69	89	84	62	304				
13										

圖 2.3

一個一個的手動查找在數據量大的時候十分繁瑣,因此這裡使用 VLOOKUP 函數

演示。

首先在 I4 單元格輸入「=Vlookup」，此時 Excel 就會提示 4 個參數。

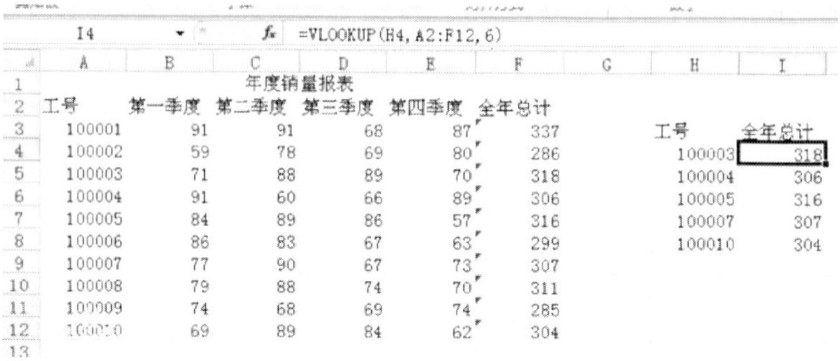

I4 =VLOOKUP(H4,A2:F12,6)

	A	B	C	D	E	F	G	H	I
1			年度销量报表						
2	工号	第一季度	第二季度	第三季度	第四季度	全年总计			
3	100001	91	91	68	87	337		工号	全年总计
4	100002	59	78	69	80	286		100003	318
5	100003	71	88	89	70	318		100004	306
6	100004	91	60	66	89	306		100005	316
7	100005	84	89	86	57	316		100007	307
8	100006	86	83	67	63	299		100010	304
9	100007	77	90	67	73	307			
10	100008	79	88	74	70	311			
11	100009	74	68	69	74	285			
12	100010	69	89	84	62	304			
13									

圖 2.4

第一個參數，顯然，我們要讓 100003 對應的是 H4，這裡就輸入「H4,」；

第二個參數，這裡輸入我們要查找的區域（絕對引用），即「$A$2：$F$12,」；

第三個參數，「全年總計」是區域的第六列，所以這裡輸入「6」，輸入「5」，就會輸入第四季度的項目了；

第四個參數，因為我們要精確查找工號，所以輸入「FALSE」或者「0」。

最后補全最后的右括號「）」，得到公式「=VLOOKUP（H4，$A$2：$F$12，6，0）」，使用填充柄填充其他單元格即可完成查找操作。

（四）VLOOKUP 函數使用的注意事項

1. VLOOKUP 的語法

（1）括號裡有四個參數，是必需的。最后一個參數 range_ lookup 是個邏輯值，我們常常輸入一個「0」，或者「False」；其實也可以輸入一個「1」，或者「true」。兩者有什麼區別呢？前者表示的是完整尋找，找不到就傳回錯誤值#N/A；后者先是找一模一樣的，找不到再去找很接近的值，還找不到也只好傳回錯誤值#N/A。

（2）Lookup_ value 是一個很重要的參數，可以是數值、文字字符串，或參照地址。我們常常用的是參照地址。用這個參數時，有三點要特別提醒：

第一，參照地址的單元格格式類別與去搜尋的單元格格式的類別要一致，否則的話有時明明看到有資料，就是抓不過來。特別是參照地址的值是數字時，最為明顯，若搜尋的單元格格式類別為文字，雖然看起來都是 123，但是就是抓不出東西來。

而且格式類別在未輸入數據時就要先確定好，如果數據都輸入進去了，發現格式不符，已為時已晚，若還想去抓，則須重新輸入。

第二，在使用參照地址時，有時需要將 lookup_ value 的值固定在一個格子內，而又要使用下拉方式（或複製）將函數添加到新的單元格中去，這裡就要用到「$」這個符號了，這是一個起固定作用的符號。比如說，我始終想以 D5 格式來抓數據，則可以把 D5 弄成這樣：$D$5，則不論你如何拉、複製，函數始終都會以 D5 的值來抓數據。

第三，用「&"連接若幹個單元格的內容作為查找的參數。在查找的數據有類似的情況下可以達到事半功倍的效果。

（3）Table_ array 是搜尋的範圍，col_ index_ num 是範圍內的欄。

Col_ index_ num 不能小於 1，其實等於 1 也沒有什麼實際作用。如果出現一個這樣的錯誤的值#REF!，則可能是 col_ index_ num 的值超過範圍的總字段數。選取 Table_ array 時一定注意選擇區域的首列必須與 lookup_ value 所選取的列的格式和字段一致。比如 lookup_ value 選取了「姓名」中的「張三」，那麼 Table_ array 選取時第一列必須為「姓名」列，且格式與 lookup_ value 一致，否則便會出現#N/A 的問題。

（4）在使用該函數時，lookup_ value 的值必須在 table_ array 中處於第一列。

2. VLOOKUP 的錯誤值處理

如果找不到數據，函數總會傳回一個這樣的錯誤值#N/A，這個錯誤值其實也很有用的。

例如，如果我們想這樣來處理：如果找到的話，就傳回相應地值，如果找不到的話，就自動設定它的值等於 0，則函數可以寫成這樣：

=IF（iserror（vlookup（1, 2, 3, 0）），0, vlookup（1, 2, 3, 0））

在 Excel 2007 以上版本中，以上公式等價於

=IFERROR［vlookup（1, 2, 3, 0），0］

這句話的意思是：如果 VLOOKUP 函數返回的值是個錯誤值的話（找不到數據），就等於 0；否則，就等於 VLOOKUP 函數返回的值（即找到的相應地值）。

這裡又用了兩個函數。

第一個是 IFERROR 函數。它的語法是 IFERROR（value），即判斷括號內的值是否為錯誤值，如果是，就等於 true，不是，就等於 false。

第二個是 IF 函數，這也是一個常用的函數，后面有機會再跟大家詳細講解。它的語法是 IF（條件判斷式，結果 1，結果 2）。如果條件判斷式是對的，就執行結果 1，否則就執行結果 2。舉個例子：=if（D2=" "，「空的」，「有東西」），意思是如果 D2 這個格子裡是空的值，就顯示文字「空的」；否則，就顯示「有東西」。看起來簡單吧？其實編程序，也就是這樣子來判斷的。

在 Excel 2007 以上的版本中，可以使用 IFERROR（value, value_ if_ error）代替以上兩個函數的組合。該函數判斷 value 表達式是否為錯誤值，如果是，則返回 value_ if_ error；如果不是，則返回 value 表達式自身的值。

實訓技能　　根據 Excel 中的科目匯總表編製資產負債表

一、實訓內容

根據前面已經完成的會計科目匯總表，運用 Excel 表格編製資產負債表。

二、實訓方法

在 Excel 中利用「12 月科目匯總表」這張工作表中的數據編製資產負債表。

三、實訓步驟

在「會計核算」工作簿中增加一個工作表，並將其命名為「12 月資產負債表」，格式如表 2.6 所示。

表 2.6

編製單位：佳視達實業公司　　　　20××年 12 月 31 日　　　　　　　　單位：元

資產	年初數	期末數	負債及 所有者權益	年初數	期末數
流動資產：			流動負債：		
貨幣資金	205,340.00		短期借款	0.00	
交易性金融資產	0.00		交易性金融負債	0.00	
應收票據	0.00		應付票據	0.00	
應收帳款	819,000.00		應付帳款	491,400.00	
預付帳款	0.00		預收帳款	0.00	
應收股利	0.00		應付職工薪酬	132,000.00	
應收利息	0.00		應交稅費	24,960.00	
其他應收款	5,000.00		應付利息	55,000.00	
存貨	1,881,200.00		應付股利	0.00	
其中：消耗性生物資產	0.00		其他應付款	0.00	
一年內到期的非流動資產	0.00		預計負債	0.00	
其他流動資產	0.00		一年內到期的非流動負債	0.00	
流動資產合計	2,910,540.00		其他流動負債	0.00	
非流動資產：			流動負債合計	703,360.00	
可供出售金融資產	0.00		非流動負債：		
持有至到期投資	0.00		長期借款	1,000,000.00	
投資性房地產	0.00		應付債券	0.00	
長期股權投資	0.00		長期應付款	0.00	
長期應收款	0.00		專項應付款	0.00	
固定資產	1,954,400.00		遞延所得稅負債	0.00	
在建工程	0.00		其他非流動負債	0.00	

表2.6(續)

資產	年初數	期末數	負債及所有者權益	年初數	期末數
工程物資	0.00		非流動負債合計	1,000,000.00	
固定資產清理	0.00		負債合計	1,703,360.00	
生產性生物資產	0.00		所有者權益：		
無形資產	0.00		實收資本（或股本）	2,000,000.00	
研發支出	0.00		資本公積	0.00	
長期待攤費用	260,000.00		盈餘公積	719,560.00	
遞延所得稅資產	0.00		未分配利潤	702,020.00	
其他非流動資產	0.00		減：庫存股	0.00	
非流動資產合計	2,214,400.00		所有者權益合計	3,421,580.00	
資產總計	5,124,940.00		負債和所有者合計	5,124,940.00	

利用 Excel 工作表之間的數據連結功能，通過設置自動取數公式，可以實現表2.6（12月資產負債表）「期末數」的自動計算。

計算原理舉例如下：

　　貨幣資金的本月期末數=年初數+本月借方發生額-本月貸方發生額

表2.6中取數公式定義如表2.7所示。

表2.7

項目	取數公式
貨幣資金	= B5+VLOOKUP ("庫存現金", '12月科目匯總表'! \$A\$1:\$F\$206, 6, FALSE) +VLOOKUP ("銀行存款", '12月科目匯總表'! \$A\$1:\$F\$206, 6, FALSE) +VLOOKUP ("其他貨幣資金", '12月科目匯總表'! \$A\$1:\$F\$206, 6, FALSE)
交易性金融資產	= B6+VLOOKUP ("交易性金融資產", '12月科目匯總表'! \$A\$1:\$F\$206, 6, FALSE)
應收票據	= B7+VLOOKUP ("應收票據", '12月科目匯總表'! \$A\$1:\$F\$206, 6, FALSE)
應收帳款	= B8+VLOOKUP ("應收帳款", '12月科目匯總表'! \$A\$1:\$F\$206, 6, FALSE) -VLOOKUP ("壞帳準備", '12月科目匯總表'! \$A\$1:\$F\$206, 6, FALSE)
預付帳款	= B9+VLOOKUP ("預付帳款", '12月科目匯總表'! \$A\$1:\$F\$206, 6, FALSE)
應收股利	= B10+VLOOKUP ("應收股利", '12月科目匯總表'! \$A\$1:\$F\$206, 6, FALSE)
應收利息	= B11+VLOOKUP ("應收利息", '12月科目匯總表'! \$A\$1:\$F\$206, 6, FALSE)

表2.7(續)

項目	取數公式
其他應收款	=B12+VLOOKUP("其他應收款",'12月科目匯總表'!$A$1:$F$206,6,FALSE)
存貨	=B13+VLOOKUP("材料採購",'12月科目匯總表'!$A$1:$F$206,6,FALSE)+VLOOKUP("在途物資",'12月科目匯總表'!$A$1:$F$206,6,FALSE)+VLOOKUP("原材料",'12月科目匯總表'!$A$1:$F$206,6,FALSE)+VLOOKUP("庫存商品",'12月科目匯總表'!$A$1:$F$206,6,FALSE)+VLOOKUP("發出商品",'12月科目匯總表'!$A$1:$F$206,6,FALSE)+VLOOKUP("委託加工物資",'12月科目匯總表'!$A$1:$F$206,6,FALSE)+VLOOKUP("週轉材料",'12月科目匯總表'!$A$1:$F$206,6,FALSE)+VLOOKUP("生產成本",'12月科目匯總表'!$A$1:$F$206,6,FALSE)-VLOOKUP("存貨跌價準備",'12月科目匯總表'!$A$1:$F$206,6,FALSE)
其中:消耗性生物資產	=B14+VLOOKUP("消耗性生物資產",'12月科目匯總表'!$A$1:$F$206,6,FALSE)
一年內到期的非流動資產	0(根據實際情況分析填列)
其他流動資產	0(根據實際情況分析填列)
流動資產合計	=SUM(C5:C16)
可供出售金融資產	=B19+VLOOKUP("可供出售金融資產",'12月科目匯總表'!$A$1:$F$206,6,FALSE)
持有至到期投資	=B20+VLOOKUP("持有至到期投資",'12月科目匯總表'!$A$1:$F$206,6,FALSE)
投資性房地產	=B21+VLOOKUP("投資性房地產",'12月科目匯總表'!$A$1:$F$206,6,FALSE)
長期股權投資	=B22+VLOOKUP("長期股權投資",'12月科目匯總表'!$A$1:$F$206,6,FALSE)
長期應收款	=B23+VLOOKUP("長期應收款",'12月科目匯總表'!$A$1:$F$206,6,FALSE)
固定資產	=B24+VLOOKUP("固定資產",'12月科目匯總表'!$A$1:$F$206,6,FALSE)-VLOOKUP("累計折舊",'12月科目匯總表'!$A$1:$F$200,6,FALSE)
在建工程	=B25+VLOOKUP("在建工程",'12月科目匯總表'!$A$1:$F$206,6,FALSE)
工程物資	=B26+VLOOKUP("工程物資",'12月科目匯總表'!$A$1:$F$206,6,FALSE)
固定資產清理	=B27+VLOOKUP("固定資產清理",'12月科目匯總表'!$A$1:$F$206,6,FALSE)
生產性生物資產	=B28+VLOOKUP("生產性生物資產",'12月科目匯總表'!$A$1:$F$206,6,FALSE)

表2.7(續)

項目	取數公式
無形資產	＝B29+VLOOKUP（"無形資產"，'12月科目匯總表'！＄A＄1：＄F＄206，6，FALSE）
研發支出	＝B30+VLOOKUP（"研發支出"，'12月科目匯總表'！＄A＄1：＄F＄206，6，FALSE）
長期待攤費用	＝B31+VLOOKUP（"長期待攤費用"，'12月科目匯總表'！＄A＄1：＄F＄206，6，FALSE）
遞延所得稅資產	＝B32+VLOOKUP（"遞延所得稅資產"，'12月科目匯總表'！＄A＄1：＄F＄206，6，FALSE）
其他非流動資產	0（根據實際情況分析填列）
非流動資產合計	＝SUM（C19：C33）
資產總計	＝C17+C34
短期借款	＝E5+VLOOKUP（"短期借款"，'12月科目匯總表'！＄A＄1：＄F＄204，6，FALSE）
交易性金融負債	＝E6+VLOOKUP（"交易性金融負債"，'12月科目匯總表'！＄A＄1：＄F＄204，6，FALSE）
應付票據	＝E7+VLOOKUP（"應付票據"，'12月科目匯總表'！＄A＄1：＄F＄204，6，FALSE）
應付帳款	＝E8+VLOOKUP（"應付帳款"，'12月科目匯總表'！＄A＄1：＄F＄204，6，FALSE）
預收帳款	＝E9+VLOOKUP（"預收帳款"，'12月科目匯總表'！＄A＄1：＄F＄204，6，FALSE）
應付職工薪酬	＝E10+VLOOKUP（"應付職工薪酬"，'12月科目匯總表'！＄A＄1：＄F＄204，6，FALSE）
應交稅費	＝E11+VLOOKUP（"應交稅費"，'12月科目匯總表'！＄A＄1：＄F＄204，6，FALSE）
應付利息	＝E12+VLOOKUP（"應付利息"，'12月科目匯總表'！＄A＄1：＄F＄204，6，FALSE）
應付股利	＝E13+VLOOKUP（"應付股利"，'12月科目匯總表'！＄A＄1：＄F＄204，6，FALSE）
其他應付款	＝E14+VLOOKUP（"其他應付款"，'12月科目匯總表'！＄A＄1：＄F＄204，6，FALSE）
預計負債	＝E15+VLOOKUP（"預計負債"，'12月科目匯總表'！＄A＄1：＄F＄204，6，FALSE）
一年內到期的非流動負債	0（根據實際情況分析填列）
其他流動負債	0（根據實際情況分析填列）
流動負債合計	＝SUM（F5：F17）

表2.7(續)

項目	取數公式
長期借款	=E20+VLOOKUP（"長期借款",'12月科目匯總表'!＄A＄1：＄F＄204,6,FALSE）
應付債券	=E21+VLOOKUP（"應付債券",'12月科目匯總表'!＄A＄1：＄F＄204,6,FALSE）
長期應付款	=E22+VLOOKUP（"長期應付款",'12月科目匯總表'!＄A＄1：＄F＄204,6,FALSE）
專項應付款	=E23+VLOOKUP（"專項應付款",'12月科目匯總表'!＄A＄1：＄F＄204,6,FALSE）
遞延所得稅負債	=E24+VLOOKUP（"遞延所得稅負債",'12月科目匯總表'!＄A＄1：＄F＄204,6,FALSE）
其他非流動負債	0（根據實際情況分析填列）
非流動負債合計	=SUM（F20：F25）
負債合計	=F18+F26
實收資本（或股本）	=E29+VLOOKUP（"實收資本",'12月科目匯總表'!＄A＄1：＄F＄204,6,FALSE）
資本公積	=E30+VLOOKUP（"資本公積",'12月科目匯總表'!＄A＄1：＄F＄204,6,FALSE）
盈餘公積	=E31+VLOOKUP（"盈餘公積",'12月科目匯總表'!＄A＄1：＄F＄204,6,FALSE）
未分配利潤	=E32+VLOOKUP（"利潤分配",'12月科目匯總表'!＄A＄1：＄F＄204,6,FALSE）
減：庫存股	=E33+VLOOKUP（"庫存股",'12月科目匯總表'!＄A＄1：＄F＄204,6,FALSE）
所有者權益合計	=SUM（F29：F33）
負債和所有者合計	=F27+F34

四、注意事項

資產負債表中所使用的會計科目名稱必須與科目匯總表中的會計科目名稱保持絕對一致，計算公式無法識別不一致的科目，否則將影響科目匯總計算結果的正確性。

任務 4　編製利潤表

【任務目標】

通過實訓，學生應瞭解利潤表，掌握利用任務 1、任務 2 已經完成的 EXCEL 中的數據編製利潤表的方法。

【理論知識】

利潤表是反應企業一定會計期間（如月度、季度、半年度或年度）生產經營成果的會計報表。企業一定會計期間的經營成果既可能表現為盈利，也可能表現為虧損，因此，利潤表也被稱為損益表。它全面揭示了企業在某一特定時期實現的各種收入、發生的各種費用、成本或支出，以及企業實現的利潤或發生的虧損情況。

利潤表是根據「收入－費用＝利潤」的基本關係來編製的，其具體內容取決於收入、費用、利潤等會計要素及其內容，利潤表項目是收入、費用和利潤要素內容的具體體現。從反應企業經營資金運動的角度看，它是一種反應企業經營資金動態表現的報表，主要提供有關企業經營成果方面的信息，屬於動態會計報表。

一、利潤表與資產負債表的關係

（1）利潤表是按照「收入－費用＝利潤」的基本關係來編製的，反應的是一個期間會計主體經營活動成果的變動。

（2）資產負債表是按照「資產＝負債＋所有者權益」的基本關係來編製的，反應的是某一時點會計主體全部資產的分佈狀況及其相應來源。

（3）由於等式「收入－費用＝利潤」的結果既會在利潤表中反應，也會在資產負債表中反應，因此它們之間的聯繫可以用等式「資產＝負債＋所有者權益＋收入－費用」表示。

（4）資產負債表所有者權益部分「未分配利潤」年初、年末數等於利潤及利潤分配表的利潤分配部分的「年初未分配利潤」「年末未分配利潤」，年度之中，資產負債表所有者權益部分「未分配利潤」期末數等於年初未分配利潤與利潤表的淨利潤之和。

二、利潤表的編製方法

計算利潤時，企業應以收入為起點，計算出當期的利潤總額和淨利潤額。其利潤總額和淨利潤額的計算步驟為：

（1）從主營業務收入中減去主營業務成本、主營業務稅金及附加，計算出主營業務利潤，目的是考核企業主營業務的獲利能力。

主營業務利潤＝主營業務收入－主營業務成本－主營業務稅金及附加

上述公式的特點是：主營業務成本、主營業務稅金及附加與主營業務直接有關，先從主營業務收入中直接扣除，計算出主營業務利潤。

（2）從主營業務利潤和其他業務利潤中減去管理費用、營業費用和財務費用，計算出企業的營業利潤，目的是考核企業生產經營活動的獲利能力。

營業利潤＝主營業務利潤＋其他業務利潤－管理費用－營業費用－財務費用

上述公式的特點是：主營業務利潤和其他業務利潤減去管理費用、營業費用和財務費用後，得出的營業利潤近似淨利的概念。公式中，將管理費用、營業費用和財務費用作為營業利潤的扣減項目，意味著不僅主營業務應負擔管理費用、營業費用和財務費用，其他業務也應負擔管理費用、營業費用和財務費用。

（3）在營業利潤的基礎上，加上投資淨收益、補貼收入、營業外收支淨額，計算出當期利潤總額，目的是考核企業的綜合獲利能力。

利潤總額＝營業利潤＋投資淨收益＋營業外收支淨額＋補貼收入

式中：

投資淨收益＝投資收益－投資損失

營業外收支淨額＝營業外收入－營業外支出

（4）在利潤總額的基礎上，減去所得稅，計算出當期淨利潤額，目的是考核企業最終獲利能力。

多步式利潤表的優點在於：便於對企業利潤形成的渠道進行分析，明確盈利的主要因素，或虧損的主要原因，使管理更具有針對性；也有利於不同企業之間進行比較；還可以預測企業未來的盈利能力。

實訓技能　　根據 Excel 中的科目匯總表編製利潤表

一、實訓內容

根據前面已經完成的會計科目匯總表，運用 Excel 表格編製利潤表。

二、實訓方法

在 Excel 中利用「12 月科目匯總表」中的數據編製利潤表。

三、實訓步驟

已知該公司 11 月利潤表數據如表 2.8 所示。

表 2.8 單位：元

項目	金額
營業收入	3,447,000.00
營業成本	1,955,800.00
營業稅費	175,200.00
銷售費用	569,800.00
管理費用	147,300.00
財務費用（收益以「-」號填列）	77,500.00

在「會計核算」工作簿中新增兩張工作表，並將其分別命名為「11月利潤表」和「12月利潤表」。設計如表 2.9 所示的表樣，並將表 2.8 中項目的金額填入「11月利潤表」本年金額欄，然後在「12月利潤表」中定義如表 2.10 所描述的計算公式。

表 2.9

編製單位：佳視達實業公司　　20××年12月31日　　　　　　單位：元

項目	行次	本期金額	本年金額
一、營業收入	1		
減：營業成本	2		
營業稅費	3		
銷售費用	4		
管理費用	5		
財務費用（收益以「-」號填列）	6		
資產減值損失	7		
加：公允價值變動淨收益（淨損失以「-」號填列）	8		
投資淨收益（淨損失以「-」號填列）	9		
二、營業利潤（虧損以「-」號填列）	10		
加：營業外收入	11		
減：營業外支出	12		
其中：非流動資產處置淨損失（淨收益以「-」號填列）	13		
三、利潤總額（虧損總額以「-」號填列）	14		
減：所得稅費用	15		
四、淨利潤（淨虧損以「-」號填列）	16		
五、每股收益：	17		
（一）基本每股收益	18	×	
（二）稀釋每股收益	19	×	

利用 Excel 的數據連結功能，設計自動取數公式，可以實現「12月利潤表」「本年金額」欄目的計算。

本月利潤表中的本年金額=本期金額+上月利潤表中的本年金額

在本例中只要利用 Excel 的數據連結功能將「11月利潤表」的本年金額加上「12月利潤表」的本期金額即可得到12月份的本年金額。具體公式定義如表2.10所示。

表 2.10

報表項目	欄次	公式定義
一、營業收入	本期金額	=VLOOKUP("主營業務收入",'12月科目匯總表'!＄A＄2：＄D＄202,4,FALSE)+VLOOKUP("其他業務收入",'12月科目匯總表'!＄A＄2：＄D＄202,4,FALSE)
	本年金額	=C4+'11月利潤表'!D4
減：營業成本	本期金額	=VLOOKUP("主營業務成本",'12月科目匯總表'!＄A＄2：＄D＄202,4,FALSE)+VLOOKUP("其他業務成本",'12月科目匯總表'!＄A＄2：＄D＄202,4,FALSE)
	本年金額	=C5+'11月利潤表'!D5
營業稅費	本期金額	=VLOOKUP("營業稅金及附加",'12月科目匯總表'!＄A＄2：＄D＄202,4,FALSE)
	本年金額	=C6+'11月利潤表'!D6
銷售費用	本期金額	=VLOOKUP("銷售費用",'12月科目匯總表'!＄A＄2：＄D＄202,4,FALSE)
	本年金額	=C7+'11月利潤表'!D7
管理費用	本期金額	=VLOOKUP("管理費用",'12月科目匯總表'!＄A＄2：＄D＄202,4,FALSE)
	本年金額	=C8+'11月利潤表'!D8
財務費用 (收益以「-」號填列)	本期金額	=VLOOKUP("財務費用",'12月科目匯總表'!＄A＄2：＄D＄202,4,FALSE)
	本年金額	=C9+'11月利潤表'!D9
資產減值損失	本期金額	=VLOOKUP("資產減值損失",'12月科目匯總表'!＄A＄2：＄D＄202,4,FALSE)
	本年金額	=C10+'11月利潤表'!D10
加：公允價值變動淨收益 (淨損失以「-」號填列)	本期金額	=VLOOKUP("公允價值變動損益",'12月科目匯總表'!＄A＄2：＄D＄202,4,FALSE)
	本年金額	=C11+'11月利潤表'!D11
投資淨收益 (淨損失以「-」號填列)	本期金額	=VLOOKUP("投資收益",'12月科目匯總表'!＄A＄2：＄D＄202,4,FALSE)
	本年金額	=C12+'11月利潤表'!D12

表2.10(續)

報表項目	欄次	公式定義
二、營業利潤 (虧損以「-」號填列)	本期金額	=C4-C5-C6-C7-C8-C9-C10+C11+C12
	本年金額	=D4-D5-D6-D7-D8-D9-D10+D11+D12
加：營業外收入	本期金額	=VLOOKUP("營業外收入",'12月科目匯總表'!＄A＄2:＄D＄202,4,FALSE)
	本年金額	=C14+'11月利潤表'!D14
減：營業外支出	本期金額	=VLOOKUP("營業外支出",'12月科目匯總表'!＄A＄2:＄D＄202,4,FALSE)
	本年金額	=C15+'11月利潤表'!D15
其中：非流動資產 處置淨損失 (淨收益以「-」號填列)	本期金額	0（根據實際情況分析填列）
	本年金額	0（根據實際情況分析填列）
三、利潤總額 (虧損總額 以「-」號填列)	本期金額	=C13+C14-C15
	本年金額	=D13+D14-D15
減：所得稅費用	本期金額	=VLOOKUP("所得稅費用",'12月科目匯總表'!＄A＄2:＄D＄202,4,FALSE)
	本年金額	=C18+'11月利潤表'!D18
四、淨利潤 (淨虧損 以「-」號填列)	本期金額	=C17-C18
	本年金額	=D17-D18

模塊三　Excel 在理財規劃中的應用

【模塊概述】

理財規劃是針對個人或家庭發展的不同時期，依據收入、支出狀況的變化，制訂財務管理的具體方案，包括現金規劃、消費支出規劃、教育規劃風險管理與退休養老規劃等，借以實現各個階段的目標和理想。通過 Excel 的財務函數和電子方案表格，可進行貨幣的時間價值規劃，即規劃個人或家庭如何由現狀達到未來的財務目標。

【模塊教學目標】

1. 掌握基本的養老金規劃模型的 Excel 建模；
2. 掌握教育規劃模型的 Excel 建模；
3. 掌握貸款等額本金還款計劃的 Excel 建模；
4. 掌握貸款等額本息還款計劃的 Excel 建模；
5. 掌握租房與買房評價模型的 Excel 建模。

【知識目標】

1. 養老金規劃制訂的基本步驟；
2. 教育規劃制訂的基本步驟；
3. 等額本金還款方式和等額本息還款方式的優、缺點；
4. 租房與買房的優、缺點。

【技能目標】

1. 掌握養老金規劃模型和教育規劃模型的 Excel 建模；
2. 掌握 Excel 控件在理財規劃方案中的運用；
3. 熟悉等額本金還款方式、等額本息還款方式的計算公式；
4. 掌握貸款等額本金、等額本息還款方案的 Excel 建模；
5. 掌握租房和買房淨現值的計算方法。

【素質目標】

1. 培養學生形成科學的理財觀念；
2. 使學生能夠根據目前的財務狀況，運用 EXCEL 制訂適合自己及家庭的科學理財規劃，以達成未來的目標。

任務 1　養老規劃模型的 Excel 實現

【案例導入】

王先生今年 40 歲，已經連續繳納了 10 年的社保。等他 65 歲退休時，社保給他提供的養老金每月不到 2,000 元，再加上通貨膨脹的影響，貨幣購買力下降，根本不足以滿足他的養老生活。

每個人都會步入老年人的行列，也會遇到和王先生同樣的養老問題。試想：如果我們不未雨綢繆，不結合自身的財務、身體等狀況提前制訂退休養老規劃，那麼我們怎能安度晚年？

思考：

1. 我們怎樣才能制定合理的退休養老方案以保證退休后的生活？
2. 假設我們自身退休目標或外界經濟因素發生了變化，與當前假設情況存在明顯差異時，應當怎樣調整養老規劃方案？

【任務目標】

通過實訓，學生應能夠運用 Excel 的財務函數達成養老規劃解決方案，並運用 Excel 控件及時調整養老規劃解決方案。

【理論知識】

一、退休養老規劃的必要性

退休養老規劃，就是協調即期消費與延期消費的關係。退休規劃主要包括：退休后的消費、其他需求及如何滿足這些需求。

個人在退休后面臨的不確定因素增多，例如，預期壽命的延長，提前退休的需求，退休后醫療費用增加，生活費增長，通貨膨脹，市場利率波動，社會保障和醫療保險制度變化。因此只有及早、合理地設計個人的退休理財規劃，才能承擔退休后生活的

各項支出，維持原有的生活品質。

二、退休養老規劃制訂的基本步驟

（一）確定退休目標

    （1）確定退休年齡。
    （2）退休後生活質量要求。

（二）預測養老資金需求

    （1）預估退休第一年的需求。
    （2）測算退休養老資金的總需求。

（三）預測退休後的收入

    （1）養老金。
    （2）商業保險。
    （3）個人儲蓄和投資收入。
    （4）兼職收入。

（四）計算養老資金缺口

養老資金缺口＝資金需求（折現）－退休收入（折現）－已有資金累積（終值）

（五）制訂詳細的退休計劃，測算每年需要投入的資金

    （1）個人儲蓄及投資。
    （2）商業保險。

（六）調整退休養老規劃方案

影響退休養老規劃方案實現的因素主要包括：
（1）退休目標變化。
（2）收入發生變動。
（3）利率變化。
（4）通貨膨脹率提高。
（5）資產的變動。
此時，要根據上述因素的變化適時調整養老規劃方案。

實訓技能 1　基於 Excel 函數的養老規劃解決方案

一、實訓內容

王先生現年 40 歲，他希望 65 歲退休，預期壽命為 85 歲。目前每年的生活費用為 4 萬元，考慮通貨膨脹的因素，估計每年的生活費用會以 3% 的速度增長。當前王先生退休養老金帳戶已備有 5 萬元，今後王先生每年都要提取 1 萬元到養老金帳戶，王先

生的投資回報率為5％。請問王先生目前的養老金規劃能否保證他順利實現退休養老目標？如果不能，那麼應做出怎樣的調整？

二、實訓方法

（1）設置退休目標基準點，以便確定基準點前后資金收入和支出的變化情況。考慮養老金規劃模型的三個時點：

①當前年齡40歲：資產狀況和人力資本。
②退休時點65歲：養老需求和資產狀況。
③預期壽命85歲：老年財富和消費規劃。

（2）在Excel裡構建解決方案，利用Excel內置的財務函數計算王先生每年還要儲蓄多少錢才能滿足退休後的基本生活需求。

三、實訓步驟

（1）新建一個Excel文檔，編寫表格，把所需數據填入其中，構建養老規劃模型，如圖3.1所示。

	A	B
1	养老规划模型	
2	现在年龄	40
3	期望退休年龄	65
4	距离退休年限	
5	预期寿命	85
6	退休后生活年限	
7	目前每年生活费(元)	¥40 000.00
8	通货膨胀率	3%
9	退休时每年生活费(元)	
10	退休后投资回报率	5%
11	退休时所需养老金总额(元)	
12	现有养老金账户金额(元)	¥50 000.00
13	每年提取额(元)	¥10 000.00
14	退休时养老金账户金额(元)	
15	退休当年养老金缺口(元)	
16	每年应存入金额(元)	

圖3.1　養老規劃模型設置

（2）在明確王先生的退休目標後，計算當前年齡距離退休年齡的年限，在單元格B4輸入公式「=B3-B2」。

（3）計算王先生退休後生活年限，在單元格B6輸入公式「=B5-B3」。

（4）利用Excel的FV財務函數，根據目前每年生活費及通貨膨脹率，估算退休時每年所需生活費，在單元格B9輸入公式「=FV（B8，B4，0，-B7，0）」。

（5）利用Excel的PV財務函數計算退休時所需養老金總額，在單元格B11輸入公式「=PV（B10，B6，-B9，0，1）」。

（6）預測退休後收入，根據給出的信息，王先生退休後沒有任何收入。

(7) 利用 Excel 的 FV 財務函數計算退休時養老金帳戶金額，在單元格 B14 輸入公式「=FV（B10，B4，-B13，0，0）」。

(8) 計算退休當年養老金缺口，養老金缺口＝退休時所需養老金總額（折現）-退休收入（折現）-已有資金累積（終值），在 B15 輸入公式「=B11-B14」。

由計算結果可知養老金存在較大缺口，表明王先生目前的養老金規劃不能保證他順利實現退休養老目標，還需要進行儲蓄投入。

(9) 利用 Excel 的 PMT 財務函數計算王先生每年還需要存入的金額，在單元格 B16 輸入公式「=PMT（B10，B4，-B12，B15，1）」。

該模型計算結果如圖 3.2 所示。

	A	B
1	养老规划模型	
2	现在年龄	40
3	期望退休年龄	65
4	距离退休年限	25
5	预期寿命	85
6	退休后生活年限	20
7	目前每年生活费(元)	¥40 000.00
8	通货膨胀率	3%
9	退休时每年生活费(元)	¥83 751.12
10	退休后投资回报率	5%
11	退休时所需养老金总额(元)	¥1 095 910.24
12	现有养老金账户金额(元)	¥50 000.00
13	每年提取额(元)	¥10 000.00
14	退休时养老金账户金额(元)	¥477 270.99
15	退休当年养老金缺口(元)	¥618 639.25
16	每年应存入金额(元)	¥-8 966.09

圖 3.2

表明王先生從現在開始，每年年初還需要額外存入 8,966.09 元，才能保證退休後的生活。

四、注意事項

PMT 函數語法參數 type 為數字 0 或 1，用以指定各期的付款時間是在期初還是在期末。1 代表期初，不輸入或輸入 0 代表期末。

實訓技能 2　Excel 控件在養老規劃解決方案中的運用

一、實訓內容

在上面的案例中，假設通貨膨脹率、投資報酬率、退休目標等因素發生變化，王先生應當怎樣調整養老規劃方案？此時，可運用 Excel 窗體控件數值調節鈕根據實際情況來對上述某個單一因素或多個因素變動進行調整，進而調整原有的養老規劃方案。

二、實訓方法

（1）構建養老金規劃模型。

（2）運用 Excel 窗體控件數值調節鈕改變輸入項的數值，從而獲得新的養老金規劃方案。

三、實訓步驟

（1）構建如圖 3.1 所示的養老金規劃模型。

（2）假定其他因素不變，王先生預期未來投資回報率可能發生變動，且變動範圍在 3%~7%。

（3）在單元格 B10 插入一個關於投資回報率數值調節鈕控件。

①點擊「Excel 選項」，進入「常用」菜單，勾選「在功能區顯示『開發工具』選項卡」，如圖 3.3 所示。

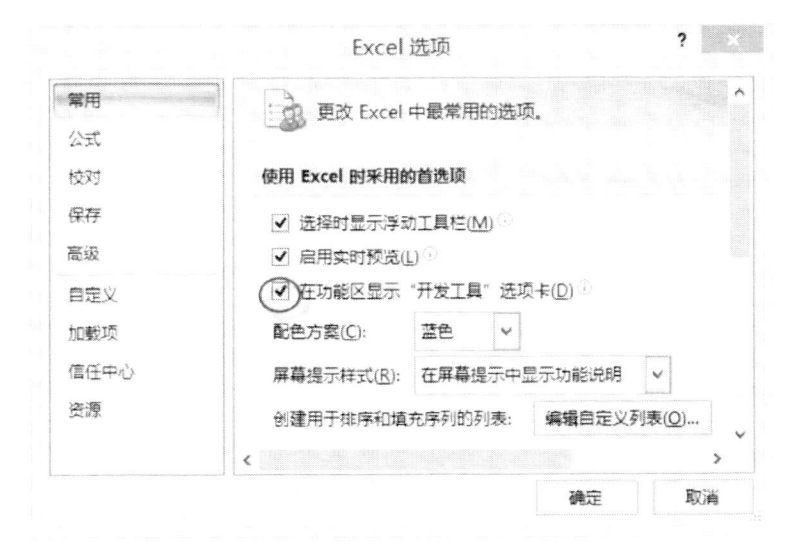

圖 3.3

②依次點擊「開發工具」/「插入」命令，在系統彈出的「表單控件」工具欄上，單擊「數值調節鈕」，此時鼠標的形狀變成黑色十字，然後移至單元格 B10，在需要放置數值調節鈕的左上角處按住鼠標左鍵並拖至右下角處，松開鼠標左鍵，即插入關於投資回報率的數值調節鈕控件。

（4）對該控件的屬性進行設置，右鍵單擊控件，從彈出的菜單中選擇「設置控件格式」選項，然后在彈出的「設置控件格式」對話框中選擇「控制」選項。

未經過設置的控件屬性如圖 3.4 所示，可對它們逐個進行修改，以達到我們想要的效果。

圖 3.4

（5）根據假定的投資回報率的變動範圍，設定當前值為 3，最小值為 3，最大值為 7，步長為 1，單元格連結為 ＄B＄10。控件屬性設置好後，單擊「確定」完成設置，如圖 3.5 所示。

圖 3.5

（6）當我們點擊 B10 單元格中的數據調節鈕控件向上或者向下箭頭，則單元格

B10 的數值按步長為 1 的方式增加或減少，並且變化範圍在 3~7。為了使用方便，我們可以將數據調節鈕的輸出結果按比例進行適當的縮小，以得到投資回報率的百分比數值。將單元格 B10 數據調節鈕的控件輸出結果連結在單元格 C10 中，並在單元格 B10 輸入公式「=C10/100」，使 B10 單元格中的數值與 C10 單元格中控件返回數值間建立關聯關係，則單元格 B10 顯示的是投資回報率的百分比數值。具體如圖 3.6 所示。

	A	B
1	养老规划模型	
2	现在年龄	40
3	期望退休年龄	65
4	距离退休年限	25
5	预期寿命	85
6	退休后生活年限	20
7	目前每年生活费(元)	¥40 000.00
8	通货膨胀率	3%
9	退休时每年生活费——未来值(元)	¥83 751.12
10	退休后投资回报率	3%
11	退休时所需养老金总额——折现值(元)	¥1 283 385.29
12	现有养老金账户金额(元)	¥50 000.00
13	每年提取额(元)	¥10 000.00
14	退休时养老金账户金额——未来值(元)	¥364 592.64
15	退休当年养老金缺口(元)	¥918 792.65
16	每年应存入金额(元)	¥-21 678.77

圖 3.6　養老規劃動態模型

（7）此時單擊 B10 單元格中的數據調節鈕控件向上或者向下箭頭，單元格 B10 中的投資回報率就會相應增加或減少 1%。相應地，單元格 B16 的計算結果即每年存入的資金也會隨之減少或增加。

王先生可通過數值調節鈕控件調整投資回報率，從而對養老金規劃進行相應地調整，以此構建養老規劃動態模型。

利用數據調節鈕控件對輸入項的調節功能，將可能變動的因素作為輸入項，觀察當某一因素或某幾個因素同時變化時對於養老規劃方案的影響，考慮以下情況：

①資產的變動：當王先生增加或減少當前養老金帳戶的投入，每年需要存入的資金將如何變化？

②退休目標變化：退休後王先生由於身體原因，計劃將退休年齡提前或延後，每年需要存入的資金將如何變化？

③當通貨膨脹率增加或降低時，每年需要存入的資金將如何變化？

④退休後生活費支出增加或減少，每年需要存入的資金將如何變化？

⑤當上述某幾個因素同時變化，對於養老金規劃方案的影響是什麼？

以上問題留給讀者。

任務 2　基於 Excel 函數的教育規劃解決方案

【案例導入】

經濟的發展帶來了家庭教育支出的迅速增長。自 20 世紀 90 年代以來，中國家庭的教育支出以平均每年 29.3% 的速度增長，明顯快於家庭收入的增長。從全球範圍來看，知識、教育的價格在逐年上升。現在教育費用昂貴，如果涉及各種補課費、擇校費、住宿費、生活費等，則可能會大大超出家庭的預算。

思考：

1. 培養子女到大學畢業到底需要投入多少資金？
2. 這筆資金應當從何時開始籌集？

【任務目標】

通過實訓，學生應能夠運用 Excel 內置的財務函數達成子女教育規劃解決方案，並運用 Excel 控件及時調整教育規劃解決方案。

【理論知識】

一、教育規劃的必要性

（1）教育規劃是指為子女將來的教育費用進行計劃和投資。

（2）教育規劃的主要特點：

①時間彈性小：子女到了一定年齡（18 歲左右）就要接受本科教育，這不像購房規劃，若財力不足可延後幾年，也不像退休規劃，若儲備的養老金不足可以延後退休。

②沒有費用彈性：教育規劃與退休規劃生活水平或購房規劃房價水平的選擇彈性比較不同：退休規劃若儲備不足，可適當降低退休后的生活水平；購房規劃若財力不足，可選擇房價較低的區位。但子女高等教育的學費相對固定，而且這些費用對每一個學生基本都是相同的，不會因為家庭富有與否而有差異。總之，因為沒有費用彈性，所以為子女準備足額的高等教育基金一定要早作打算。

③子女的資質無法事先預測：在子女教育方面，最終需要多少財務資源，比起可以由自己完全決定的退休規劃與購房規劃更難掌握。子女出生時很難知道這個子女在獨立前會花掉父母多少錢，這與子女的資質、注意力與學習能力有關，所以應該從寬，至少以普通大學學費、住宿費為準來規劃子女未來所需的教育經費。

由於教育支出的必要性和長期性，在家庭中建立教育基金成為家庭理財的一項重

要內容，子女教育規劃應該及早行動。

二、教育規劃制訂的基本步驟

（1）明確子女未來接受教育的目標，以實現高等教育為目標，包括完成本科及研究生階段教育；

（2）估算實現教育目標未來所需學費和其他相關費用；

（3）設定投資期間及期望報酬率；

（4）估算子女教育資金缺口，確定教育投資方案；

（5）堅持專款專用，定期做出調整。

實訓技能 1　基於 Excel 函數的教育規劃解決方案

一、實訓內容

王先生的女兒目前 10 歲，他的子女教育規劃目標是在女兒 18 歲上大學時能累積足夠的大學本科教育費用。目前大學每年學費為 1.2 萬元，學費成長率為 3%，投資報酬率為 5%。現在王先生已經準備了 2 萬元的教育金。請問他每年還需投入多少專項教育金才能保證女兒順利完成本科教育？

二、實訓方法

（1）設置教育目標基準點為 18 歲，以便確定基準點前后資金收入和支出的變化情況。

（2）在 Excel 裡構建解決方案，利用 Excel 內置的財務函數計算王先生需要投入的教育資金。18 歲以前為教育投資階段，使用終值財務函數來計算。18 歲后為高等教育費用支出階段，使用現值財務函數來計算。

（3）通過構建教育收支情況表來驗證王先生每年投入的教育資金能否滿足其女兒的高校教育支出。

三、實訓步驟

（1）新建一個 Excel 文檔，編寫表格，把所需數據填入其中，構建子女教育規劃模型，如圖 3.7 所示。

	A	B
1	子女教育規劃模型	
2	目前年齡	10
3	距離大學年限	
4	学费成长率	3%
5	目前每年学费(元)	¥12 000.00
6	8年后每年学费(元)	
7	投资报酬率	5%
8	18岁时应准备大学学费总额(元)	
9	目前教育准备金(元)	¥20 000.00
10	每年储蓄教育金(元)	
11	每月储蓄教育金(元)	

圖 3.7

（2）假設大學入學年齡為 18 歲，計算當前距離大學年限，在單元格 B3 中輸入「=18-B2」。

（3）利用 Excel 的 FV 財務函數估算 8 年後每年的大學費用，在單元格 B6 中輸入公式「=FV（B4，B3，0，-B5，0）」。

（4）利用 Excel 的 PV 財務函數計算 18 歲時應準備的大學學費總額，在單元格 B8 中輸入公式「=PV（B7，4，-B6，0，1）」。

（5）利用 Excel 的 PMT 財務函數計算王先生每年應儲蓄的教育資金，在單元格 B10 中輸入公式「=PMT（B7，B3，-B9，B8，1）」。

（6）如果王先生計劃改變為每月進行教育儲蓄，則在單元格 B11 中輸入公式「=PMT（B7/12，B3*12，-B9，B8，1）」，即可得到每月的儲蓄金額。

該模型計算結果如圖 3.8 所示，表明王先生從女兒 10 歲開始每年還需要投入 2,697.72 元的專項教育資金，才能使女兒順利完成大學學業。

	A	B
1	子女教育規劃模型	
2	目前年齡	10
3	距离大学年限	8
4	学费成长率	3%
5	目前每年学费(元)	¥12 000.00
6	8年后每年学费(元)	¥15 201.24
7	投资报酬率	5%
8	18岁时应准备大学学费总额(元)	¥56 597.99
9	目前教育准备金(元)	¥20 000.00
10	每年储蓄教育金(元)	¥-2 697.72
11	每月储蓄教育金(元)	¥-226.56

圖 3.8

（7）在上述步驟的基礎上，在表格中繼續添加內容，構建子女教育收支情況表，可反應王先生女兒的教育儲蓄帳戶的收支明細變化。「存入」表明儲蓄帳戶資金的增加，用「+」號表示，此處省略。「支取」表明儲蓄帳戶資金的減少，用「-」號，具

模塊三　Excel 在理財規劃中的應用

體如圖 3.9 所示。

	A	B	C	D	E	F
1	子女教育規劃模型					
2	目前年齡	10				
3	距離大學年限	8				
4	學費成長率	3%				
5	目前每年學費(元)	¥12 000.00				
6	8年後每年學費(元)	¥15 201.24				
7	投資報酬率	5%				
8	18歲時應準備大學學費總額(元)	¥56 597.99				
9	目前教育準備金(元)	¥20 000.00				
10	每年儲蓄教育金(元)	¥-2 697.72				
11	每月儲蓄教育金(元)	¥-226.56				
12						
13	子女教育收支情況					
14	利率	5%				
15	存款年限	8				
16	每年存款(元)	¥2 697.72				
17	年齡	存入	支取	年初金額	當年利息	年末金額
18	10	¥22 697.72		¥22 697.72	¥1 134.89	¥23 832.61
19	11	¥2 697.72		¥26 530.33	¥1 326.52	¥27 856.85
20	12	¥2 697.72		¥30 554.57	¥1 527.73	¥32 082.30
21	13	¥2 697.72		¥34 780.02	¥1 739.00	¥36 519.02
22	14	¥2 697.72		¥39 216.74	¥1 960.84	¥41 177.58
23	15	¥2 697.72		¥43 875.30	¥2 193.77	¥46 069.07
24	16	¥2 697.72		¥48 766.79	¥2 438.34	¥51 205.13
25	17	¥2 697.72		¥53 902.85	¥2 695.14	¥56 597.99
26	取款年限	4				¥56 597.99
27	每年取款(元)	¥15 201.24				
28	18		¥-15 201.24	¥41 396.75	¥2 069.84	¥43 466.59
29	19		¥-15 201.24	¥28 265.35	¥1 413.27	¥29 678.61
30	20		¥-15 201.24	¥14 477.37	¥723.87	¥15 201.24
31	21		¥-15 201.24	(¥0.00)	(¥0.00)	(¥0.00)
32						¥0.00

圖 3.9

第一階段：10 歲至 17 歲，王先生每年向女兒的教育儲蓄帳戶存入等額的教育資金。

（1）根據上面案例計算出的每年存款金額，在單元格 B16 中輸入公式「=-B10」，即為 18 歲前每年的存款金額，只是為了在教育儲蓄帳戶中表現為資金的增加，所以用「+」表示，此處省略。

（2）計算從 10 歲至 17 歲的每年存款金額，在單元格 B18 中輸入公式「=＄B＄16+20,000」，可計算出 10 歲當年的存款金額，在單元格 B19 中輸入公式「=＄B＄16」，為 11 歲當年的存款金額，將上述公式複製到單元格區域 B20：B25，即為從 12 歲至 17 歲每年的存款金額。

（3）計算 10 歲時教育儲蓄帳戶的年初金額，在單元格 D18 中輸入公式「=B18」。

（4）計算 10 歲當年獲得的利息的收益，在單元格 E18 中輸入公式「=D18*＄B＄14」。

（5）計算 10 歲時教育儲蓄帳戶的年末金額，在單元格 F18 中輸入公式「=D18+E18」。

（6）計算 11 歲時教育儲蓄帳戶的年初金額，在單元格 D19 中輸入公式「=B19+F18」。

將公式複製到單元格區域 D20：D25，即可計算出從 12 歲至 17 歲每年年初的教育儲蓄帳戶金額。

（7）計算 11 歲至 17 歲的利息收入，將單元格 E18 公式複製到單元格區域 E19：E25。

（8）計算 11 歲至 17 歲時教育儲蓄帳戶的年末金額，將單元格 F18 公式複製到單元格區域 F19：F25。

也可通過 FV 函數計算，在單元格 F26 中輸入公式「＝FV（B14，B15，－B16，－20,000，1）」。

第二階段：18 歲至 22 歲，王先生女兒每年從教育儲蓄帳戶支取學費。

（1）在單元格 B27 中輸入公式「＝B6」，即為本科每年所需學費。

（2）計算 18 歲時教育儲蓄帳戶的支出費用，在單元格 C28 中輸入公式「＝－＄B＄27」。因為支取意味著教育儲蓄帳戶餘額的減少，用「－」號表示，複製到單元格區域 C29：C31，即為 19 歲至 21 歲每年支取的費用。

（3）計算 18 歲時教育儲蓄帳戶的年初金額，在單元格 D28 中輸入公式「＝C28＋F25」，將公式複製到單元格區域 D29：D31，可計算出從 19 歲至 21 歲每年年初的教育儲蓄帳戶金額。

（4）計算 18 歲時教育儲蓄帳戶的利息收入，在單元格 E28 中輸入公式「＝D28＊＄B＄14」，將公式複製到單元格區域 E29：E31，即可計算出從 19 歲至 21 歲每年教育儲蓄帳戶的利息收入。

（5）計算 18 歲教育儲蓄帳戶的年末金額，在單元格 F28 中輸入公式「＝D28＋E28」，將公式複製到單元格區域 F29：F31，即可計算出從 19 歲至 21 歲教育儲蓄帳戶的年末金額。

由計算結果可知，在 21 歲支取完最后一筆學費后，教育儲蓄帳戶金額為 0。這表明王先生的教育規劃方案是合理的，能夠保證女兒順利完成學業。

實訓技能 2　Excel 控件在教育規劃解決方案中的運用

一、實訓內容

在上面的案例中，假設通貨膨脹率、投資報酬率、高校學費等因素發生變化，王先生應當怎樣調整女兒的教育規劃方案？此時，運用 Excel 窗體控件滾動條，根據實際情況來對上述某個單一因素或多個因素變動進行相應調整，進而調整原有的教育規劃方案。

二、實訓方法

（1）構建子女教育規劃模型。
（2）運用 Excel 窗體控件滾動條改變輸入項的數值，從而獲得新的教育規劃方案。

三、實訓步驟

（1）構建如圖 3.7 所示的子女教育規劃模型。

（2）假設目前高校學費因學校的不同教育水平、地理位置而存在明顯差異，王先生尚不確定女兒未來就讀的高校及學費，此時可假定學費變化範圍為每學年 8,000～15,000元。可通過設置滾動條控件，觀察學費變化後對每年教育儲蓄的影響。

（3）在單元格 B5 中插入一個關於目前學費的滾動條控件。

①點擊「Excel 選項」，進入「常用」菜單，勾選「在功能區顯示『開發工具』選項卡」。

②依次點擊「開發工具」／「插入」命令，在系統彈出的「表單控件」工具欄點擊「滾動條」，此時鼠標的形狀變成黑色十字，然后移至單元格 B5，在需要放置數值調節鈕的左上角處按住鼠標左鍵並拖至右下角處，松開鼠標左鍵，即插入關於學費的滾動條控件。

③對控件的屬性進行設置，右鍵單擊控件，單擊「設置控件格式」，在彈出的「設置控件格式」對話框中選擇「控制」選項。

未經過設置的控件屬性如圖 3.10 所示，可對它們逐個進行修改，以達到我們想要的效果。

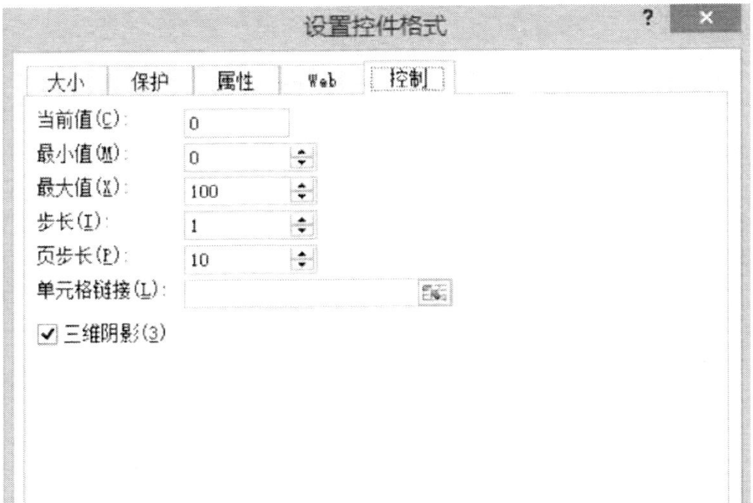

圖 3.10

（4）根據假定的學費的變動範圍，設定當前值為 8,000，最小值為 8,000，最大值為 15,000，步長為 1,000，頁步長為 1,000，單元格連結為 $B$5。控制屬性設置好后，單擊「確定」完成設置，如圖 3.11 所示。

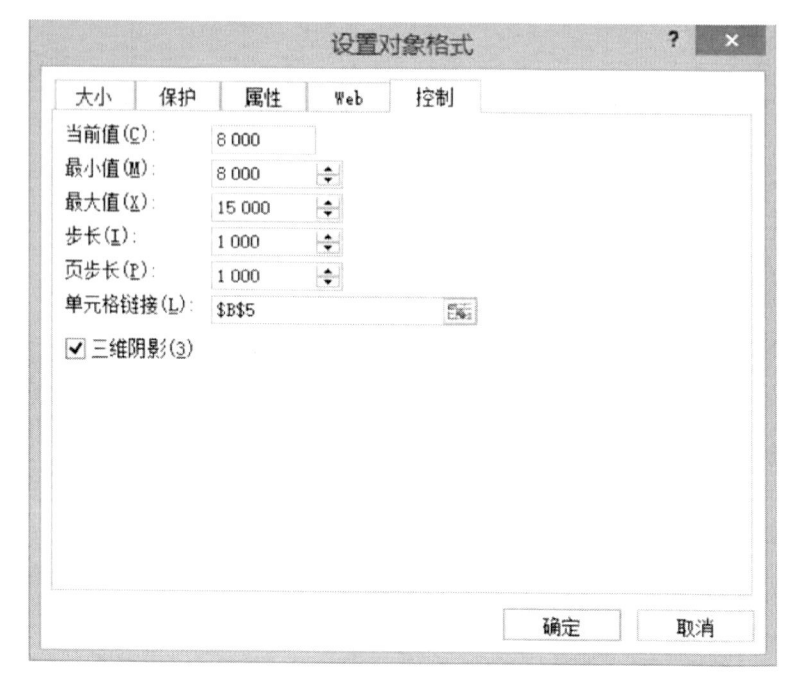

基於 Excel 的財務金融建模實訓

圖 3.11

通過以上步驟，完成了利用滾動條來調節當前學費的變化額度，如圖 3.12 所示。

（5）單擊單元格 B5 中滾動條兩端的三角形或者點擊滾動條上面的空白處，單元格 B5 中的學費金額就會相應增加或減少 1,000 元。相應地，單元格 B10 計算結果即每年存入的資金也會隨之發生變化。

	A	B
1	子女教育規劃模型	
2	目前年齡	10
3	距离大学年限	8
4	学费成长率	3%
5	目前每年学费(元)	¥10 000.00
6	8年后每年学费(元)	¥12 667.70
7	投资报酬率	5%
8	18岁时应准备的大学学费总额(元)	¥47 164.99
9	目前教育准备金(元)	¥20 000.00
10	每年教育储蓄资金(元)	¥-1 756.92
11	每月教育储蓄资金(元)	¥-146.77

圖 3.12

本例中王先生可通過點擊滾動條控件調整當前學費金額，進而調整教育規劃，增加或減少教育儲蓄資金的投入。

利用滾動條控件對輸入項的調節功能，可將其他因素作為輸入項，觀察當某一因素或某幾個因素同時變化時對於教育規劃方案的影響。例如：

（1）當通貨膨脹率增加或降低時，教育儲蓄資金將如何變化？
（2）當投資報酬率增加或降低時，教育儲蓄資金將如何變化？
（3）假設當前累積的教育準備金增加或減少時，教育儲蓄資金將如何變化？
（4）當上述幾個因素同時變化，對於教育規劃方案的影響？

請讀者為王先生提供解決方案。

四、注意事項

鼠標點擊滾動條兩端的三角形是步長在起作用，點擊滾動條上面的空白處，是頁步長在起作用。一般步長設置小一些，頁步長設置大一些，方便快速滾動。

任務3　住房規劃模型的 Excel 實現

【案例導入】

王先生大學畢業后，一直在租房，計劃在未來購買一套房產。由於購置房產是一項十分重大的投資，日后王先生將面臨貸款償還的問題，所以應該提前做好財務規劃，合理安排購房資金並隨時關注房地產的市場變化。

思考：

1. 如果打算貸款買房，哪種還款方式對王先生更有利？
2. 到底是租房劃算還是買房劃算？

【任務目標】

通過實訓，學生應能夠運用 Excel 構建住房貸款還款模型，並構建租房與買房的評價模型。

【理論知識】

一、住房貸款常見的兩種還款方式

（一）等額本息還款方式

這種還款方式就是將按揭貸款的本金總額與利息總額相加，然后平均分攤到每個還款期。作為還款人，每個還款期還給銀行固定金額，但每個還款額中的本金比重逐期遞增，利息比重逐期遞減。

等額本息還款方式的優缺點：

(1) 優點：方便，還款壓力小。每期還款額相等，便於購房者計算和安排每期的資金支出。因為平均分攤了還款金額，所以還款壓力也平均分攤，特別適合前期收入較低、經濟壓力大、每月還款負擔較重的人士。

(2) 缺點：利息總支出高。在每期還款金額中，前期利息占比較大，后期本金還款占比逐漸增大。總體計算下來，利息總支出是所有還款方式中最高的。

(二) 等額本金還款方式

等額本金還款，又稱利隨本清、等本不等息還款方式，貸款人將本金分攤到每個還款期內，同時付清上一交易日至本次還款日之間的利息。這種還款方式相對等額本息而言，總的利息支出較低，但是前期支付的本金和利息較多，還款負擔逐期遞減。

等額本金法的優缺點：

(1) 優點：可以節省大量利息支出。

(2) 缺點：還款開始階段還款額較高。

(三) 等額本金和等額本息還款法的計算公式

等額本息計算公式：

每期還款本息＝〔貸款本金×利率×（1+利率）^還款期數〕÷〔（1+利率）^還款期數-1〕

等額本金計算公式：

每期還款金額＝（貸款本金÷還款期數）＋（本金-累計已還款本金）×利率

式中：

累計已還款本金＝貸款本金÷總還款期數×已還款期數

這兩個公式的最大不同在於計算利息的方式不同。前者採用的是複合方式計算利息（即本金和利息都要產生利息），后者採用簡單方式計算利息（即只有本金產生利息）。

在其他貸款條件相同的情況下，等額本息貸款很明顯地要比等額本金貸款多出很多利息。另外，等額本息貸款計算出的每期還款金額都相等；而等額本金貸款計算出的每期還款金額則不同，從還款前期到后期，金額逐漸減少。

(四) 適用人群比較

1. 等額本息還款法

一般來講，等額本息還款法便於借款人合理安排每月的生活和進行理財（如以租養房等），適用於現期收入少、負擔人口少、預期收入將穩定增加的借款人，一般為青年人，特別適合剛開始工作的年輕人，以避免初期太大的供款壓力。對於精通投資、擅長「以錢生錢」的人來說，這也是較為不錯的選擇。

2. 等額本金還款法

這種方法在貸款初期還款壓力最大，以後逐期下降，適合現在收入處於高峰期的人士，特別是預期以後收入會減少或是家庭經濟負擔會加重的（如養老、看病、孩子讀書等），一般為中老年人。

二、租房或買房的決策

（一）租房的優缺點

1. 租房的優點
（1）比較能夠應對家庭收入的變化；
（2）資金較自由，可尋找更有利的運用渠道；
（3）有較大的遷徙自由度；
（4）瑕疵或毀損風險由房東負擔；
（5）不用考慮房價下跌風險。

2. 租房的缺點
（1）非自願搬離的風險；
（2）房租可能增加；
（3）無法運用財務槓桿追求房價差價利益；
（4）無法通過買房強迫自己儲蓄。

（二）買房的優缺點

1. 買房的優點
（1）對抗通貨膨脹；
（2）強迫儲蓄，累積實質財富；
（3）提高居住質量；
（4）信用增強效果；
（5）提供居住效用與資本增值的機會。

2. 買房的缺點
（1）缺乏流動性，要換房或是變現時，若要顧及流動性可能要被迫降價出售；
（2）維持成本高，投入裝潢雖可提高居住品質，也代表較高的維持成本；
（3）賠本損失的風險，包括房屋毀損風險、房屋市場價格整體下跌的系統風險與所居住社區管理不善造成房價下跌的個別風險。

（三）租房或買房的決策方法

採用淨現值法（NPV），考慮在一個固定的居住期間內，將租房及買房的現金流量還原成現值，比較租房和購房的淨現值，淨現值高的更為劃算。

實訓技能 1　基於 Excel 函數的住房按揭貸款的還款解決方案

一、實訓內容

王先生目前 28 歲，打算購買一套 75 萬元的 2 居室房屋，首付需要 40 萬元，剩餘 35 萬元向銀行貸款，商定 30 年還清，該筆貸款的年利率為 7%，可採用等額本息或等

額本金還款法。如果用等額本息法，會把貸款總額的本息之和平均分攤到整個還款期，每年年末等額還款；如果用等額本金法，將貸款額的本金平均分攤到整個還款期限內每年歸還，同時付清上一交易日到本次還款日之間的貸款利息。請問哪種還款方式更適合王先生？

二、實訓方法

（1）在 Excel 裡構建等額本息還款模型，利用 Excel 內置的財務函數計算每期的應付利息和本金償還額。

（2）在 Excel 裡構建等額本金還款模型，利用 Excel 內置的財務函數計算每期的應付利息和本金償還額。

（3）比較兩種還款方式的差別，結合王先生目前的收支狀況，選擇最優的一種還款方式。

三、實訓步驟

（1）新建一個 Excel 文檔，編寫表格，把所需數據填入其中，構建等額本息還款模型，如圖 3.13 所示。為了方便顯示，圖中隱藏從第 6 期至第 24 期還款明細情況。

	A	B	C	D	E	F
1				等額本息還款方式		
2						
3		總貸款額(元)			350 000	
4		年利率			7%	
5		貸款年限			30	
6				等額本息還貸表		
7	還款期數	期初本金餘額(元)	每期還款額(元)	歸還利息(元)	歸還本金(元)	期末剩餘本金(元)
8	1					
9	2					
10	3					
11	4					
12	5					
32	25					
33	26					
34	27					
35	28					
36	29					
37	30					

圖 3.13

①第 1 期期初本金餘額等於總貸款額，在單元格 B8 中輸入公式「=D3」。

②利用 Excel 的 PMT 財務函數計算該筆貸款的每期還款額，在單元格 C8 中輸入公式「=PMT（＄D＄4,＄D＄5,-＄D＄3,0,0)」，可得到第 1 期還款額，將上述公式複製到單元格區域 C9：C37，即可計算出剩餘各期的還款額。

③計算每期的應付利息，第 n 期利息支付額＝第 n 期期初未歸還的貸款本金餘額×貸款利率，在單元格 D8 中輸入公式「=B8＊＄D＄4」，即為第 1 期的應付利息，將公式複製到單元格區域 D9：D37，可計算出剩餘各期的應付利息。

④計算每期的本金償還額，第 n 期本金償還額=每期還款額-第 n 期利息支付額，在單元格 E8 中輸入公式「=C8-D8」，可得到第 1 期的本金償還額，將公式複製到單元格 E9：E37，可計算出剩餘各期的本金償還額。

⑤計算每期期末尚未歸還的本金餘額，第 n 期期末尚未償還本金餘額=第 n 期期初未歸還的本金餘額-第 n 期償還的本金金額，在單元格 F8 中輸入公式「=B8-E8」，可得到第 1 期期末剩餘本金，將公式複製到單元格區域 F9：F37，可計算出剩餘各期期末本金餘額。

⑥計算第 2 期至第 30 期期初本金餘額，也就是上一期每期期末尚未償還的貸款本金餘額，在單元格 B9 中輸入公式「=F8」，即可得到第 2 期期初餘額，將公式複製到單元格區域 B10：B37，可得到剩餘各期的期初本金餘額。

通過以上步驟，我們已經完成了等額本息還款模型的構建，模型的計算結果如圖 3.14 所示。

	A	B	C	D	E	F
1		等額本息还款方式				
2						
3		总贷款额(元)		350 000		
4		年利率		7%		
5		贷款年限		30		
6		等額本息还贷表				
7	还款期数	期初本金余额(元)	每期还款额(元)	归还利息(元)	归还本金(元)	期末剩余本金(元)
8	1	¥350 000.00	¥28 205.24	¥24 500.00	¥3 705.24	¥346 294.76
9	2	¥346 294.76	¥28 205.24	¥24 240.63	¥3 964.61	¥342 330.15
10	3	¥342 330.15	¥28 205.24	¥23 963.11	¥4 242.13	¥338 088.02
11	4	¥338 088.02	¥28 205.24	¥23 666.16	¥4 539.08	¥333 548.94
12	5	¥333 548.94	¥28 205.24	¥23 348.43	¥4 856.82	¥328 692.12
32	25	¥134 441.40	¥28 205.24	¥9 410.90	¥18 794.34	¥115 647.06
33	26	¥115 647.06	¥28 205.24	¥8 095.29	¥20 109.95	¥95 537.11
34	27	¥95 537.11	¥28 205.24	¥6 687.60	¥21 517.64	¥74 019.47
35	28	¥74 019.47	¥28 205.24	¥5 181.36	¥23 023.88	¥50 995.59
36	29	¥50 995.59	¥28 205.24	¥3 569.69	¥24 635.55	¥26 360.04
37	30	¥26 360.04	¥28 205.24	¥1 845.20	¥26 360.04	(¥0.00)

圖 3.14

由圖 3.14 可知，在第 30 期完成還款后，期末本金餘額降為 0，表明該筆貸款已全部還清。

⑦根據所獲得的數據，畫出相應地圖表。

a. 選定每期還款額、歸還利息、歸還本金數據所在的單元格區域，分別為 C7：C37，D7：D37，E7：E37。

b. 點擊 Excel 窗單菜單的「插入」，選擇「折線圖」之「帶數據標記的折線圖」，點擊「確定」之後，即可得到等額本息還款方式下的每期還款額、歸還利息、歸還本金的變化趨勢圖，完成圖表后再對圖表進行美化編輯，最終得到的圖表如圖 3.15 所示。

等額本息還款方式

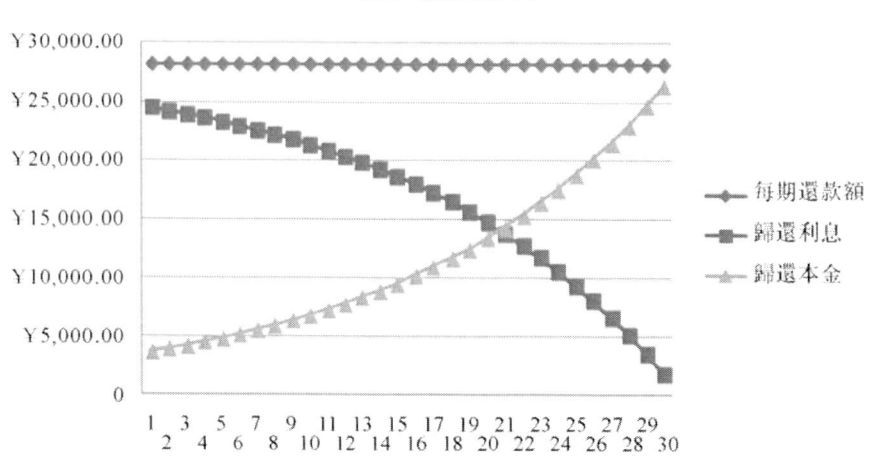

圖 3.15

⑧對畫出的圖表進行解讀。

由圖 3.15 可知，在等額本息還款方式下，從第 1 期至第 30 期每期還款額是固定不變的，但每期還款額中歸還本金比重逐期遞增，歸還利息比重逐期遞減。

（2）新建一個 Excel 文檔，編寫表格，把所需數據填入其中，構建等額本金還款模型，如圖 3.16 所示。為了方便顯示，圖中隱藏從第 6 期至第 24 期的還款明細情況。

	A	B	C	D	E	F
1						
2		等額本金还款方式				
3		总贷款额(元)			350 000	
4		年利率			7%	
5		贷款年限			30	
6		等額本金还贷表				
7	还款期数	期初本金余额(元)	每期还款额(元)	归还利息(元)	归还本金(元)	期末剩余本金(元)
8	1					
9	2					
10	3					
11	4					
12	5					
32	25					
33	26					
34	27					
35	28					
36	29					
37	30					

圖 3.16

①第 1 期期初本金餘額等於總貸款額，在單元格 B8 中輸入公式「=D3」。

②計算每期償還的貸款本金，在單元格 E8 中輸入公式「=＄D＄3/＄D＄5」，將上述公式複製到單元格區域 E9：E37，即可計算出每年需償還的本金。在等額本金還款方式下每年償還本金都相等，因此在引用公式時需要採用絕對引用。

③計算每期的應付利息，第 n 期利息支付額＝第 n 期期初未歸還的貸款本金餘額×

貸款利率，在單元格 D8 中輸入公式「=B8*$D$4」，可得到第 1 期的應付利息，將公式複製到單元格區域 D9：D37，可得到剩餘各期應支付的利息金額。

④計算每期還款金額，每期還款金額=歸還利息+本金，在單元格 C8 中輸入公式「=D8+E8」，可得到第 1 期還款金額，將公式複製到單元格區域 C9：C37，可計算出剩餘各期還款金額。

⑤計算各期期末尚未償還的本金餘額，期末尚未償還的本金餘額=第 n 期期初未償還的本金餘額-第 n 期償還的本金金額，在單元格 F8 中輸入公式「=B8-E8」，可得到第 1 期期末尚未償還的本金餘額，將公式複製到單元格區域 F9：F37，可計算出剩餘各期期末尚未償還的本金餘額。

⑥計算各期期初本金餘額，第 2 期至第 30 期期初本金餘額，等於上一期每期期末尚未償還的貸款本金餘額。在單元格 B9 中輸入公式「=F8」，即可得到第 2 期期初本金餘額，將公式複製到單元格區域 B10：B37，可得到剩餘各期的期初本金餘額。

通過以上步驟，我們已經完成了等額本金還款模型的構建，模型的計算結果如圖 3.17 所示。

	A	B	C	D	E	F
1			等額本金还款方式			
2						
3		总贷款额(元)			350 000	
4		年利率			7%	
5		贷款年限			30	
6			等額本金还贷表			
7	还款期数	期初本金余额(元)	每期还款额(元)	归还利息(元)	归还本金(元)	期末剩余本金(元)
8	1	¥350 000.00	¥36 166.67	¥24 500.00	¥11 666.67	¥338 333.33
9	2	¥338 333.33	¥35 350.00	¥23 683.33	¥11 666.67	¥326 666.67
10	3	¥326 666.67	¥34 533.33	¥22 866.67	¥11 666.67	¥315 000.00
11	4	¥315 000.00	¥33 716.67	¥22 050.00	¥11 666.67	¥303 333.33
12	5	¥303 333.33	¥32 900.00	¥21 233.33	¥11 666.67	¥291 666.67
32	25	¥70 000.00	¥16 566.67	¥4 900.00	¥11 666.67	¥58 333.33
33	26	¥58 333.33	¥15 750.00	¥4 083.33	¥11 666.67	¥46 666.67
34	27	¥46 666.67	¥14 933.33	¥3 266.67	¥11 666.67	¥35 000.00
35	28	¥35 000.00	¥14 116.67	¥2 450.00	¥11 666.67	¥23 333.33
36	29	¥23 333.33	¥13 300.00	¥1 633.33	¥11 666.67	¥11 666.67
37	30	¥11 666.67	¥12 483.33	¥816.67	¥11 666.67	(¥0.00)

圖 3.17

由圖 3.17 可知，在第 30 期完成還款后，期末本金餘額降為 0，表明該筆貸款已全部還清。

⑦根據所獲得的數據，畫出相應地圖表。

a. 選定每期還款額、歸還利息、歸還本金數據所在的單元格區域，分別為 C7：C37，D7：D37，E7：E37。

b. 點擊 Excel 窗口菜單的「插入」，選擇「折線圖」之「帶數據標記的折線圖」，點擊「確定」之後，即可得到等額本金還款方式下每期還款額、歸還利息、歸還本金的變化趨勢圖，完成圖表後再對圖表進行美化編輯，最終得到的圖表如圖 3.18 所示。

基於 Excel 的財務金融建模實訓

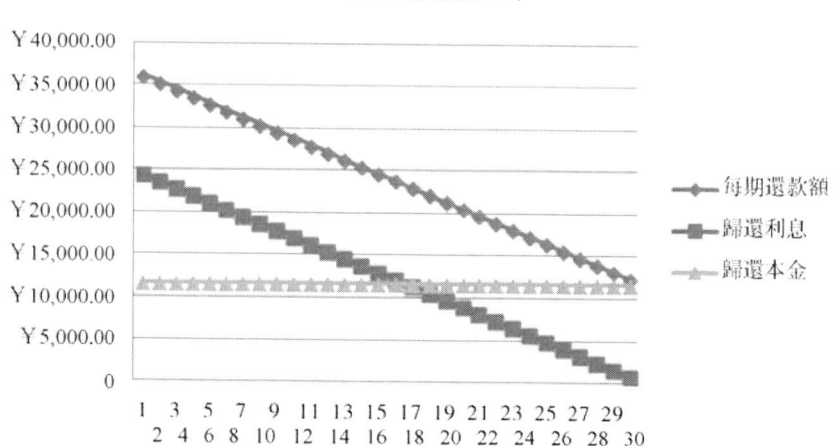

等額本金還款方式

圖 3.18

⑧對畫出的圖表進行解讀。

由圖 3.18 可知，在等額本金還款方式下，從第 1 期至第 30 期每期歸還本金是固定不變的，歸還利息逐期遞減，每期還款額遞減。

（3）比較等額本息、等額本金還款方式的區別。

①計算在等額本息還款方式下的利息支付總額，在單元格 D39 中輸入公式「=SUM（D8：D37）」。

②計算在等額本息還款方式下的總還款額，在單元格 D40 中輸入公式「=SUM（C8：C37）」，計算結果如圖 3.19 所示。

	A	B	C	D	E	F
1						
2		等額本息還款方式				
3		總貸款額(元)		350 000		
4		年利率		7%		
5		貸款年限		30		
6		等額本息還貸表				
7	還款期數	期初本金余額(元)	每期還款額(元)	歸還利息(元)	歸還本金(元)	期末剩余本金(元)
8	1	¥350 000.00	¥28 205.24	¥24 500.00	¥3 705.24	¥346 294.76
9	2	¥346 294.76	¥28 205.24	¥24 240.63	¥3 964.61	¥342 330.15
10	3	¥342 330.15	¥28 205.24	¥23 963.11	¥4 242.13	¥338 088.02
11	4	¥338 088.02	¥28 205.24	¥23 666.16	¥4 539.08	¥333 548.94
12	5	¥333 548.94	¥28 205.24	¥23 348.43	¥4 856.82	¥328 692.12
32	25	¥134 441.40	¥28 205.24	¥9 410.90	¥18 794.34	¥115 647.06
33	26	¥115 647.06	¥28 205.24	¥8 095.29	¥20 109.95	¥95 537.11
34	27	¥95 537.11	¥28 205.24	¥6 687.60	¥21 517.64	¥74 019.47
35	28	¥74 019.47	¥28 205.24	¥5 181.36	¥23 023.88	¥50 995.59
36	29	¥50 995.59	¥28 205.24	¥3 569.69	¥24 635.55	¥26 360.04
37	30	¥26 360.04	¥28 205.24	¥1 845.20	¥26 360.04	(¥0.00)
38						
39		利息支付總額		¥496 157.24		
40		總還款額		¥846 157.24		

圖 3.19

③計算在等額本金還款方式下的利息支付總額，在單元格 D39 中輸入公式「＝SUM（D8：D37）」。

④計算在等額本金還款方式下的總還款額，在單元格 D40 中輸入公式「＝SUM（C8：C37）」，計算結果如圖 3.20 所示。

	A	B	C	D	E	F
1			等額本金还款方式			
2						
3		总贷款额(元)			350 000	
4		年利率			7%	
5		贷款年限			30	
6			等額本金还贷表			
7	还款期数	期初本金余额(元)	每期还款额(元)	归还利息(元)	归还本金	期末剩余本金(元)
8	1	¥350 000.00	¥36 166.67	¥24 500.00	¥11 666.67	¥338 333.33
9	2	¥338 333.33	¥35 350.00	¥23 683.33	¥11 666.67	¥326 666.67
10	3	¥326 666.67	¥34 533.33	¥22 866.67	¥11 666.67	¥315 000.00
11	4	¥315 000.00	¥33 716.67	¥22 050.00	¥11 666.67	¥303 333.33
12	5	¥303 333.33	¥32 900.00	¥21 233.33	¥11 666.67	¥291 666.67
32	25	¥70 000.00	¥16 566.67	¥4 900.00	¥11 666.67	¥58 333.33
33	26	¥58 333.33	¥15 750.00	¥4 083.33	¥11 666.67	¥46 666.67
34	27	¥46 666.67	¥14 933.33	¥3 266.67	¥11 666.67	¥35 000.00
35	28	¥35 000.00	¥14 116.67	¥2 450.00	¥11 666.67	¥23 333.33
36	29	¥23 333.33	¥13 300.00	¥1 633.33	¥11 666.67	¥11 666.67
37	30	¥11 666.67	¥12 483.33	¥816.67	¥11 666.67	(¥0.00)
38						
39		利息支付总额			¥379 750.00	
40		总还款额			¥729 750.00	

圖 3.20

比較兩種還款方式，可以發現在總貸款額、貸款利率、貸款年限相同的條件下，等額本息還款方式所支付的總利息比等額本金還款方式多，因此導致第一種還款方式下總還款額也高於第二種還款方式。而且貸款期限越長，利息相差越大。

如果僅考慮到利息成本支出，王先生會選擇等額本金還款方式。

但結合貸款人自身的實際收支情況考慮，對比圖 3.15 和圖 3.18，可得出以下結論：

等額本金還款方式在貸款初期還款壓力最大，以后逐漸下降，適用於現在收入處於高峰期的人士，特別是預期以后收入會減少或是家庭經濟負擔會加重的人群，一般為中老年人。

等額本息還款方式適用於現期收入少，但預期收入將穩定增加的借款人，一般為青年人，以避免初期過大的還款壓力。

本案例中，王先生目前 28 歲，收入中等，但隨著工作年限增加，預期收入會逐漸增多，因此，王先生更適合採用等額本息方式歸還房貸。

實訓技能 2　租房與買房的比較

一、實訓內容

假設王先生有意向購買的房屋也可租賃。如果租賃的話，月租金為 2,500 元，月租金每年增加 300 元，以存款利率 3% 為折現率，第五年年底可將押金 2,500 元收回。如果買房的話，維護成本第一年為 1,500 元，以後每年提高 1,500 元，估計居住 5 年後，仍能夠按照原價出售。

二、實訓方法

（1）採用淨現值法（NPV）來判斷，首先測算租房與買房每年的成本支出，將租房及購房的現金流量還原成現值，最後比較租房和購房的淨現值。

（2）在 Excel 裡構建解決方案，利用 Excel 內置的財務函數來計算租房與買房的淨現值。

三、實訓步驟

（1）新建一個 Excel 文檔，編寫表格，把所需數據填入其中，構建租房與買房評價模型，如圖 3.21 所示。

	A	B	C	D
1	租房与买房的评价模型			
2	租房		买房	
3	存款利率	3%	贷款利率	7%
4	年数	5	年数	5
5	每月租金(元)	¥-2 500.00	首付金额(元)	¥-400 000.00
6	月租金年增加额	¥-300.00	贷款金额(元)	¥350 000.00
7	押金(元)	¥-2 500.00	维护成本(元)	¥-1 500.00
8			每年贷款额(元)	
9			5年后房贷余额(元)	
10				
11	租房现金流		买房现金流	
12	期初现金流(元)			
13	第一年现金流(元)			
14	第二年现金流(元)			
15	第三年现金流(元)			
16	第四年现金流(元)			
17	第五年现金流(元)			
18				
19	租金净现值(元)			
20	最佳方案			

圖 3.21

（2）計算租房淨現值，假定租金每年支付一次，期初支付。

①計算租房期初的現金流，租房期初現金流＝押金＋第一年租金，在單元格 B12 中

輸入公式「=B7+B5*12」。

②計算第一年現金流，在單元格 B13 中輸入公式「=（＄B＄5+＄B＄6）*12」。

③計算第二年現金流，在單元格 B14 中輸入公式「=（＄B＄5+2*＄B＄6）*12」。

④計算第三年現金流，在單元格 B15 中輸入公式「=（＄B＄5+3*＄B＄6）*12」。

⑤計算第四年現金流，在單元格 B16 中輸入公式「=（＄B＄5+4*＄B＄6）*12」。

⑥計算第五年現金流，在單元格 B17 中輸入公式「=-B7」，在第五年年末可收回期初支付的押金。

⑦利用 Excel 的 NPV 財務函數計算租房的淨現值，在單元格 B19 中輸入公式「=NPV（B3，B13：B17）+B12」。

（3）計算買房淨現值，假定首付款期初支付，購房的房貸本利為每年還一次，期末支付，維修成本也在期末支付。

①利用 Excel 的 PMT 財務函數計算每年的貸款金額，在單元格 D8 中輸入公式=PMT（D3，30，D6）。

②利用 Excel 的 PV 財務函數計算 5 年后剩餘的房貸金額，在單元格 D9 中輸入公式「=PV（D3，25，D8）」。

③計算期初現金流，即為購房的首付款，在單元格 D12 中輸入公式「=D5」。

④計算第一年現金流，在年末需要支付第一年的貸款及第一年的維修成本，在單元格 D13 中輸入公式「=＄D＄7+＄D＄8」。

⑤計算第二年現金流，在年末需要支付第二年的「貸款及第二年」的維修成本，在單元格 D14 中輸入公式「=＄D＄7+2*＄D＄8」。

⑥計算第三年現金流，在年末需要支付第三年的貸款與第三年的維修成本，在單元格 D15 中輸入公式「=＄D＄7+3*＄D＄8」。

⑦計算第四年現金流，在年末需要支付第四年的貸款與第四年的維修成本之和，在單元格 D16 中輸入公式「=＄D＄7+4*＄D＄8」。

⑧計算第五年現金流，年末需要支付第五年貸款與第五年維護成本之和，在出售房屋獲得房款的同時，需要償還剩餘的房貸，在單元格 D17 中輸入公式「=＄D＄7+5*＄D＄8+750,000-D9」。

⑨利用 Excel 的 NPV 財務函數計算買房的淨現值，在單元格 D19 中輸入公式「=NPV（D3，D13：D17）+D12」。

（4）比較租房與買房的淨現值，在合併單元格 B20 中輸入公式「=IF（B19>D19,"租房","購房"）」，運行結果如圖 3.22 所示。

	A	B	C	D
1	租房与买房的评价模型			
2	租房		买房	
3	存款利率	3%	贷款利率	7%
4	年数	5	年数	5
5	每月租金(元)	¥-2 500.00	首付金额(元)	¥-400 000.00
6	月租金年增加额(元)	¥-300.00	贷款金额(元)	¥350 000.00
7	押金(元)	¥-2 500.00	维护成本(元)	¥-1 500.00
8			每年贷款额(元)	¥-28 205.24
9			5年后房贷余额(元)	¥328 692.12
10				
11	租房现金流		买房现金流	
12	期初现金流(元)	¥-32 500.00	期初现金流(元)	¥-400 000.00
13	第一年现金流(元)	¥-33 600.00	第一年现金流(元)	¥-29 705.24
14	第二年现金流(元)	¥-37 200.00	第二年现金流(元)	¥-31 205.24
15	第三年现金流(元)	¥-40 800.00	第三年现金流(元)	¥-32 705.24
16	第四年现金流(元)	¥-44 400.00	第四年现金流(元)	¥-34 205.24
17	第五年现金流(元)	¥2 500.00	第五年现金流(元)	¥385 602.63
18				
19	租金净现值(元)	¥-174 816.01	买房净现值(元)	¥-232 880.66
20	最佳方案	租房		

圖 3.22

以上計算結果表明，租房的淨現值更高，對於王先生來說，租房為最優方案。

四、注意事項

一個好的理財規劃模型的構建需要事先對理論模型很熟悉，並且掌握具體問題中相關變量之間的關係，然后再在 Excel 裡面創建資金時間價值模型。總之，理財規劃模型的創建是一個綜合性很強：理論與實踐聯繫緊密的工作，書本上所學的知識與 Excel 軟件的操作技巧缺一不可。

模塊四　Excel 在金融投資分析中的應用

【模塊概述】

　　金融投資分析是一項與數據打交道的工作。不管是股票和債券，還是證券投資基金和理財產品，這些金融產品或投資工具，都涉及各類資金流的運行，其價值（從而價格）的決定及其變化規律，無不體現在若干指標與數據上。通過構建金融資產價值模型，通過對金融數據的定量分析，我們可以更準確地認識金融資產的價值規律，提高金融投資分析的有效性。

　　通過 Excel 內置的函數與工具，我們可以方便快捷地構建各類金融投資模型，或作描述性展示，或作價值評估，或作預測性分析。

【模塊教學目標】

1. 瞭解股票定價模型的基本內容；
2. 瞭解債券價值決定模型的基本內容；
3. 掌握股票和債券價值決定模型的 Excel 建模；
4. 掌握證券投資組合的基本應用；
5. 掌握股票行情數據的 Excel 統計分析。

【知識目標】

1. 股票定價模型；
2. 債券價值決定模型；
3. 股票貝塔系數；
4. 債券久期與凸性；
5. 最優證券投資組合。

【技能目標】

1. 掌握股票與債券價值決定模型的 Excel 建模；
2. 掌握股票貝塔系數的計算與應用；

3. 掌握債券久期與凸性的計算與應用；
4. 掌握最優證券投資組合的創建方法。

【素質目標】

1. 培養學生理解金融投資問題的能力；
2. 培養學生利用 Excel 來解決金融投資問題的能力。

任務 1　股票價值分析

【案例導入】

　　2014 年 11 月底，王先生看到滬深股市漲勢喜人，於是決定入市炒股。開立帳戶之後，王先生面對數千只股票，一時間不知道該如何下手。到底該買哪些股票呢？如果未來股市繼續上揚，那麼哪些股票現在是被低估的，將來會漲得更多一點呢？這些問題困擾著王先生，但同時也是每個證券投資者共同面臨的問題。
　　思考：
1. 金融產品的價值到底是如何決定的呢？
2. 如何根據現有的數據資料來挑選股票呢？

【任務目標】

　　通過實訓，學生應掌握股票定價模型的含義，學會計算股票貝塔系數，並運用貝塔系數來做簡單的選股決策。

【理論知識】

一、股票定價模型概述

　　股票定價理論是資本市場理論的核心內容。目前股票定價理論中各種不同的理論及其股票定價過程，從定價機制角度來劃分，大致可分為內在因素價格機制和均衡價格機制兩種。傳統股票定價理論是通過尋找影響股票內在價值的因素，借助貼現和類比等方法對股票價格進行估價。因素模型、套利定價模型（APT）則是從影響證券的各種因素中找原因，建立模型，再通過模型預測證券價格或收益，然後進行比較分析，進而決定投資行為。資本資產定價模型（CAPM）等則是根據現代證券組合理論，或運用證券組合手段，比較證券價格，一旦發現收益和風險不對稱的價格，就進行相應地

買賣，直到各種證券的價格達到均衡狀態為止。

從理論上講，傳統現金流貼現模型估算股票內在價值是相當準確的，但問題是，要準確預測公司未來的每股股利、自由現金流及貼現率幾乎是不太可能的。相對估價法（比如市盈率法）只考慮靜態時點上的情況，很少顧及股票的價值變動，缺乏現金流概念，對虧損公司和 IT 等行業很難運用。總的來看，傳統股票定價理論只重視股票的內在價值對股價的決定作用，而忽視了其他因素對股價的影響，尤其是沒有充分考慮風險因素，因此具有一定的片面性。

現代證券組合理論（MPT）本身隱含的某些假設前提與現實存在著一定的偏差，而且證券預期收益、方差或標準差，以及各種證券間的協方差等計算相當複雜和繁瑣，不僅使一般投資者難以完成，就連專門投資機構也望而卻步。因此，嚴格來說，馬柯維茨的 MPT 只是一個關於投資者最優資產選擇行為的純理論模型，不能直接用於指導投資及股票定價。而目前已被投資者廣泛運用的 CAPM 的假定性則更強，如它假設所有投資者都符合理性經濟人假定；市場是完備的、有效的；所有投資者對證券收益率具有同質期望等。顯然，這與現實存在較大的偏差。因素模型和 APT 雖然簡化了 MPT，並進一步將其推向實用階段，但同樣該模型的假設仍顯嚴格，因而影響其實際效果。另外，選擇哪些經濟變量作為模型中的因素目前尚未定論。

總的來說，各種股票定價理論都存在一定的缺陷和不足，然而，現金流貼現模型、因素模型及 APT 仍然是目前國際上，尤其是在市場化程度較高的國家，對股票進行定價的主要理論。

二、股票貝塔系數

貝塔系數（β）是起源於資本資產定價模型（CAPM 模型）的一個統計指標，反應的是某一證券或證券組合相對於大盤指數的表現情況。

根據投資理論，全體市場本身的 β 系數為 1，個股 β 值越高，意味著股票相對於基準指數（通常是大盤指數）的波動性越大。β 值大於 1，則股票的波動性大於基準指數的波動性；反之亦然。

如果 β 為 1，則大盤指數上漲 10%，股票上漲 10%；大盤指數下滑 10%，股票相應下滑 10%。如果 β 為 1.1，大盤指數上漲 10% 時，股票上漲 11%；大盤指數下滑 10% 時，股票下滑 11%。如果 β 為 0.9，大盤指數上漲 10% 時，股票上漲 9%；大盤指數下滑 10% 時，股票下滑 9%。

在現實中，一般用單個股票資產的歷史收益率對同期大盤指數收益率進行迴歸，迴歸系數就是貝塔系數。為了運算簡單，迴歸模型可設定如下：

$$R_i = \alpha + \beta R_m + u$$

式中：R_i 為單個證券或證券組合的收益率；

R_m 為大盤指數的收益率；

α 為常數項；

β 為貝塔系數；

u 為隨機干擾項。

我們可以採用普通最小二乘法對上面的模型進行迴歸，即可得到貝塔系數的估計值，然後根據所得到的貝塔系數來做相應地分析，得出一定結論，為證券投資決策提供參考。

實訓技能 I　股票貝塔系數的計算

一、實訓內容

選取任意一只股票作為研究對象，然後選擇任意一段時間作為樣本數據採集期，計算該股票在該期間的貝塔系數。

本次實訓選取的股票為華泰證券（601688），選擇的樣本數據採集期為2014年1月1日至2014年11月30日。（股市休市日沒有行情數據，自然剔除）

二、實訓方法

在Excel中收集股票數據，並利用迴歸分析方法來求解股票貝塔系數。

三、實訓步驟

（一）創建貝塔系數的計量模型

$$R = \alpha + \beta R_m + u$$

式中：R 為海通證券的收益率，我們稱之為因變量；

R_m 為大盤指數的收益率，我們稱之為自變量（或解釋變量）；

β 為海通證券的貝塔系數；

α 為常數項，u 為隨機干擾項。

在這裡，我們所指的價格是收盤價，然後用收盤價變化率來表示收益率，也就是不考慮個股分紅派息的情況，只考慮價格變化所帶來的資本利得。另外，我們選擇上證指數作為反應整個市場走勢的大盤指數。

（二）收集樣本數據

（1）自助手工操作的方法：對於海通證券和上證指數的每日收盤價，我們可以從股票行情軟件裡查找出來，也可以從一些財經網站上獲取，然後把這些價格一一複製並存放在Excel文檔裡。很顯然，這種手工操作的方法是一件相當繁瑣的工作，如果時間跨度大，股票數量多，耗費的時間是不可忍受的。因此，如果想要提升工作效率，我們必須求助專門的輔助工具，如下一種方法所示。

（2）Excel VBA程序自動下載的方法：我們可以利用新浪財經、雅虎財經等網站提供的股票行情查詢接口，然後在Excel裡編寫相應地VBA程序，幫助我們快速下載並保存任意一只股票的歷史行情數據。這種方法既節省了操作時間，又提高了準確度，因此是我們收集股票歷史數據的最佳選擇。

(三) 處理樣本數據

1. 清洗數據

我們使用股票行情數據下載工具獲取了華泰證券和上證指數在 2014 年 1 月 1 日至 2014 年 11 月 30 日之間的收盤價之后，把數據存放在一個新建的 Excel 文檔裡，如圖 4.1 所示。

	A	B	C	D
1	日期	上证指数	日期	华泰证券
2	2014/1/2	2 109.387	2014/1/2	8.85
3	2014/1/3	2 083.136	2014/1/3	8.6
4	2014/1/6	2 045.709	2014/1/6	8.75
5	2014/1/7	2 047.317	2014/1/7	8.64
6	2014/1/8	2 044.34	2014/1/8	8.67
7	2014/1/9	2 027.622	2014/1/9	8.54
8	2014/1/10	2 013.298	2014/1/10	8.49
9	2014/1/13	2 009.564	2014/1/13	8.5
209	2014/11/10	2 473.673	2014/11/10	12.34
210	2014/11/11	2 469.673	2014/11/11	12.25
211	2014/11/12	2 494.476	2014/11/12	12.93
212	2014/11/13	2 485.606	2014/11/13	12.87
213	2014/11/14	2 478.824	2014/11/14	12.66
214	2014/11/17	2 474.009	2014/11/26	13.93
215	2014/11/18	2 456.366	2014/11/27	15.32
216	2014/11/19	2 450.986	2014/11/28	16.85
217	2014/11/20	2 452.66		
218	2014/11/21	2 486.791		
219	2014/11/24	2 532.879		
220	2014/11/25	2 567.597		
221	2014/11/26	2 604.345		
222	2014/11/27	2 630.486		
223	2014/11/28	2 682.835		
224				

圖 4.1

註：在圖 4.1 所示的表格中，為了把結果顯示在一個頁面上，已經把第 10~208 行隱藏。

從圖 4.1 中我們可以看到，截至 2014 年 11 月 24 日，華泰證券與上證指數的日期都是一一對應，保持一致的，但隨后從 2014 年 11 月 17 日至 2014 年 11 月 25 日，華泰證券停盤，沒有交易數據。為了讓因變量與自變量的樣本採集期保持一致，要對上面的數據進行清洗，清洗的意思是把無效數據剔除，剩下有用的數據。因此，我們把上證指數在華泰證券停盤期（2014 年 11 月 17 日至 2014 年 11 月 25 日）的所有數據剔除，得到的結果如圖 4.2 所示。

	A	B	C	D
1	日期	上证指数	日期	华泰证券
2	2014/1/2	2 109.387	2014/1/2	8.85
3	2014/1/3	2 083.136	2014/1/3	8.6
4	2014/1/6	2 045.709	2014/1/6	8.75
5	2014/1/7	2 047.317	2014/1/7	8.64
6	2014/1/8	2 044.34	2014/1/8	8.67
7	2014/1/9	2 027.622	2014/1/9	8.54
8	2014/1/10	2 013.298	2014/1/10	8.49
9	2014/1/13	2 009.564	2014/1/13	8.5
209	2014/11/10	2 473.673	2014/11/10	12.34
210	2014/11/11	2 469.673	2014/11/11	12.25
211	2014/11/12	2 494.476	2014/11/12	12.93
212	2014/11/13	2 485.606	2014/11/13	12.87
213	2014/11/14	2 478.824	2014/11/14	12.66
214	2014/11/26	2 604.345	2014/11/26	13.93
215	2014/11/27	2 630.486	2014/11/27	15.32
216	2014/11/28	2 682.835	2014/11/28	16.85
217				

圖 4.2

從圖 4.2 中我們可以看到，現在上證指數與華泰證券的採集日期已經完全保持一致了，完成了數據清洗工作。

2. 加工數據

由於模型的因變量和自變量都是價格變化率，因此上面的數據不可以直接使用，還需要我們把上證指數和華泰證券在樣本採集期的價格變化率計算出來。

現在我們分別在上證指數和華泰證券兩列的后面插入一列，作為計算和存放價格變化率之用。然後，我們在新增的兩列中輸入計算價格變化率的公式，即可得到所需要的結果，如圖 4.3 所示。這裡需要說明的是，由於第一期沒有上一期數據，因此，價格變化率是從第二期才開始有的。

	A	B	C	D	E	F
1	日期	上证指数	价格变化率	日期	华泰证券	价格变化率
2	2014/1/2	2 109.387		2014/1/2	8.85	
3	2014/1/3	2 083.136	=(B3-B2)/B2	2014/1/3	8.6	-2.82%
4	2014/1/6	2 045.709	-1.80%	2014/1/6	8.75	1.74%
5	2014/1/7	2 047.317	0.08%	2014/1/7	8.64	-1.26%
6	2014/1/8	2 044.34	-0.15%	2014/1/8	8.67	0.35%
7	2014/1/9	2 027.622	-0.82%	2014/1/9	8.54	-1.50%
8	2014/1/10	2 013.298	-0.71%	2014/1/10	8.49	-0.59%
9	2014/1/13	2 009.564	-0.19%	2014/1/13	8.5	0.12%
209	2014/11/10	2 473.673	2.30%	2014/11/10	12.34	8.34%
210	2014/11/11	2 469.673	-0.16%	2014/11/11	12.25	-0.73%
211	2014/11/12	2 494.476	1.00%	2014/11/12	12.93	5.55%
212	2014/11/13	2 485.606	-0.36%	2014/11/13	12.87	-0.46%
213	2014/11/14	2 478.824	-0.27%	2014/11/14	12.66	-1.63%
214	2014/11/26	2 604.345	5.06%	2014/11/26	13.93	10.03%
215	2014/11/27	2 630.486	1.00%	2014/11/27	15.32	9.98%
216	2014/11/28	2 682.835	1.99%	2014/11/28	16.85	9.99%
217						

圖 4.3

在實際操作中，我們通常是在圖 4.3 中用紅圈圈起來的 C3 單元格裡輸入價格變化率的計算公式，然後通過下拉該單元格來自動填充後面的單元格，Excel 會自動更改公式，使之正好符合我們的意願。

具體操作如下：先用鼠標單擊 C3 單元格，即可選中它，然後把鼠標移到該單元格的右下角，鼠標的形狀由較粗的空心十字變成較細的實心黑色十字，就在此時，按住鼠標左鍵並往下拉動鼠標，則後面的單元格將隨著鼠標的拉動，一一自動填充好內容。填充完畢之後，我們雙擊後面的任意一個單元格，進去查看其內容，發現其自動更改的公式，正好都是對應的價格變化率計算公式。比如：C4 單元格的公式是「=(B4-B3)/B3」，C5 單元格的公式是「=(B5-B4)/B4」。

細心的讀者通過自己動手實踐之後，不難發現 Excel 自動填充公式的規律，往下拉的時候，列標不會變，但行號會依次自動加 1，也就是公式裡的 B3 和 B2 會變成 B4 和 B3，以此類推。往右拉的話，行號不會變，但列標會自動加 1，比如 B3 變成 C3，C3 變成 D3，以此類推。

上證指數的價格變化率（C 列）通過輸入公式並採用自動填充技巧快速計算出來之後，對於華泰證券的價格變化率（F 列）的計算，我們可以採用前面同樣的方法，但讀者不妨也可以試試下面的方法：

選中 C3 到 C216 的區域，點擊右鍵選擇複製，然後粘貼到 F3 單元格，讀者將會發現，從 F3 到 F216 之間的所有單元格都自動填充了公式，其計算結果也是正確的。從 C 列複製單元格粘貼到 F 列，期間跨越了 3 列，而每一行都是一一對應的，如果沒有跨越，那麼公式裡面的行號列表在自動填充的時候，將會記得這一特徵，對公式中涉及的行號列表作相應地更改。由於 E、F 兩列與 B、C 兩列的邏輯結構是一致的，因而自動填充的結果正好符合我們的意願。

Excel 自動填充的功能，如果熟練掌握的話，可以極大地提升我們的工作效率。掌握這一技能不是很難，只要讀者肯親自動手實踐，仔細思考，並加以總結，慢慢就熟能生巧了。

（四）運用迴歸分析來計算貝塔系數的估計值

至此為止，我們已經得到了計算貝塔系數估計值的最終數據（直接可用的數據）。因變量的數據區域為 F3：F216，自變量的數據區域為 C3：C216。下面我們將利用 Excel 提供的數據分析工具（如圖 4.4 所示）來計算華泰證券的貝塔系數估計值。

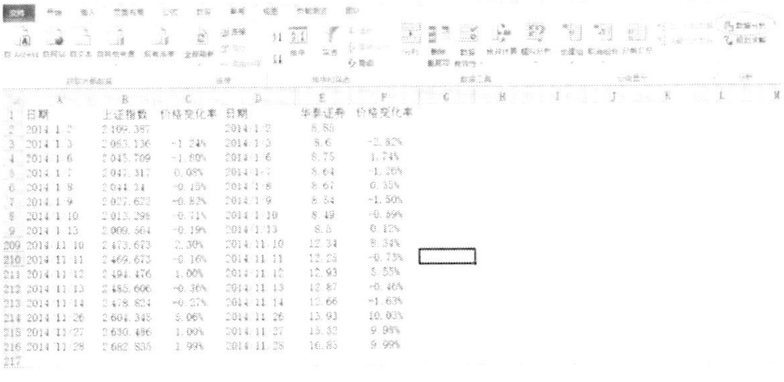

圖 4.4

基於 Excel 的財務金融建模實訓

點擊數據分析之后,將會彈出一個窗口,選擇「迴歸」項,點擊確定,如圖 4.5 所示。

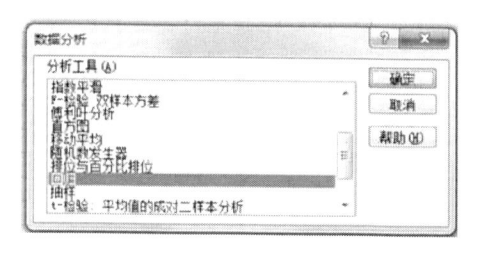

圖 4.5

點擊「確定」之后,將會彈出迴歸分析的設置窗口,如圖 4.6 所示。接下來,我們要在該窗口下設置迴歸分析所需的數據、參數及其他選項。

圖 4.6

首先,在「Y值輸入區域」設置因變量(也即華泰證券價格變化率)的樣本數據所在區域 \$F\$3:\$F\$216。其次,在「X值輸入區域」設置自變量(也即上證指數價格變化率)的樣本數據所在區域 \$C\$3:\$C\$216。選擇「置信度」,設置為想要的大小,比如95%。最后,選擇「輸出選項」為「輸出區域」,點擊紅圈標出的「參數設置按鈕」,然后選中想要的單元格(比如 \$H\$1)作為輸出區域的起始單元格。當然,也可以手動在文本框裡錄入 \$H\$1,效果是一樣的。

設置完畢之后,點擊「確定」,即可得到迴歸結果,如圖 4.7 所示。

圖 4.7

在圖4.7所示的迴歸結果中，第一個用紅圈標出來的值是X變量的系數估計值，也就是本題所求的貝塔系數的估計值，其值為1.790,035。第二個用紅圈標出來的指標是P值，其值為9.96E-43（科學計數法的表示形式），遠遠小於通常所用的顯著性水平（1%、5%或10%）。因此，根據統計假設檢驗的判斷法則，在迴歸模型中，一旦某個自變量對應的P值很小，小於給定的顯著性水平的話，那麼即可認為該自變量對因變量的影響是顯著的。

　　對於本題而言，這一檢驗結果表明，上證指數對華泰證券價格的影響在統計上是顯著的，是1.790,035。也就是說，當大盤上漲10%的話，那麼華泰證券估計會上漲大約17.003,5%。當然，這種影響並不是絕對的，只是根據所選樣本數據來估計的話，大概是這麼多而已。如果相對較近的未來，市場發展態勢沒有較大的變化，那麼大盤波動對華泰證券這只個股的影響是比較接近貝塔系數的；如果市場形勢變化較大，那麼這種影響也會隨之發生較大的變化，那麼估計出來的貝塔系數對未來發展態勢進行預測的有效性就大打折扣了。

四、注意事項

　　本訓練中貝塔系數的估算，只是最簡單的一元線性迴歸模型，並沒有考慮影響個股價格變化的其他變量，如果引入其他變量，將會增強模型的有效性。

　　另外，在樣本數據的採集上，我們並沒有對大盤的上漲階段和下跌階段進行區分，因此所得到的貝塔系數是普通貝塔系數。如果只考慮上漲階段的樣本數據，則估算出來的貝塔系數就是「上漲貝塔系數」；反之，就是「下跌貝塔系數」。大盤在上漲或下跌的過程中，個股隨之而動的規律可能是不同的，因此，如果想要獲取具有較強針對性的結果的話，對上漲和下跌分開來考慮，以考察其不同的規律，是很有必要的。

　　最後，關於規律的延續性。在選擇樣本採集期的時候，時間跨度到底多大比較合適呢？樣本數據的採集期太長的話，在這麼長的期間內，個股價格的變化規律或許已經發生了翻天覆地的變化，比如主力已經更換了，其操作手法自然就不同；還有，個股的公司背景、經營環境、管理水平等也都會在長期內發生各種變化。所以，太長的採集期雖然增加了樣本數量，但是規律的延續性特徵也會遭到較大的破壞，會導致估算出來的結果對未來的預測能力受到稀釋。但是，採集期很短的話，樣本數量的不足就導致了結果的隨意性增加，結論自然不具備說服力。

　　由此可見，貝塔系數的估算及其應用，是較為複雜的問題。另外，本題中涉及的迴歸分析技術，我們也只是做了最基本的說明，並沒有全面深入的分析。如果讀者想進一步研究貝塔系數和迴歸分析技術的話，建議去學習中高級計量經濟學和量化投資策略與技術，並且要熟練掌握至少一門編程語言和一種統計分析軟件。

　　在接下來的訓練中，我們將介紹貝塔系數選股有效性的檢驗方法。

實訓技能 2　貝塔系數選股有效性的檢驗

一、實訓內容

本次實訓延續上一次實訓，所不同的是，這次實訓旨在檢驗上一次實訓中所估計的貝塔系數，在后續的市場發展變化中的有效性。

貝塔系數有效性的檢驗，需要選擇一段檢驗期。該期間必須位於估算貝塔系數的樣本採集期之后，也即用未來的發展檢驗過去的判斷是否準確。

在本例中，我們選擇 2014 年 12 月 1 日至 2015 年 1 月 30 日作為檢驗期。

二、實訓方法

關於有效性，有兩種檢驗方法。一種是，對於單個股票而言，考察個股在檢驗期的漲幅是否接近大盤漲幅乘上貝塔系數，越接近，說明有效性越強，估計的值越準確。第二種，是考察若幹只股票（樣本股票越多越好，最好是普查）在未來的檢驗期間，從整體上來講（平均來講）是不是貝塔系數越大的，其漲幅也越大。

為什麼要說「平均來講」，因為這一規律並不是絕對的，對於任意個股而言，可能不遵循貝塔系數越大，漲幅就越大的規律，但整體而言，這一規律或許能夠成立。因此，我們關心的不是單只股票的特殊表現，而是所有股票的整體規律性，或者說是平均表現。

在本次訓練中，考慮到操作的複雜度，我們只選擇第一種方法來檢驗。對於第二種方法，由於股票數量太多，工程量太大，留給讀者作為學完本書之后繼續研究的目標。

三、實訓步驟

（1）下載檢驗期華泰證券和上證指數的收盤價數據，存入 Excel 表格中。在同一個表中，編寫一個簡單的表格，記錄上一次實訓中得到的貝塔系數值以及其他項目，如圖 4.8 所示。

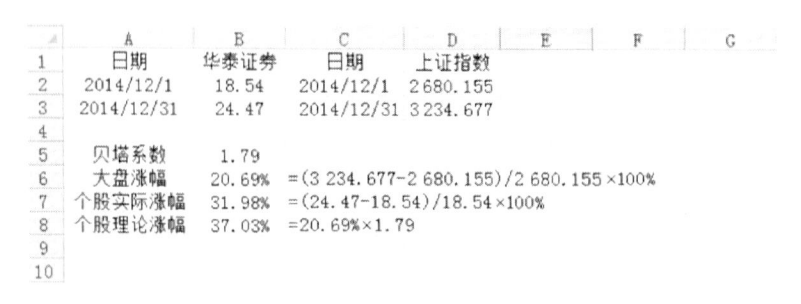

	A	B	C	D
1	日期	華泰證券	日期	上证指数
2	2014/12/1	18.54	2014/12/1	2 680.155
3	2014/12/31	24.47	2014/12/31	3 234.677
4				
5	貝塔系數	1.79		
6	大盤漲幅	20.69%	=(3 234.677-2 680.155)/2 680.155×100%
7	個股實際漲幅	31.98%	=(24.47-18.54)/18.54×100%
8	個股理論漲幅	37.03%	=20.69%×1.79

圖 4.8

（2）在圖 4.8 所示的表格中，在對應的單元格裡填入公式（圖中有提示），即可得

到相應地結果。解釋如下：

①貝塔系數。該系數乃是上一次實訓得到的計算結果，直接填入即可。

②大盤漲幅。在檢驗期，大盤從 2,680.155 點漲到 3,234.677 點，漲幅自然是（3,234.677−2,680.155）/2,680.155×100% = 20.69%。

③個股實際漲幅。在檢驗期，華泰證券從 18.54 元漲到 24.47 元，漲幅自然是（24.47−18.54）/18.54×100% = 31.98%。

④個股理論漲幅。在檢驗期，大盤漲了 20.69%，而個股的貝塔系數為 1.79，那麼從理論上講，個股估計會漲 20.69%×1.79 = 37.03%。

從上面的檢驗可知，華泰證券在檢驗期估計會漲 37.03%，但實際上漲了 31.98%，雖然有一定的偏差，但還是較為接近的。

四、注意事項

關於貝塔系數選股有效性的檢驗，是一件複雜的工作，需要用足夠多的股票，最好是滬、深兩市所有股票作為樣本，才能得到一個總體的結論。並且，在檢驗中，需要考慮股票的分類，因為不同行業或板塊的股票，在特定的時期，受到的行業利好或利空的影響是不同的，其整體行情特性或許就表現不同，因而其個股貝塔系數的有效性與其他行業個股自然有較大的差異。最后，在不同的大盤階段，比如熊市延續期、牛市初期、牛市中期等，個股的貝塔系數也會呈現出不同的特徵。

如果想構建以貝塔系數作為指標的選股系統，為選股決策提供有操作性的參考建議，那麼必須要全面、深入地研究不同類別的貝塔系數，檢驗其有效性，並構建一套與之相適應的投資組合，才能獲得較好的收益。

任務 2　債券價值分析

【案例導入】

在證券市場上可以很方便地購買各種債券，債券投資的特點是，其收益率和風險相對股票而言，具有較強的穩定性。但是，就債券市場而言，不同債券也呈現出不同的收益率水平和風險特徵。雖然債券發行人都承諾了在既定的時間發放既定的利息，但也不是毫無損失的可能。什麼債券相對來說更有投資價值？在給定收益率預期的前提下，組建什麼樣的債券組合才是最保險的？這些問題都是本任務需要解決的。

思考：

1. 債券價值如何決定？
2. 如何構建債券投資組合？

【任務目標】

通過實訓，學生應掌握債券價值決定模型的含義，學會估算債券的價值、久期和凸性，並運用免疫策略來設計簡單的債券投資組合。

【理論知識】

一、債券價值決定模型概述

（一）定價方法

由於債券承諾了在未來給債券持有人發放一定的利息，因此債券定價方法一般採用收入資本化法。該方法認為任何資產的內在價值（Intrinsic Value）決定於投資者對持有該資產預期的未來現金流的現值。

根據資產的內在價值與市場價格是否一致，可以判斷該資產是否被低估或高估，從而幫助投資者進行正確的投資決策。所以，決定債券的內在價值成為債券價值分析的核心。

接下來，我們將對不同的債券種類分別使用收入資本化法進行價值分析。

（二）不同債券的定價模型

1. 貼現債券

貼現債券，又稱零息票債券（Zero-coupon Bond），是一種以低於面值的貼現方式發行，不支付利息，到期按債券面值償還的債券。其定價公式為：

$$V = \frac{A}{(1+y)^T}$$

式中，V 代表債券的內在價值，A 代表面值，y 是該債券的預期收益率，T 是債券到期時間。

2. 定息債券

定息債券即固定利息債券，按照票面金額計算利息，票面上可附有作為定期支付利息憑證的息票，也可不附息票，是最普遍的債券形式。其定價公式為：

$$V = \frac{c}{(1+y)} + \frac{c}{(1+y)^2} + \frac{c}{(1+y)^3} + \cdots + \frac{c}{(1+y)^T} + \frac{A}{(1+y)^T}$$

式中，V 代表債券的內在價值，A 代表面值，y 是該債券的預期收益率，T 是債券到期時間，c 是債券每期支付的利息。

3. 統一公債

統一公債是一種沒有到期日的特殊的定息債券。最典型的統一公債是英格蘭銀行在18世紀發行的英國統一公債（English Consols），英格蘭銀行保證對該公債的投資者永久期地支付固定的利息。優先股實際上也是一種統一公債。統一公債的定價公式為：

$$V = \frac{c}{(1+y)} + \frac{c}{(1+y)^2} + \frac{c}{(1+y)^3} + \cdots + \frac{c}{y}$$

式中，V 代表債券的內在價值，y 是該債券的預期收益率，c 是債券每期支付的利息。

二、債券定價原理

馬爾基爾（Malkiel, 1962）最早系統性地提出了債券定價的五個原理。

（一）定理一

債券的價格與債券的收益率成反比例關係。換句話說，當債券價格上升時，債券的收益率下降；反之，當債券價格下降時，債券的收益率上升。

（二）定理二

當市場預期收益率變動時，債券的到期時間與債券價格的波動幅度成正比關係。換言之，到期時間越長，價格波動幅度越大；反之，到期時間越短，價格波動幅度越小。

（三）定理三

隨著債券到期時間的臨近，債券價格的波動幅度減少，並且是以遞增的速度減少；反之，到期時間越長，債券價格波動幅度增加，並且是以遞減的速度增加。

定理二和定理三不僅適用於不同債券之間的價格波動的比較，而且可以解釋同一債券的到期時間長短與其價格波動之間的關係。

（四）定理四

對於期限既定的債券，由收益率下降導致的債券價格上升的幅度大於同等幅度的收益率上升導致的債券價格下降的幅度。換言之，對於同等幅度的收益率變動，收益率下降給投資者帶來的利潤大於收益率上升給投資者帶來的損失。

（五）定理五

對於給定的收益率變動幅度，債券的息票率與債券價格的波動幅度成反比關係。換言之，息票率越高，債券價格的波動幅度越小。定理五不適用於一年期的債券和以統一公債為代表的無限期債券。

三、債券的久期與凸性

（一）馬考勒久期

馬考勒久期由馬考勒（F. R. Macaulay, 1938）提出，即使用加權平均數的形式計算債券的平均到期時間。其計算公式為：

$$D = \frac{\sum_{t=1}^{T} \frac{c_t}{(1+y)^t} \times t}{P} = \sum_{t=1}^{T} \left[\frac{c_t/(1+y)^t}{P} \times t \right] = \sum_{t=1}^{T} \left[\frac{PV(c_t)}{P} \times t \right]$$

式中，D 是馬考勒久期，P 是債券當前的市場價格，C_t 是債券未來第 t 次支付的現金流

（利息或本金），T 是債券在存續期內支付現金流的次數，t 是第 t 次現金流支付的時間，y 是債券的到期收益率，$PV(C_t)$ 代表債券第 t 期現金流用債券到期收益率貼現的現值。

（二）債券組合的馬考勒久期

計算公式：

$$D_p = \sum_{i=1}^{k} W_i D_i$$

式中，D_p 表示債券組合的馬考勒久期，W_i 表示債券 i 的市場價值占該債券組合市場價值的比重，D_i 表示債券 i 的馬考勒久期，k 表示債券組合中債券的個數。

（三）修正久期

當收益率採用一年計一次複利的形式時，人們常用修正的久期（Modified Duration，用 D^* 表示）來代替馬考勒久期。修正久期的計算公式為：

$$D^* = \frac{D}{1+y}$$

式中，D^* 表示修正的久期（一年一次複利下的久期），D 表示連續複利下的久期，y 表示債券的到期收益率。

（四）債券久期的應用

可以推導出債券價格變化率與到期收益率變動幅度之間的關係式：

$$\frac{\Delta P}{P} \approx -D^* \cdot \Delta y$$

根據上式，可以發現久期的應用價值有以下幾方面：

（1）當利率發生變化時，知道久期可以對債券價格變化或債券資產組合的價值變化做出估計。

（2）當預期利率將要下跌時（意味著債券價格上漲），此時應買入具有較長久期的債券；反之，當預期利率將要上升時，就應轉向購買較短久期的債券。

（3）債券免疫策略。當投資者需要獲取某種特定收益率的債券資產組合目標的時候，可以持有其久期等於投資期的債券組合，那麼該組合的收益率將不受利率市場變動的影響，從而讓債券組合達到風險免疫的效果。

（五）債券的凸性或凸度

凸度（Convexity）是指債券價格變動率與收益率變動關係曲線的曲度。如果說馬考勒久期等於債券價格對收益率一階導數的絕對值除以債券價格，我們可以把債券的凸度（C）類似地定義為債券價格對收益率二階導數除以價格。即：

$$C = \frac{1}{P} \frac{\partial^2 P}{\partial y^2}$$

在現實生活中，債券價格變動率和收益率變動之間的關係並不是線性關係，而是非線性關係。如果只用久期來估計收益率變動與價格變動率之間的關係，那麼收益率

上升或下跌一個固定的幅度時，價格下跌或上升的幅度是一樣的。顯然這與事實不符。

當收益率下降時，價格的實際上升率高於用久期計算出來的近似值，而且凸度越大，實際上升率越高；當收益率上升時，價格的實際下跌比率卻小於用久期計算出來的近似值，且凸度越大，價格的實際下跌比率越小。這說明：

（1）當收益率變動幅度較大時，用久期近似計算的價格變動率就不準確，需要考慮凸度調整；

（2）在其他條件相同時，人們應該偏好凸度大的債券。

實訓技能 1　債券價值決定模型的 Excel 建模

一、實訓內容

某公司以 8% 的息票利率發行 5 年期的附息債券，票面面值為 100 元，每年支付一次利息，到期收益率為 6%。請計算該附息債券的理論發行價格。

二、實訓方法

（1）採用收入資本化法構建定價公式。
（2）在 Excel 裡構建解決方案，利用 Excel 內置的財務函數計算債券的價值。

三、實訓步驟

（1）寫出該附息債券（屬於定息債券）的定價公式：

$$P = \frac{100 \times 8\%}{1+6\%} + \frac{100 \times 8\%}{(1+6\%)^2} + \frac{100 \times 8\%}{(1+6\%)^3} + \frac{100 \times 8\%}{(1+6\%)^4} + \frac{100 \times 8\%}{(1+6\%)^5} + \frac{100}{(1+6\%)^5}$$

（2）新建一個 Excel 文檔，編寫表格，把所需數據填入其中，如圖 4.9 所示。

	A	B	C
1	債券面值（元）	100	
2	息票率	8%	
3	債券期限（年）	5	
4	到期收益率	6%	
5	債券價值（元）		
6			

圖 4.9

在圖 4.9 所示的表格中，除了最后一項「債券價值」之外，其他項都有給定的數值，接下來，我們將在「債券價值」對應的單元格 B5 裡輸入計算公式，獲取計算結果。

（3）輸入計算公式，得出結果。

根據定息債券的計算公式，我們知道這是一個根據年金和終值來求現值的問題。已知項如下：

年金：100×8% = 8。

終值：100。

期限：5。

到期收益率：6%。

在 B5 單元格裡，我們輸入公式「= -PV（B4，B3，B1*B2，B1，0）」，按回車鍵即可得到結果 108.42。這就是該債券的內在價值，如圖 4.10 所示。

	A	B	C
1	債券面值（元）	100	
2	息票率	8%	
3	債券期限（年）	5	
4	到期收益率	6%	
5	債券價值（元）	108.42	
6			

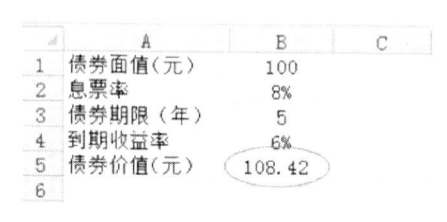

圖 4.10

（4）公式解析。

PV 函數是 Excel 內置的計算現值的財務函數。當我們在單元格裡輸入「= PV（）」並把光標停在括號內的時候，Excel 會自動提示需要輸入的參數項有哪些。參數間須用半角的逗號隔開。

（1）第一個參數 rate 是到期收益率（貼現率），其值為 6%，在 B4 單元格中。

（2）第二個參數 nper 是期限，其值為 5，在 B3 單元格中。

（3）第三個參數 pmt 是年金（定期等額發生的現金流），其值為 100×8%，為 B1 單元格與 B2 單元格的乘積。

（4）第四個參數 fv 是終值，其值為面值 100，在 B1 單元格中。

（5）第五個參數 type 表示年金發生的類型，是期初還是期末。0 表示期末，1 表示期初。在本例中，利息都是在每一期的期末發生的，因而填入 0。

四、注意事項

在編輯 Excel 公式的時候，要特別注意輸入參數的順序，如果把順序輸錯了，那麼其計算結果將是錯誤的，而 Excel 顯然是不會自動對順序作出判斷的。Excel 只能自動判斷用戶輸入的參數在格式和範圍上是否正確，如果有錯誤，會自動給出提示。但無法識別任何人為的錯誤。

實訓技能 2　債券定價原理的直觀驗證

一、實訓內容

債券定價原理有五個，對於這些原理，如果光憑文字解讀，需要一定的理解與想像能力。文字描述總是不夠直觀，為了能夠直觀易懂地理解債券定價的原理，我們不妨通過 Excel 來描繪能夠展現這些原理的圖表，通過它，我們將加深對債券定價原理的認識。

在本訓練中，我們將對債券定價的前三個原理，通過構建相應地圖表來對其作直觀的理解。后兩個原理，留給讀者自行完成。

二、實訓方法

首先，構造模擬數據；

其次，根據模擬數據構建圖表；

最后，從圖表中直觀認識債券定價原理。

三、實訓步驟

（一）構造數據表格，設定假想的參數

（1）假定面值為 100 元，每年利息為 6 元，每年年末付息一次；

（2）假定債券的期限有 1 到 30 年共 30 種情況；

（3）假定債券的到期收益率變化情況有從 0.01 到 0.15 共 15 種情形。

根據上述假定，我們在 Excel 中可以構建如圖 4.11 所示的表格。

（二）根據假定的條件，完成相應地計算操作，獲得最終的數據結果

根據假定的條件，我們將可以獲得 465 種不同情形下的債券，每種債券的價值都可以運用 PV 函數計算出來，最終得到的結果亦如圖 4.11 所示。

每期利息	6														
面值	100														
債券價格(元) 到期收益率 期限	0.01	0.02	0.03	0.04	0.05	0.06	0.07	0.08	0.09	0.1	0.11	0.12	0.13	0.14	0.15
0	100.0	100.0	100.0	100.0	100.0	100.0	100.0	100.0	100.0	100.0	100.0	100.0	100.0	100.0	100.0
1	105.0	103.9	102.9	101.9	101.0	100.0	99.1	98.1	97.2	96.4	95.5	94.6	93.8	93.0	92.2
2	109.9	107.8	105.7	103.8	101.9	100.0	98.2	96.4	94.7	93.1	91.4	89.9	88.3	86.8	85.4
3	114.7	111.5	108.5	105.6	102.7	100.0	97.4	94.8	92.4	90.1	87.8	85.6	83.5	81.4	79.5
4	119.5	115.2	111.2	107.3	103.5	100.0	96.6	93.4	90.3	87.3	84.5	81.8	79.2	76.7	74.3
5	124.3	118.9	113.7	108.9	104.3	100.0	95.9	92.0	88.3	84.8	81.5	78.4	75.4	72.5	69.8
6	129.0	122.4	116.3	110.5	105.1	100.0	95.2	90.8	86.5	82.6	78.8	75.3	72.0	68.9	65.9
7	133.6	125.9	118.7	112.0	105.8	100.0	94.6	89.6	84.9	80.5	76.4	72.6	69.0	65.7	62.6
8	138.3	129.3	121.1	113.5	106.5	100.0	94.0	88.5	83.4	78.7	74.3	70.2	66.4	62.9	59.6
9	142.8	132.6	123.4	114.9	107.1	100.0	93.5	87.5	82.0	77.0	72.3	68.0	64.1	60.4	57.1
10	147.4	135.9	125.6	116.2	107.7	100.0	93.0	86.6	80.7	75.4	70.6	66.1	62.0	58.3	54.8
11	151.8	139.1	127.8	117.5	108.3	100.0	92.5	85.7	79.6	74.0	69.0	64.4	60.2	56.4	52.9
12	156.3	142.3	129.9	118.8	108.9	100.0	92.1	84.9	78.5	72.7	67.5	62.8	58.6	54.7	51.2
13	160.7	145.4	131.9	120.0	109.4	100.0	91.6	84.2	77.5	71.6	66.3	61.5	57.1	53.3	49.8
14	165.0	148.4	133.9	121.1	109.9	100.0	91.3	83.5	76.6	70.5	65.1	60.2	55.9	52.0	48.5
15	169.3	151.4	135.8	122.2	110.4	100.0	90.9	82.9	75.8	69.6	64.0	59.1	54.8	50.9	47.4
16	173.6	154.3	137.7	123.3	110.8	100.0	90.6	82.3	75.1	68.7	63.1	58.2	53.8	49.5	46.4
17	177.8	157.2	139.5	124.3	111.3	100.0	90.2	81.8	74.4	67.9	62.3	57.3	52.9	49.0	45.6
18	182.0	160.0	141.3	125.3	111.7	100.0	89.9	81.3	73.7	67.2	61.5	56.5	52.1	48.3	44.8
19	186.1	162.7	143.0	126.3	112.1	100.0	89.7	80.8	73.1	66.5	60.8	55.8	51.4	47.6	44.2
20	190.2	165.4	144.6	127.2	112.5	100.0	89.4	80.4	72.6	65.9	60.2	55.2	50.8	47.0	43.7
21	194.3	168.0	146.2	128.1	112.8	100.0	89.2	80.0	72.1	65.4	59.6	54.6	50.3	46.5	43.2
22	198.3	170.6	147.8	128.9	113.2	100.0	88.9	79.6	71.7	64.9	59.1	54.1	49.8	46.1	42.8
23	202.3	173.2	149.3	129.7	113.5	100.0	88.7	79.3	71.3	64.5	58.7	53.7	49.4	45.7	42.4
24	206.2	175.7	150.8	130.5	113.8	100.0	88.5	78.9	70.9	64.1	58.3	53.3	49.0	45.3	42.1
25	210.1	178.1	152.2	131.2	114.1	100.0	88.3	78.7	70.5	63.7	57.9	52.9	48.7	45.0	41.8
26	214.0	180.5	153.6	132.0	114.4	100.0	88.2	78.4	70.2	63.4	57.6	52.6	48.4	44.8	41.6
27	217.8	182.8	155.0	132.7	114.6	100.0	88.0	78.1	69.9	63.1	57.3	52.3	48.1	44.5	41.4
28	221.6	185.1	156.3	133.3	114.9	100.0	87.9	77.9	69.7	62.8	57.0	52.1	47.9	44.3	41.2
29	225.3	187.4	157.6	134.0	115.1	100.0	87.7	77.7	69.4	62.5	56.7	51.9	47.7	44.1	41.0
30	229.0	189.6	158.8	134.6	115.4	100.0	87.6	77.5	69.2	62.3	56.5	51.7	47.5	44.0	40.9

圖 4.11

（三）根據所獲得的數據，畫出相應地圖表

通過圖 4.11，我們不難看出，可以畫出 31 條「債券價格與到期收益率的平滑散點

圖」。散點圖通常用來展現兩個變量之間的變化關係，也即，當 X 軸上的變量從小到大，或從大到小變化的時候，Y 軸上的變量的相應變化。因此，散點圖又稱為「變量關係圖」。

雖然我們可以畫出多達 31 條的平滑散點圖，但在同一個畫面上呈現那麼多散點圖，看上去將是密密麻麻的一堆線條，影響我們清晰直觀地把握圖像背后所呈現出來的規律。因此，簡單起見，我們只選取 0 年、10 年、20 年和 30 年這四種期限（以 10 年等距）來畫「債券價格與到期收益率的平滑散點圖」。

畫圖的步驟如下：

（1）點擊 Excel 窗口菜單的「插入」，選擇「散點圖」之「帶平滑線的散點圖」，如圖 4.12 所示。

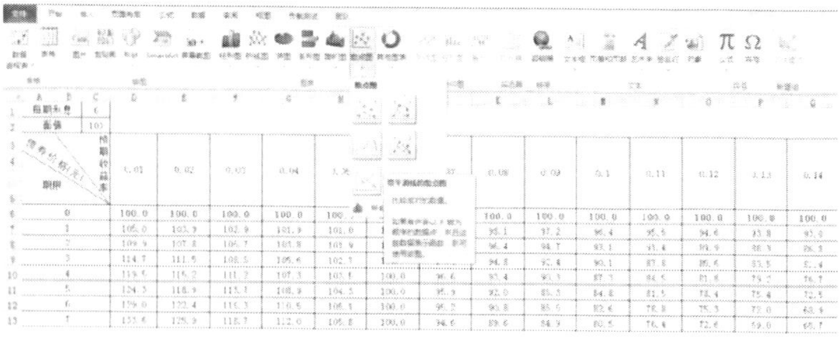

圖 4.12

（2）在彈出來的空白圖表區域，鼠標右鍵點出選擇菜單，然后點擊「選擇數據」這一項，如圖 4.13 所示。

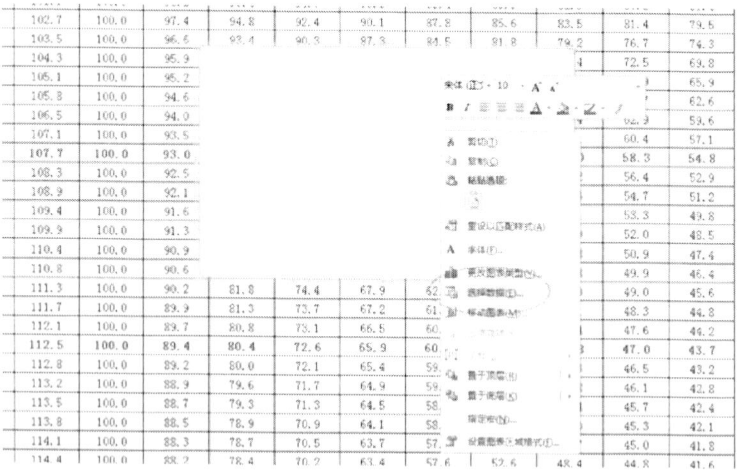

圖 4.13

（3）點擊「選擇數據」之后，將會彈出「選擇數據源」窗口，如圖 4.14 所示。

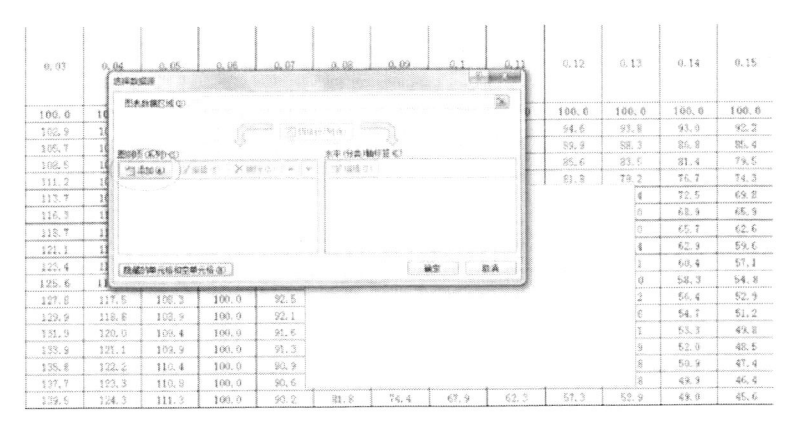

圖 4.14

（4）由於我們只需要描繪 4 條散點圖，因此我們採用逐條添加的方式，在圖 4.14 所示的窗口中點擊「添加」按鈕，將會彈出「編輯數據系列」的窗口，如圖 4.15 所示。

圖 4.15

（5）在編輯數據系列窗口中，我們依次設置「系列名稱」「X 軸系列值」和「Y 軸系列值」。在如圖 4.16 所示的窗口中，我們設置「0 年期限」的散點圖的各個選項，把「系列名稱」設置為「0 年」，把「X 軸系列值」的區域設置為「=Sheet1！＄D＄3：＄R＄5」，把「Y 軸系列值」的區域設置為「=Sheet1！＄D＄6：＄R＄6」，點擊「確定」之後，即可得到一條平滑的散點圖。

123

圖 4.16

（6）按照上面的方法，我們依次向圖表區域添加四條散點圖，如圖 4.17 所示。添加完畢之後，我們可以選中整個圖表進行縮小和放大，還可以選中其中任意一個組件，點擊右鍵之後修改其格式以及進行其他操作。請讀者自行嘗試這些功能，比如，可以給每條曲線設定自己喜歡的顏色，可以給整個圖表添加標題。

由於書本內容的印刷顏色通常為黑白兩色，為了讓讀者清晰地識別四條曲線分別對應哪一個期限，因此在圖 4.17 中，我們把四條曲線都設置為黑色，然后通過設置不同的粗細來對曲線加以區分。由粗到細，它們分別代表 0、10、20 和 30 四種期限所對應的散點圖。

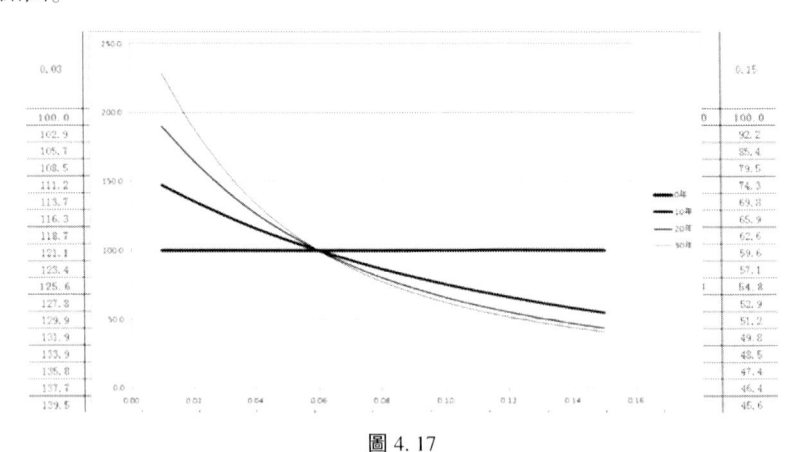

圖 4.17

（四）對畫出的圖表進行解讀

至此為止，四條曲線已經呈現在圖表上了。通過對這四條曲線變化特徵的剖析，我們可以驗證上面介紹過的前三個債券定價原理。

（1）債券定價原理一：顯而易見，每一條曲線都是呈現遞減趨勢的。這表明，隨著到期收益率的提高，不管是何種期限的債券，其價格都是隨著到期收益率的提高而降低的。由此可見，債券到期收益率與債券價格是成反比關係的。

（2）債券定價原理二：從圖 4.17 可以看出，假定市場預期收益率從 0.06 變化到 0.01，對於到期時間為 0 的債券來說，債券價格毫無變化，但當隨著到期時間為 10 年、20 年直到 30 年時，債券價格上漲的幅度依次上升。由此可得，債券的到期時間與債券價格的波動幅度成正比關係。換言之，到期時間越長，價格波動幅度越大；反之，到期時間越短，價格波動幅度越小。

（3）債券定價原理三：這四條曲線在期限上是等距的，由此可以發現，隨著債券到期時間的臨近，從 30 年到 20 年，從 20 年到 10 年，從 10 年到 0 年，債券價格的波動幅度是減小的，並且是以遞增的速度減小；反之，到期時間越長，債券價格波動幅度增大，並且是以遞減的速度增大。

四、注意事項

首先，通過本次訓練，我們發現 Excel 可以幫助我們以直觀圖表的形式來理解經濟變量之間在數量上的關係。但在 Excel 裡構造模擬圖線的時候，我們不必把所有情形都畫上去，只需畫出具有代表性的數據，能夠說明問題的本質就可以了。如果把所有的圖線都畫上去，反而讓畫面變得凌亂，效果適得其反。

其次，在 Excel 裡需要完成的任務所涉及的多數操作，其實都不止一種途徑，本書只是列舉了通常的方式。比如：當我們需要在單元格裡輸入公式的時候，有的人通常習慣於雙擊單元格，然后手動輸入等號以及函數的名稱；而有的人習慣點擊窗口菜單裡的「插入」選項，選擇插入「公式」。兩種方法，效果是一樣的。類似的地方還有很多，這裡不一一列舉，請讀者參考關於 Excel 操作的書籍，或自行摸索，不難掌握。

實訓技能 3　債券久期的計算

一、實訓內容

已知某債券面值 100 元，剩餘期限為 3 年，息票利息為 3 元，每年付息一次，當前到期收益率為 6.5%，假定一年按「實際天數/360 天」作為日計數基準。請計算該債券的久期。

二、實訓方法

（一）Excel 函數操作

本案例利用 Excel 配套的財務函數 Duration 來計算債券的久期，採用 Mduration 來計算修正久期。

（二）DURATION 函數與 MDURATION 函數介紹

表達式：

久期 DURATION（settlement, maturity, coupon, yld, frequency, basis）

修正久期 MDURATION（settlement, maturity, coupon, yld, frequency, basis）

參數：

settlement 為證券的結算日。結算日是在發行日之後，證券賣給購買者的日期。

maturity 為有價證券的到期日。到期日是有價證券有效期截止時的日期。

coupon 為有價證券的年息票利率。

yld 為有價證券的年收益率。

frequency 為年付息次數。如果按年支付，frequency = 1；按半年期支付，frequency = 2；按季支付，frequency = 4。

basis 為日計數基準類型。0 或省略，表示「US（NASD）30/360」；1 表示「實際天數/實際天數」；2 表示「實際天數/360」；3 表示「實際天數/365」；4 表示「歐洲30/360」。

特別說明：應使用 DATE 函數輸入日期，或者將函數作為其他公式或函數的結果輸入。例如，使用函數 DATE（2008，5，23）輸入「2008 年 5 月 23 日」。如果日期以文本形式輸入，則會出現問題。

三、實訓步驟

（一）新建一個 Excel 文檔，構造一個簡單的表格，填入相關內容，如圖 4.18 所示。

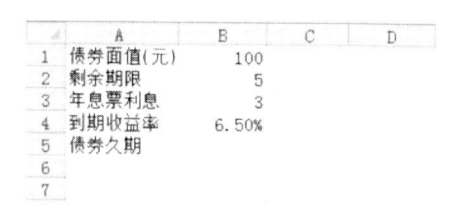

	A	B
1	債券面值(元)	100
2	剩余期限	5
3	年息票利息	3
4	到期收益率	6.50%
5	債券久期	

圖 4.18

（二）運用 Excel 函數 DURATION，計算債券的久期。

1. 操作說明

當我們在 B5 單元格裡輸入「=duration（）」，並把光標停留在括號裡的話，Excel 會自動提示函數所需參數，如圖 4.19 所示。

	A	B
1	債券面值(元)	100
2	剩余期限	5
3	年息票利息	3
4	到期收益率	6.50%
5	債券久期	=duration(

DURATION(**settlement**, maturity, coupon, yld, frequency, [basis])

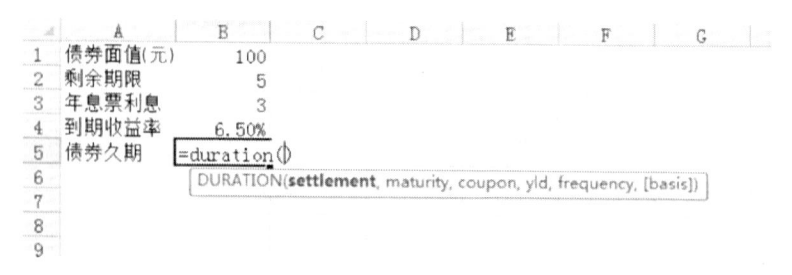

圖 4.19

2. 設置參數

Settlement：由於題目沒有告訴債券具體的購買日期和到期日期。因此，我們可以任意假定一個日期作為購買日期，比如 2000 年 1 月 1 日，然後到期日期在此基礎上增加 3 年即可，也就是 2003 年 1 月 1 日。於是，我們可以把 settlement 參數設置為 Date（2000，1，1）。

maturity：根據上面的假定，我們把該參數設置為 date（2000+B2，1，1）。

coupon：息票率為 B3/B1。

yld：到期收益率為 B4。

frequency：付息次數一年一次，該參數即為 1。

basis：根據假定，日計數基準類型為 2。

3. 輸入函數及參數，得出結果

在 B5 單元格裡輸入完整函數：「=DURATION（DATE（2000，1，1），DATE（2000+B2，1，1），B3/B1，B4，1，2）」。

計算結果：

該債券的久期為 4.69 年，如圖 4.20 所示。

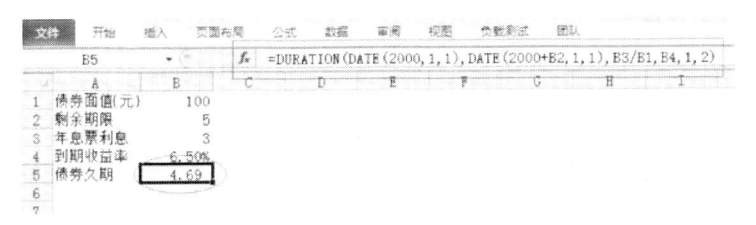

圖 4.20

四、注意事項

首先，本次實訓操作雖然比較簡單，但需要注意的是，由於參數個數較多，而且 UDRATION 函數裡面還嵌套了 DATE 函數，因此，函數的括號要注意保持成對出現，否則 Excel 將提示錯誤。不妨養成一個習慣，每輸入一個函數，都先把前後括號輸入完畢，然後再輸入參數，以保證萬無一失，且便於檢查。

其次，本次實訓只操作了 DURATION 函數，如果要計算修正久期，則要輸入 MDURATION 函數。根據前面我們在理論知識部分介紹的公式，修正久期可以通過久期和到期收益率來計算，因此，讀者不妨在 Excel 裡自行加以驗證，兩種方法計算的結果是否一致。具體如圖 4.21 所示。

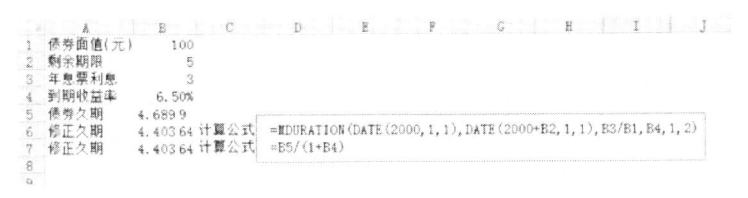

圖 4.21

基於 Excel 的財務金融建模實訓

最后，雖然 Excel 建模的很多基本操作都是很簡單的，但讀者也應重視每一個小細節，任何龐大和複雜的解決方案，都是從細節下手的。希望讀者朋友能夠從諸多細小的案例裡，勤於動手，不懈思考，去粗存精，把所學到的知識和技能融會貫通，並能夠舉一反三，最終可以創造性地解決複雜的問題。

實訓技能 4　債券久期免疫策略的應用

一、實訓內容

某投資者計劃投資 100 萬元於債券市場，擬定投資期為 3 年，在投資期結束之時，持有期收益率（平均年化收益率）要能夠達到 6.5%。請為該投資者構建一個債券組合，並且在未來三年內，根據市場變化為之作相應地調整，使得三年之後，年化收益率能夠保證為 6.5%。候選債券為 A 和 B，相關條件如圖 4.22 所示。

	A	B	C	D	E
1					
2		初始投資金額（元）		1 000 000	
3		投資期（年）		3	
4		目標最終收益率		6.50%	
5					
6		A 債券面值（元）		100	
7		A 債券息票利息（元）		3	
8		A 債券剩餘期限（年）		4	
9		A 債券初始到期收益率		6.50%	
10					
11		B 債券面值（元）		100	
12		B 債券息票利息（元）		5	
13		B 債券剩餘期限（年）		3	
14		B 債券初始到期收益率		6.50%	
15					

圖 4.22

其他條件為：在 0 時點上（也就是現在），當投資者構建債券組合之後，市場利率瞬間發生較大幅度變化，導致 A、B 債券的到期收益率當日即變為 7%。一年之後，A、B 債券的到期收益率漲到 7.5%，兩年之後，A、B 債券的到期收益率漲到 8%，三年之後 A、B 債券的到期收益率漲到 8.5%。

註 1：簡單起見，本例不考慮交易費用，並且可購買非整數張債券。

註 2：債券利息的再投資方式，是把利息投資於 A、B 債券，而不是其他資產。

二、實訓方法

（一）涉及的 Excel 函數

本例需要用到函數 DURATION 來計算久期，用現值函數 PV 來計算債券價格，以

及用冪函數 POWER 來計算持有期收益率。

(二) 涉及的 Excel 工具

本例題需要用到 Excel 規劃求解工具，用來解方程，求出債券組合中 A、B 債券的投資比例。

三、實訓步驟

(1) 新建一個 Excel 文檔，然后創建如圖 4.22 所示的表格，把所需數據全部填入其中，以便后續之用。

(2) 在第一步的基礎上，在表格中繼續添加內容，使之成為如圖 4.23 所示的樣子。

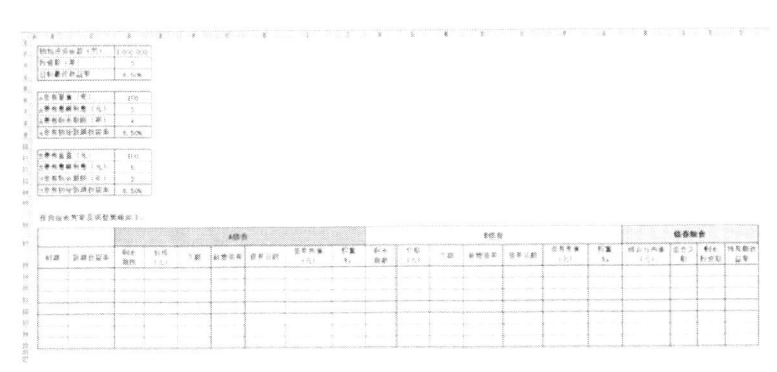

圖 4.23

(3) 在圖 4.23 所示的表格中，填入初始 0 時刻的相關數值（時期、到期收益率、剩餘期限、剩餘投資期、組合總市值等），並計算出 A、B 債券的價格和久期，如圖 4.24 所示。

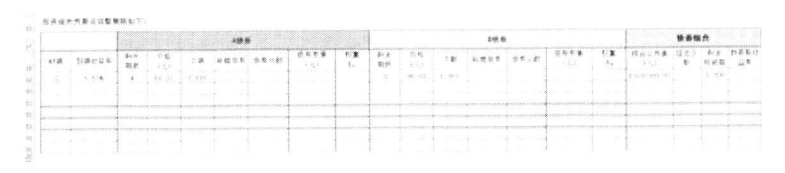

圖 4.24

(4) 在「0 時點」上初建投資組合。

①構建求解投資比例的方程。

在 0 時點，我們要確定 A、B 債券的投資比例（市值所占總市值比重），也就是各買多少的問題。到底各買多少比例呢？根據債券久期免疫思想，必須保證 A、B 債券構造出來的債券組合，其組合久期等於剩餘投資期。對於 0 時點而言，剩餘投資期為 3 年，因此，在 0 時點上債券組合的久期必須等於 3；否則將違背免疫思想，給未來的投資回報增加利率風險。

為此，我們設 A 債券的投資比重為 X_A（也即圖 4.24 所示表格中的權重 X_A），B 債

券的投資比重為 X_B（也即圖 4.24 所示表格中的權重 X_B）。建立如下方程，即可解得 A、B 債券各自的投資比例。

方程式為：

$$\begin{cases} 3.816X_A + 2.856X_B = 3 \\ X_A + X_B = 1 \end{cases}$$

註：從圖 4.24 所示表格的計算結果可知，3.816 與 2.856 分別是 A 債券與 B 債券在 0 時點（6.5%到期收益率下）的久期。

接下來，我們利用 Excel 內置的規劃求解工具來求解這一方程，求解結果自然應保證正好存入圖 4.24 所示的對應單元格之中。

②設置「組合久期」單元格（即將進行的規劃求解的「目標單元格」）的公式。

用鼠標雙擊單元格 S19，寫入公式「=F19*J19+M19*Q19」，如圖 4.25 所示。目標單元格公式的值是 A、B 債券組合的久期，也即 $3.816X_A + 2.856X_B$。由於此時 A、B 債券的權重還沒有求解出來，因此目標單元格在輸入公式，點擊「確定」之後，其值為 0。

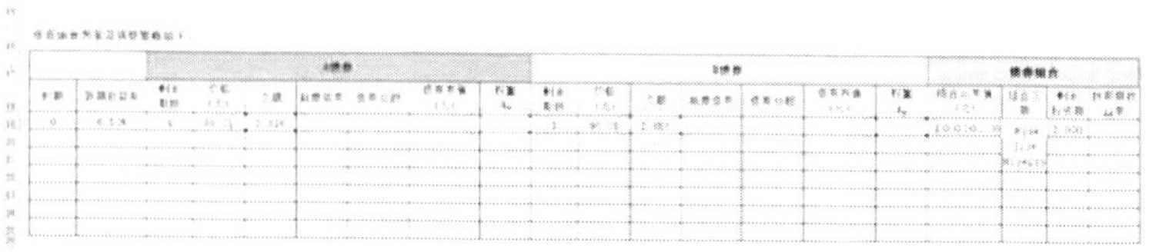

圖 4.25

註：在規劃求解中，目標單元格（目標函數）必須是公式，且包含可變單元格（也就是方程的變量，變量發生變化，目標單元格的值就隨之發生變化）。

③點擊 Excel 窗口菜單項「數據」，然後選擇「規劃求解」，進入「規劃求解參數」窗口，如圖 4.26 所示。

首先，我們設置目標為 $S$19 單元格（在 Excel 2003 版本中，稱其為「目標單元格」），然後選擇「目標值」選項，設定其值為 3（0 時點的剩餘投資期）。

接著，設置可變單元格為「$J$19，$Q$19」，可變單元格之間用半角逗號隔開。$J$19 和 $Q$19 分別是 A 債券和 B 債券的投資權重。

再接著，添加約束條件：$J$19=1-$Q$19。權重加起來正好等於 1。

最后，選擇「使無約束變量為非負數」，保證求解結果大於零，有經濟意義。另外，選擇求解方法為「單純線性規劃」。

設定完畢之後，點擊「求解」，會彈出「規劃求解結果」窗口（如圖 4.27 所示），提示用戶是否找到可行解（在本例中，會顯示「規劃求解找到一解，可滿足所有的約束及最優狀況」），點擊「確定」即可。

至此，權重 X_A 與 X_B 的值已經通過「規劃求解」解出，分別是 0.149,8 與 0.850,2，並且會自動存入相應地單元格中，如圖 4.28 所示。

圖 4.26

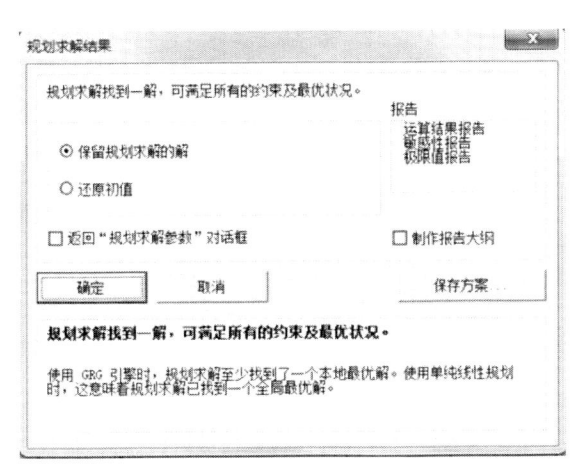

圖 4.27

投資組合方案及調整策略如下:

		A債券							B債券							債券組合			
時期	到期收益率	剩余期限	價格（元）	久期	新增債券	債券總數	債券市值（元）	權重 λ_A	剩余期限	價格（元）	久期	新增債券	債券總數	債券市值（元）	權重 λ_B	組合總市值（元）	組合久期	剩余投資期	持有期收益率
0	6.50%	4	88.01	3.816				0.149 8	3	96.03	2.856				0.850 2	1 000 000.00	3.000	3.000	

圖 4.28

④根據 A、B 債券的權重，計算各自的投資金額（也就是 0 時點上 A、B 債券的市值），從而可得各自的投資數量。公式如下：

A 債券的市值（I19 單元格）= R19 * J19

A 債券的數量（H19 單元格）= I19/E19

同理可得 B 債券的市值和數量，請讀者自行寫出公式，並填入表格。

最后得到的結果如圖 4.29 所示。

投資組合方案及調整策略如下:

		A債券							B債券							債券組合			
時期	到期收益率	剩余期限	價格（元）	久期	新增債券	債券總數	債券市值（元）	權重 λ_A	剩余期限	價格（元）	久期	新增債券	債券總數	債券市值（元）	權重 λ_B	組合總市值（元）	組合久期	剩余投資期	持有期收益率
0	6.50%	4	88.01	3.816		1 701.83	149 777.60	0.149 8	3	96.03	2.856		8 853.97	850 222.40	0.850 2	1 000 000.00	3.000	3.000	

圖 4.29

（5）「0 時點」上的調整

①根據題目條件，在 0 時點上，當創建完畢投資組合之后，市場利率隨即上調，導致 A、B 債券的到期收益率變為 7%，從而債券價格和久期都將發生變化。為此，我們必須重新計算組合久期，看是否滿足免疫原則，也就是看其值是否等於剩餘投資期。

②我們在圖 4.29 所示表格的基礎上，在原來的 0 時點之后增加一個 0 時點（圖中所示表格的第 20 行），表示緊接著發生的狀態，然后把新時點上對應的各項數值計算出來，如圖 4.30 所示。

投資組合方案及調整策略如下:

		A債券							B債券							債券組合			
時期	到期收益率	剩余期限	價格（元）	久期	新增債券	債券總數	債券市值（元）	權重 λ_A	剩余期限	價格（元）	久期	新增債券	債券總數	債券市值（元）	權重 λ_B	組合總市值（元）	組合久期	剩余投資期	持有期收益率
0	6.50%	4	88.01	3.816		1 701.83	149 777.60	0.149 8	3	96.03	2.856		8 853.97	850 222.40	0.850 2	1 000 000.00	3.000	3.000	
0	7.00%	4	86.45	3.814		1 701.83	149 777.60	0.149 8	3	94.78	2.855		8 853.97	850 222.40	0.850 2	1 000 000.00	2.999	3.000	

圖 4.30

③從圖 4.30 所示的表格中，可以發現，新的 0 時點上，債券 A、B 的久期都發生了變化（減少了），因此組合久期也發生了變化，變成了 2.999，不再等於 3。根據免疫思想，債券組合的久期應等於剩餘投資期，但由於 2.999 與 3 相差不大，不調整的話，對結果的影響也是很小的，因此我們決定不做調整。

(6)「1 時點」上的調整

時間過了一年，到了「1 時點」上。此時，A、B 兩個債券都產生了一年的利息，根據題目條件，我們要把利息再投資於原來的債券，因此，在「1 時點」就有了新增債券這一項。

①根據債券利息，計算新增債券的數量。把 A、B 債券的數量乘上各自的年息票利息，即可得到兩種債券的利息總額，然后用各自的利息購買各自的債券，即可得到新增債券的數量。原來的債券數量加上新增數量，即是新的債券總數。

②在「1 時點」上，其他指標的數值也都發生了變化，比如到期收益率、剩餘期限、剩餘投資期等。我們把「1 時點」的各項指標計算出來，即可得到如圖 4.31 所示的表格。

		A債券							B債券							債券組合			
時點	到期收益率	剩余期限	價格(元)	久期	新增債券	債券總數	債券市值(元)	權重 X_A	剩余期限	價格(元)	久期	新增債券	債券總數	債券市值(元)	權重 X_B	組合總市值(元)	組合久期	剩余投資期	持有期收益率
0	8.50%	4	88.01	3.616		1 701.83	149 777.60	0.1498	3	96.00	2.856		8 851.97	850 222.40	0.8502	1 000 000.00	3.000	3.000	
0	7.50%	4	85.46	3.614		1 701.83	149 777.40	0.1498	3	94.75	2.808		8 851.97	850 222.40	0.8502	1 000 000.00	2.999	3.000	
1	7.50%	3	88.30	2.907	57.83	1 759.66	155 373.10	0.1486	2	96.52	1.961	463.50	9 317.47	889 921.82	0.8514	1 045 294.92	2.093	2.000	

圖 4.31

在這裡，我們列舉「1 時點」上要用到的部分計算公式給讀者參考，其他未列出的公式，請讀者自行填寫。

A 債券的新增債券數量（G21 單元格）= H20 ∗ D7÷E21

A 債券的最新債券總數（H21 單元格）= H20+G21

A 債券的最新市值（I21 單元格）= E21 ∗ H21

同理可得 B 債券的新增債券數量、最新債券總數和最新市值，從而就可以得到新的組合市值，其公式=I21+P21。

得到新的組合市值，於是就可以得到 A、B 債券各自的權重。

A 債券的權重（J21）= I21÷R21

B 債券的權重（Q21）= P21÷R21

A、B 債券的權重得到后，就可以計算出來組合久期。

組合久期（S21）= F21 ∗ J21+M21 ∗ Q21

由於 A、B 債券的數量與價格都發生了變化，因而各自市值也發生了變化，從而各自市值所占總市值的比重也與原來不一樣了。

③從圖 4.31 可見，此時債券組合的久期為 2.093 年，與剩餘投資期（2 年）不相等，為了保證免疫效果，因此我們將做出投資比例的調整，以保證組合久期等於剩餘投資期。

為此，我們在 1 時點的后面新增一行（第 22 行），也標為「1 時點」，表示在同一時點上接著發生的狀態。

然后，我們在新增的「1 時點」上（第 22 行），把剩餘期限、債券價格、久期、債券總市值、剩餘投資期等指標填上，與前一個「1 時點」保持一致，如圖 4.32 所示。

圖 4.32

④從圖 4.32 可知，A、B 債券的數量、市值與權重都沒有填寫，組合久期也顯示為 0。為什麼不填寫呢？原因是，從上一步我們知道，由於組合久期不再等於剩餘投資期，A、B 債券的投資比例將做出調整，因此此時，A、B 債券的數量、市值與權重都屬於未知數，有待於我們去求解。

⑤這一步的任務，與最初「0 時點」上構建初始債券組合一樣，同樣要保證 A、B 債券的投資權重剛好能夠使得組合久期等於剩餘投資期。因此，我們仍然要創建一個以 A、B 權重作為變量的方程式，然后用「規劃求解」去求解 A、B 債券的權重。方程式如下：

$$\begin{cases} 2.907X_A + 1.951X_B = 2 \\ X_A + X_B = 1 \end{cases}$$

⑥求解方程的「規劃求解」步驟與前面介紹過的一樣，讀者可以參考「0 時點」上的規劃求解步驟來操作，參數設置如圖 4.33 所示。需要注意的是，目標單元格、目標值與可變單元格都發生了變化，千萬不要填寫錯了。

圖 4.33

⑦在圖 4.33 所示的窗口上點擊「求解」之后，我們將得到求解結果，Excel 會自

動保存到相應地單元格之中。此時，A、B 債券的權重應各為 0.050,9 與 0.949,1。

⑧根據上一步計算得到的權重，我們可以得到 A、B 債券的市值各自應該是多少。把總市值乘上各自的權重，即是各自的市值。然后把各自市值除以各自的價格，即是各自的持有數量。最終結果如圖 4.34 所示。

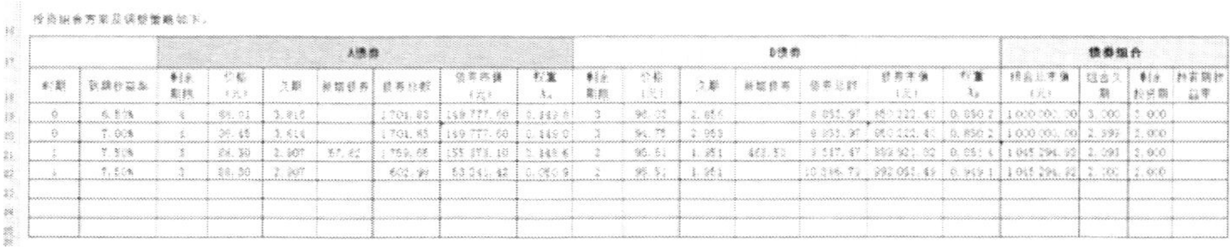
投資組合方案及調整策略如下：

		A債券							B債券							債券組合			
時期	到期收益率	剩餘期限	價格（元）	久期	新增債券	債券份數	債券市值（元）	權重 X_A	剩餘期限	價格（元）	久期	新增債券	債券份數	債券市值（元）	權重 X_B	組合總市值（元）	組合久期	剩餘投資期	持有期間收益率
0	6.50%	4	88.01	3.816		1 701.83	149 777.60	0.149 8	3	96.05	2.856		8 851.97	850 222.40	0.850 2	1 000 000.00	3.000	3.000	
0	7.00%	4	86.45	3.814		1 701.83	149 777.60	0.149 8	3	94.75	2.853		8 851.97	850 222.40	0.850 2	1 000 000.00	2.999	3.000	
1	7.50%	3	88.30	2.907	57.82	1 759.65	155 373.10	0.148 6	2	95.51	1.951	463.50	9 317.47	889 921.82	0.851 4	1 045 294.92	2.093	2.000	
1	7.50%	3	88.30	2.907		602.99	53 241.42	0.050 9	2	95.51	1.951		10 386.79	992 053.49	0.949 1	1 045 294.92	2.000	2.000	

圖 4.34

(7)「2 時點」上的調整

時間又過了一年，到了「2 時點」上。此時，A、B 兩個債券又都產生了一年的利息，根據題目條件，我們同樣要把利息再投資於原來的債券，因此，在「2 時點」又有了「新增債券」這一項。同時，其他指標的數值也都發生了變化，比如到期收益率、剩餘期限、剩餘投資期等。我們把「2 時點」的各項指標計算出來，即可得到如圖 4.35 所示的表格。

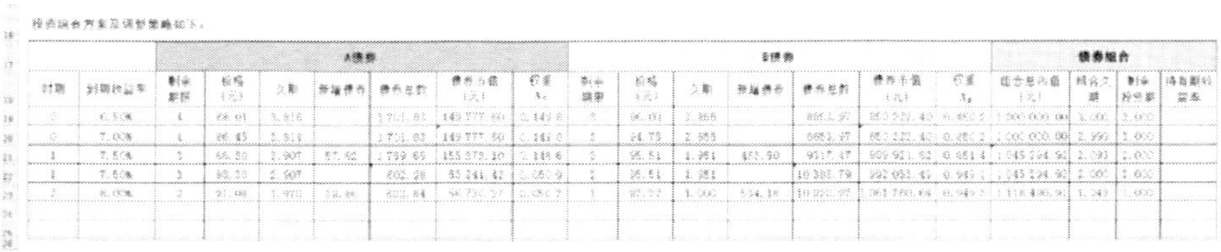
投資組合方案及調整策略如下：

		A債券							B債券							債券組合			
時期	到期收益率	剩餘期限	價格（元）	久期	新增債券	債券份數	債券市值（元）	權重 X_A	剩餘期限	價格（元）	久期	新增債券	債券份數	債券市值（元）	權重 X_B	組合總市值（元）	組合久期	剩餘投資期	持有期間收益率
0	6.50%	4	88.01	3.816		1 701.83	149 777.60	0.149 8	3	96.05	2.856		8 851.97	850 222.40	0.850 2	1 000 000.00	3.000	3.000	
0	7.00%	4	86.45	3.814		1 701.83	149 777.60	0.149 8	3	94.75	2.853		8 851.97	850 222.40	0.850 2	1 000 000.00	2.999	3.000	
1	7.50%	3	88.30	2.907	57.82	1 759.65	155 373.10	0.148 6	2	95.51	1.951	463.50	9 317.47	889 921.82	0.851 4	1 045 294.92	2.093	2.000	
1	7.50%	3	88.30	2.907		602.99	53 241.42	0.050 9	2	95.51	1.951		10 386.79	992 053.49	0.949 1	1 045 294.92	2.000	2.000	
2	8.00%	2	91.23	1.970	18.86	621.84	56 730.27	0.050 7	1	97.22	1.000	534.18	10 920.97	1 061 760.64	0.949 3	1 118 490.91	1.049	1.000	

圖 4.35

「2 時點」上指標的計算公式跟「1 時點」上原理是一樣的，讀者可以參照前面的操作來完成這一步的工作。

從圖 4.35，我們可以發現，組合久期為 1.049 年，不等於剩餘投資期（1 年），因此，在該時點上，我們依然要進行調整，以保證能夠滿足免疫原則。調整的步驟，跟「1 時點」上做過的調整是類似的，依然要創建以 A、B 債券的權重作為變量的方程，也就是要用「規劃求解」工具來求解方程。

這一次的調整，同樣請讀者自行參照前面的操作步驟來完成，調整結果應如圖 4.36 所示。

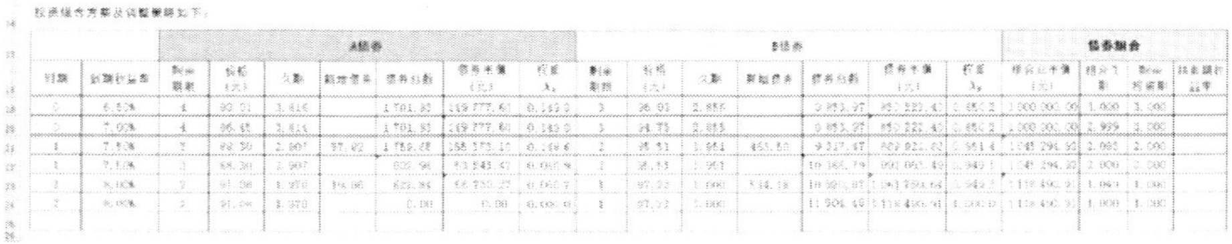
投資組合方案及調整策略如下：

		A債券							B債券							債券組合			
時期	到期收益率	剩餘期限	價格（元）	久期	新增債券	債券份數	債券市值（元）	權重 X_A	剩餘期限	價格（元）	久期	新增債券	債券份數	債券市值（元）	權重 X_B	組合總市值（元）	組合久期	剩餘投資期	持有期間收益率
0	6.50%	4	88.01	3.816		1 701.83	149 777.60	0.149 8	3	96.05	2.856		8 851.97	850 222.40	0.850 2	1 000 000.00	3.000	3.000	
0	7.00%	4	86.45	3.814		1 701.83	149 777.60	0.149 8	3	94.75	2.853		8 851.97	850 222.40	0.850 2	1 000 000.00	2.999	3.000	
1	7.50%	3	88.30	2.907	57.82	1 759.65	155 373.10	0.148 6	2	95.51	1.951	463.50	9 317.47	889 921.82	0.851 4	1 045 294.92	2.093	2.000	
1	7.50%	3	88.30	2.907		602.99	53 241.42	0.050 9	2	95.51	1.951		10 386.79	992 053.49	0.949 1	1 045 294.92	2.000	2.000	
2	8.00%	2	91.23	1.970	18.86	621.84	56 730.27	0.050 7	1	97.22	1.000	534.18	10 920.97	1 061 760.64	0.949 3	1 118 490.91	1.049	1.000	
2	8.00%	2	91.23	1.970		0.00	0.00	0.000 0	1	97.22	1.000		11 504.60	1 118 490.91	1.000 0	1 118 490.91	1.000	1.000	

圖 4.36

從圖 4. 36 可見，此時債券組合的久期已經等於剩餘投資期（1 年），因此滿足了免疫策略的原則。

（8）「3 時點」上的狀態

時間又過去一年，到了「3 時點」，此時，投資期業已結束。我們把 B 債券（A 債券投資數量為0）的利息算出來，加上 B 債券的市值，即可得到最終的債券市值，如圖 4. 37 所示。

投資組合方案及調整策略如下：

		A債券							B債券							債券組合			
時期	到期收益率	剩余期限	價格（元）	久期	新增債券	債券總數	債券市值（元）	權重 x_A	剩余期限	價格（元）	久期	新增債券	債券總數	債券市值（元）	權重 x_B	組合總市值（元）	組合久期	剩余投資期	持有期收益率
0	6.50%	4	88.01	3.816		1,701.83	149,777.60	0.149 8	3	96.03	2.966		8,853.97	850,222.40	0.850 2	1,000,000.00	3.000	3.000	
0	7.00%	4	86.45	3.814		1,701.83	149,777.60	0.149 8	3	96.[illegible]	2.868		8,853.97	850,222.40	0.850 2	1,000,000.00	2.999	3.000	
1	7.50%	3	88.30	2.907	57.82	1,759.65	155,373.10	0.148 6	2	95.51	1.961	463.50	9,317.47	889,921.82	0.851 4	1,045,294.92	2.002	2.000	
1	7.50%	3	88.30	2.907		602.98	53,241.42	0.050 9	2	95.51	1.961		10,386.73	992,053.49	0.949 1	1,045,294.92	2.000	2.000	
2	8.00%	2	91.05	1.970	19.85	622.84	56,736.27	0.050 7	1	97.22	1.000	533.14	10,920.97	1,061,760.64	0.949 3	1,118,496.91	1.049	1.000	
2	8.00%	2	91.05	1.970		0.00	0.00	0.000 0	1	97.22	1.000		11,504.40	1,118,496.91	1.000 0	1,118,496.91	1.000	1.000	
3	8.50%	1	94.93	1.000	0.00	0.00	0.00	0.000 0	0	100.00	0.000	575.22	12,079.70	1,207,970.18	1.000 0	1,207,970.18	0.000	0.000	

圖 4. 37

（9）檢驗投資目標是否得以實現

從圖 4. 37，我們可以看到，經過 3 年的投資，債券市值從最初的 1, 000, 000 元，變成了 1, 207, 970. 18 元，總的利潤率為 20. 8%。當初我們擬定的投資目標是年化收益率為 6. 5%，那麼這一目標到底有沒有實現呢？

為此，我們要計算 3 年投資期內的年平均收益率。這一年化收益率指標，顯然需用幾何平均數來表示才科學合理，而不能用 20. 8%除以 3 來表示。年化收益率（持有期收益率）公式如下：

截至「1 時點」，持有期收益率=POWER（R21/ $ R $ 19，1/B21）-1

截至「2 時點」，持有期收益率=POWER（R23/ $ R $ 19，1/B23）-1

截至「3 時點」，持有期收益率=POWER（R25/ $ R $ 19，1/B25）-1

得到的結果如圖 4. 38 所示。

投資組合方案及調整策略如下：

		A債券							B債券							債券組合			
時期	到期收益率	剩余期限	價格（元）	久期	新增債券	債券總數	債券市值（元）	權重 x_A	剩余期限	價格（元）	久期	新增債券	債券總數	債券市值（元）	權重 x_B	組合總市值（元）	組合久期	剩余投資期	持有期收益率
0	6.50%	4	88.01	3.816		1,701.83	149,777.60	0.149 8	3	96.03	2.966		8,853.97	850,222.40	0.850 2	1,000,000.00	3.000	3.000	
0	7.00%	4	86.15	3.814		1,701.83	149,777.60	0.149 8	3	94.75	2.865		8,853.97	850,222.40	0.850 2	1,000,000.00	2.999	3.000	
1	7.50%	3	88.30	2.907	57.82	1,759.65	155,373.10	0.148 6	2	95.51	1.961	463.50	9,317.47	889,921.82	0.851 4	1,045,294.92	2.002	2.000	4.529 5%
1	7.50%	3	88.30	2.907		602.98	53,241.42	0.050 9	2	95.51	1.961		10,386.73	992,053.49	0.949 1	1,045,294.92	2.000	2.000	4.529 5%
2	8.00%	2	91.05	1.970	19.86	622.84	56,736.27	0.050 7	1	97.22	1.000	534.18	10,920.97	1,061,760.64	0.949 3	1,118,496.91	1.049	1.000	5.758 7%
2	8.00%	2	91.05	1.970		0.00	0.00	0.000 0	1	97.22	1.000		11,504.40	1,118,496.91	1.000 0	1,118,496.91	1.000	1.000	5.758 7%
3	8.50%	1	94.93	1.000	0.00	0.00	0.00	0.000 0	0	100.00	0.000	575.22	12,079.70	1,207,970.18	1.000 0	1,207,970.18	0.000	0.000	6.500 6%

圖 4. 38

從圖 4. 38 可見，第 3 時點上，也就是投資期結束之時，持有期收益率（平均年收益率）達到了 6. 500, 6%，與原定目標幾乎一致。

（10）免疫策略是否有效

在圖 4. 38 中，我們看到，在三年的投資期間，到期收益率逐步上漲的過程中，債券投資組合的持有期收益率先是處於比較低的水平，但隨著時間的流逝，不斷提升，最終達到了預定的目標 6. 5%。可以說，免疫策略的效果是很明顯的。

為了更好地說明這一點，我們不妨做這樣一個實驗來對比，在 0 時點上構建初始

投資組合之后，不管市場利率發生何種變化，我們都不再做任何調整，一直等到投資期結束，看結果如何。

這個用於對比的輔助實驗的操作步驟請讀者自行完成，最后應得到如圖 4.39 所示的結果。

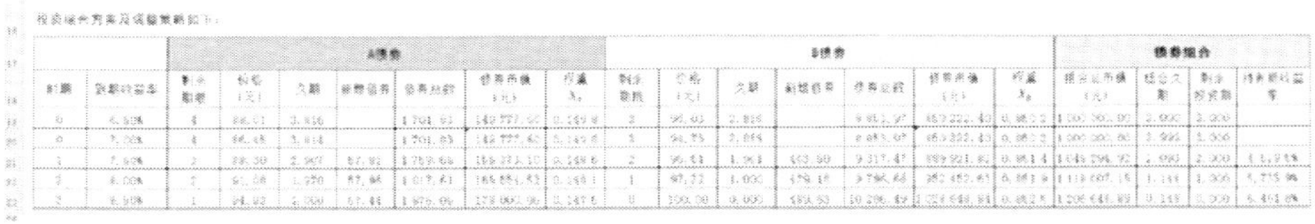

圖 4.39

在圖 4.39 中，我們可以看到，最終的持有期收益率為 6.461,8%，低於預定目標。由此可見，如果沒有及時根據市場變化來做相應地調整（按照免疫原則），那麼一旦市場利率朝著不利的方向發展的話，最終的收益率將低於預定目標，使投資者遭受損失。這種利率風險所帶來的損失，如果投資者不想承受，想規避掉的話，那麼就應該採取免疫策略來及時調整投資組合比例。當然，利率的不確定性也有可能朝著有利的方向發展，但這是無法預料，且不可控制的。投資者如果追求的目標是「穩妥」的收益，既不求超額利潤，也希望可以規避意外損失，那麼採取免疫策略是相對最優的選擇。

四、注意事項

（一）構建清晰的解決方案，學會創新

在本次實訓的過程中，讀者應提前構思好清晰的解決方案，並且構建好恰當的 Excel 表格。一個體系凌亂和缺乏邏輯的表格設計，將會增加解決問題的難度，不利於快速準確地完成預定的任務。

另外，本例所設計的表格並非唯一的解決之道，更不是最好的方案，讀者完全可以根據自己的偏好來進行修改，根據自己的思考來做進一步的優化。

（二）仔細認真地操作

在按照預定的思路操作的過程中，應認真仔細，每一步都要避免出錯，否則一步錯就步步錯，導致最終結果與實際不符，白費力氣。

（三）熟練掌握 Excel 操作技巧

Excel 操作技巧無處不在，在本例中，無論是創建表格、美化表格、輸入公式並快速複製填充到其他同類單元格，都可以有不同的實現方法。不同的實現方法，其效率是大不相同的，因此，在本例的實訓中，建議讀者不要滿足於一種實現方法，而應在熟練掌握一種方法的基礎上，繼續努力去探索更有效率的方法，直到找出最優的操作流程。

任務 3　資產配置與證券投資組合分析

【案例導入】

遍歷證券投資基金公布的報表，不難發現其資產配置和具體的投資品種是多種多樣的，以具體的證券品種而言，少則投資幾十種，多則上百種。為什麼證券投資基金在做投資決策的時候要把資金分散到各類證券品種中去？這裡面到底有什麼道理呢？這正是本任務要回答的問題。

思考：
1. 如何配置資產？
2. 如何構建投資組合？

【任務目標】

通過實訓，學生應理解證券投資風險與收益的關係，掌握構建資產配置與證券投資組合的基本方法，學會運用 Excel 來解決簡單的資產配置與證券投資組合問題。

【理論知識】

一、風險與收益的衡量

(一) 單個證券收益和風險的衡量

證券投資的收益有兩個來源，即股利收入（或利息收入）加上資本利得（或資本損失）。比如在一定期間進行股票投資的收益率，等於現金股利加上價格的變化，再除以初始價格。假設投資者購買了 100 元的股票，發行該股票的公司向投資者支付 7 元現金股利。一年后，該股票的價格上漲到 106 元。這樣，該股票的投資收益率是（7+6）÷100×100% = 13%。

因此證券投資單期的收益率可定義為：

$$R = \frac{D_t + (P_t - P_{t-1})}{P_{t-1}}$$

式中：R 是收益率，t 指特定的時間段，D_t 是第 t 期的現金股利（或利息收入），P_t 是第 t 期的證券價格，P_{t-1} 是第 $t-1$ 期的證券價格。在上述公式的分子中，括號裡的部分（$P_t - P_{t-1}$）代表該期間的資本利得或資本損失。

由於風險證券的收益不能事先確知，投資者只能估計各種可能發生的結果（事件）

及每一種結果發生的可能性（概率），因而風險證券的收益率通常用統計學中的期望值來表示。

$$\bar{R} = \sum_{i=1}^{n} R_i P_i$$

式中：$\bar{R}$ 為預期收益率，R_i 是第 i 種可能的收益率，P_i 是收益率 R_i 發生的概率，n 是可能性的數目。

預期收益率描述了以概率為權數的平均收益率。實際發生的收益率與預期收益率的偏差越大，投資於該證券的風險也就越大，因此對單個證券的風險，通常用統計學中的方差或標準差來表示。標準差 σ 可用公式表示成：

$$\sigma = \sqrt{\sum_{i=1}^{n}(R_i - \bar{R})^2 (P_i)}$$

標準差的直接含義是，當證券收益率服從正態分佈時，三分之二的收益率在 $\bar{R} \pm \sigma$ 範圍內，95%的收益率在 $\bar{R} \pm 2\sigma$ 範圍之內。

(二) 證券組合收益和風險的衡量

到目前為止，我們僅討論了單項投資的風險和收益。但實際上，投資者很少把所有財富都投資在一種證券上，而是構建一個證券組合。下面我們將討論證券組合收益和風險的衡量。

1. 雙證券組合收益和風險的衡量

假設投資者不是將所有資產投資於單個風險證券上，而是投資於兩個風險證券，那麼該風險證券組合的收益和風險應如何計量呢？假設某投資者將其資金分別投資於風險證券 A 和 B，其投資比重分別為 X_A 和 X_B，$X_A + X_B = 1$，則雙證券組合的預期收益率 $\bar{R}_P$ 等於單個證券預期收益 $\bar{R}_A$ 和 $\bar{R}_B$ 以投資比重為權數的加權平均數。用公式表示為：

$$\bar{R}_P = X_A \bar{R}_A + X_B \bar{R}_B$$

由於兩個證券的風險具有相互抵消的可能性，雙證券組合的風險就不能簡單地等於單個證券的風險以投資比重為權數的加權平均數。用其收益率的方差 σ_P^2 表示，其公式應為：

$$\sigma_P^2 = X_A^2 \sigma_A^2 + X_B^2 \sigma_B^2 + 2 X_A X_B \sigma_{AB}$$

式中，σ_{AB} 為證券 A 和 B 實際收益率和預期收益率離差之積的期望值，在統計學中稱為協方差，協方差可以用來衡量兩個證券收益之間的互動性。其計算公式為：

$$\sigma_{AB} = \Sigma_i (R_{Ai} - \bar{R}_A)(R_{Bi} - \bar{R}_B) P_i$$

正的協方差表明兩個變量朝同一方向變動，負的協方差表明兩個變量朝相反方向變動。兩種證券收益率的協方差衡量這兩種證券一起變動的程度。

表示兩證券收益變動之間的互動關係，除了協方差外，還可以用相關係數 ρ_{AB} 表示。兩者的關係為：

$$\rho_{AB} = \sigma_{AB} / \sigma_A \sigma_B$$

相關係數的一個重要特徵為其取值範圍介於 -1 與 $+1$ 之間，即 $-1 \leq \rho_{AB} \leq +1$。

因此公式又可以寫成：

$$\sigma_P{}^2 = X_A{}^2 \sigma_A{}^2 + X_B{}^2 \sigma_B{}^2 + 2X_A X_B \rho_{AB} \sigma_A \sigma_B$$

當取值為-1時，表示證券A、B收益變動完全負相關；當取值為+1時表示證券A、B完全正相關；當取值為0時，表示完全不相關。當 $0<\rho_{AB}<1$ 時，表示正相關；當 $-1<\rho_{AB}<0$ 時，表示負相關。

根據上面的分析可知，雙證券組合的風險不僅取決於每個證券自身的風險（用方差或者標準差表示），還取決於每兩個證券之間的互動性（用協方差或相關係數表示）。

2. N個證券組合收益和風險的衡量

（1）N個證券組合的收益

由上面的分析可知，證券組合的預期收益率就是組成該組合的各種證券的預期收益率的加權平均數，權數是投資於各種證券的資金占總投資額的比例。用公式表示為：

$$\overline{R_p} = \sum_{i=1}^{n} X_i \overline{R_i}$$

式中：X_i 是投資於 i 證券的資金占總投資額的比例或權數，$\overline{R_i}$ 是證券 i 的預期收益率，n 是證券組合中不同證券的總數。

（2）N個證券組合的風險

證券組合的風險（用標準差表示）的計算不能簡單地把組合中每個證券的標準差進行加權平均而得到。其計算公式為：

$$\sigma_p = \sqrt{\sum_{i=1}^{n} \sum_{j=1}^{n} X_i X_j \sigma_{ij}}$$

式中：n 是組合中不同證券的總數目，X_i 和 X_j 分別是證券 i 和證券 j 投資資金占總投資額的比例，σ_{ij} 是證券 i 和證券 j 可能收益率的協方差。

由上可知，證券組合的方差不僅取決於單個證券的方差，而且還取決於各種證券間的協方差。隨著組合中證券數目的增加，在決定組合方差時，協方差的作用越來越大，而方差的作用越來越小。這一點可以通過考察方差-協方差矩陣看出來。在一個由兩個證券組成的組合中，有兩個加權方差和兩個加權協方差。但是對一個大的組合而言，總方差主要取決於任意兩種證券間的協方差。例如，在一個由30種證券組成的組合中，有30個方差和870個協方差。若一個組合進一步擴大到包括所有的證券，則協方差幾乎就成了組合標準差的決定性因素。

二、風險分散與最優證券投資組合

「不要把所有的雞蛋放在一個籃子裡。」如果將這句古老的諺語應用在投資決策中，就是說不要將所有的錢投資於同一證券上，通過分散投資可以降低投資風險。這是一個非常淺顯易懂的道理。那麼，應該將「雞蛋」放在多少個「籃子」裡最好呢？將「雞蛋」放在什麼樣的不同籃子裡最好呢？

如前所述，證券組合的風險不僅決定於單個證券的風險和投資比重，還決定於兩個證券收益的協方差或相關係數，而協方差或相關係數起著特別重要的作用。因此投資者建立的證券組合就不是一般地拼湊，而是要通過各證券收益波動的相關係數來分析。

根據證券組合預期收益率和風險的計算公式可知，不管組合中證券的數量是多少，證券組合的收益率只是單個證券收益率的加權平均數，分散投資不會影響到組合的收益率。但是分散投資可以降低收益率變動的波動性。各個證券之間收益率變化的相關關係越弱，分散投資降低風險的效果就越明顯。當然，在現實的證券市場上，大多數情況是各個證券收益之間存在一定的正相關關係，相關的程度有高有低。有效證券組合的任務就是要找出相關關係較弱的證券組合，以保證在一定的預期收益率水平上盡可能降低風險。

從理論上講，一個證券組合只要包含了足夠多的相關關係弱的證券，就完全有可能消除所有的風險，但是在現實的證券市場上，各證券收益率的正相關程度很高，因為各證券的收益率在一定程度上受同一因素影響（如經濟週期、利率的變化等），因此，分散投資可以消除證券組合的非系統性風險，但是並不能消除系統性風險。

我們舉個例子來說明如何確定最優風險組合。假設市場上有 A、B 兩種證券，其預期收益率分別為 8% 和 13%，標準差分別為 12% 和 20%。A、B 兩種證券的相關係數為 0.3。市場無風險利率為 5%。某投資者決定用這兩只證券組成最優風險組合。

根據投資學理論，最優風險組合實際上是使無風險資產（A 點）與風險資產組合的連線斜率（即 $\frac{\bar{R}_1 - r_f}{\sigma_1}$）最大的風險資產組合，其中 $\bar{R}_1$ 和 σ_1 分別代表風險資產組合的預期收益率和標準差，r_f 表示無風險利率。我們的目標是求 $\mathrm{Mar}_{X_A, X_B} \frac{\bar{R}_1 - r_f}{\sigma_1}$。其中：

$$\bar{R}_1 = X_A \bar{R}_A + X_B \bar{R}_B$$

$$\sigma_1^2 = X_A^2 \sigma_A^2 + X_B^2 \sigma_B^2 + 2 X_A X_B \rho \sigma_A \sigma_B$$

約束條件是：$X_A + X_B = 1$。這是標準的求極值問題。

通過將目標函數對 X_A 求偏導並令偏導等於 0，我們就可以求出最優風險組合的權重解如下：

$$X_A = \frac{(\bar{R}_A - r_f) \sigma_B^2 - (\bar{R}_B - r_f) \rho \sigma_A \sigma_B}{(\bar{R}_A - r_f) \sigma_B^2 + (\bar{R}_B - r_f) \sigma_A^2 - (\bar{R}_A - r_f + \bar{R}_B - r_f) \rho \sigma_A \sigma_B}$$

$$X_B = 1 - X_A$$

將數據代進去，就可得到最優風險組合的權重為：

$$X_A = \frac{(0.08 - 0.05) \times 0.2^2 - (0.13 - 0.05) \times 0.3 \times 0.12 \times 0.2}{(0.08 - 0.05) \times 0.2^2 + (0.13 - 0.05) \times 0.12^2 - (0.08 - 0.05 + 0.13 - 0.05) \times 0.3 \times 0.12 \times 0.2}$$

$$= 0.4$$

$X_B = 1 - 0.4 = 0.6$

該最優組合的預期收益率和標準差分別為：

$\bar{R}_1 = (0.4 \times 0.08 + 0.6 \times 0.13) \times 100\% = 11\%$

$\sigma_1 = (0.4^2 \times 0.12^2 + 0.6^2 \times 0.2^2 + 2 \times 0.4 \times 0.6 \times 0.3 \times 0.12 \times 0.2) \times 100\% = 14.2\%$

該最優風險組合的單位風險報酬 = （11% − 5%）÷ 14.2% = 0.42

在上面的例子中提到的指標 $\frac{\bar{R}_1 - r_f}{\sigma_1}$，就是單位風險報酬（Reward-to-Variability），

又稱夏普比率（Sharpe's Ratio）。所謂最優證券投資組合，其實就是保證單位風險報酬最大的投資組合。

實訓技能 1　股票收益率的計算

一、實訓內容

在本次實訓中，我們將挑選一只股票來計算它在過去幾年的表現（年平均收益率）。

標的股票：海通證券600837。

觀測期：2011年1月1日至2014年12月31日（四年）。

附加條件：簡單起見，不考慮股票的分紅派息。因此股票的收益率就是價格變化率。

二、實訓方法

採用複利收益率而不是算術平均收益率來計算年平均收益率。複利收益率考慮了「利滾利」的效果，因此是反應投資收益的科學、合理的指標。

在計算過程中，需要用到Excel內置函數POWER，是求冪函數的公式。語法如下：
POWER（number，power）
POWER函數語法具有下列函數參數：
number：底數，可以為任意實數。
power：指數，底數按該指數次冪乘方。

說明：在通常的操作中，習慣用「^」運算符來代替函數POWER來表示對底數乘方的冪次，例如5^2，其值等於POWER（5，2）。兩種方式的計算結果是一樣的。

三、實訓步驟

（一）收集股票行情數據

新建一個Excel表格，把海通證券在觀測期首個交易日的開盤價9.72元和最後一個交易日的收盤價24.06元查找出來，存入其中，如圖4.40所示。

（二）計算增長倍數、年平均增長倍數和年平均增長率

1. 增長倍數

$$公式 = C4/C3$$

計算結果：2.475,3。

2. 年平均增長倍數

$$公式 = POWER（C4/C3，1/4）$$

計算結果：1.254,3。

3. 年平均增長率（年化收益率）

$$公式 = C7 - 1$$

計算結果：25.43%。

本例所有計算結果及相關的數學公式如圖 4.40 所示。

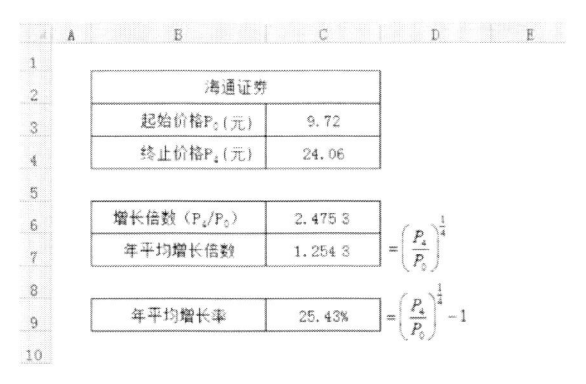

	A	B	C	D	E
2		海通証券			
3		起始价格P_0(元)	9.72		
4		终止价格P_4(元)	24.06		
6		增长倍数（P_4/P_0）	2.475 3		
7		年平均增长倍数	1.254 3	$= \left(\dfrac{P_4}{P_0}\right)^{\frac{1}{4}}$	
9		年平均增长率	25.43%	$= \left(\dfrac{P_4}{P_0}\right)^{\frac{1}{4}} - 1$	

圖 4.40

（三）評價海通證券的年化收益率

對於 2011—2014 年四年來海通證券股價的年化收益率（25.43%），我們如何評價其高低呢？為此，我們把上證指數在這期間的年化收益率計算出來作為對比。上證指數年化收益率的計算過程在這裡就不作介紹了，留給讀者自行完成。

最后得到的結果是：上證指數 2011—2014 年四年的年化收益率為 3.17%。而海通證券在同期內的年化收益率卻達到了 25.43%。可見這四年間，如果投資海通證券的話，業績表現還是很不錯的。

四、注意事項

首先，在計算金融資產的平均收益率的時候，我們通常用複利收益率而不是簡單算術平均收益率，因為複利收益率考慮了「利滾利」的投資效果，能夠反應真實的收益水平。

其次，在本模塊的任務 2 中，計算的債券持有期收益率，其實就是複利收益率。

實訓技能 2　股票收益率的風險

一、實訓內容

在本次實訓中，我們將挑選與上次實驗相同的股票來計算它的日收益率在過去幾年間的波動程度。

標的股票：海通證券 600837。

觀測期：2011 年 1 月 1 日至 2014 年 12 月 31 日（四年）。

附加條件：簡單起見，不考慮股票的分紅派息。因此股票的收益率就是價格變化率。

二、實訓方法

股票的投資風險，我們用它的收益率的標準差來表示。在計算一只股票過去風險的時候，需要用到 Excel 內置函數 STDEV，它是求樣本數據的標準差公式。

語法：

STDEV（number1，number2，…）參數可以是用逗號隔開的數值，也可以是單元格區域，比如 A1：A800，表示計算從 A1 單元格到 A800 單元格間所有數值的樣本標準差。

三、實訓步驟

（一）收集股票行情數據

新建一個 Excel 表格，把海通證券在觀測期的日收盤價查找出來，存入其中，如圖 4.41 所示。

註：為了顯示方便，已經將絕大多數行隱藏。

（二）計算日收益率

從第二個交易日開始，我們就可以計算每日收益率。其公式為：

（當期價格－上期價格）÷上期價格。

（1）在 C3 單元格中輸入公式「＝（B3－B2）/B2」，按回車鍵即可得到當日收益率。

（2）選中 C3 單元格，把鼠標移到其右下角，當黑色十字星鼠標形狀出現的時候，按住左鍵，往下拉，即可快速填充公式到 C3 後面的單元格中，其結果正是我們想要的（請讀者自行驗證）。具體如圖 4.41 所示。

	A	B	C	D	E	F
1	日期	成交价(元)	收益率		收益率的標准差	
2	2011/1/4	9.85			2.49%	
3	2011/1/5	9.7	-1.52%			
4	2011/1/6	9.68	-0.21%			
5	2011/1/7	9.79	1.14%			
6	2011/1/10	9.56	-2.35%			
7	2011/1/11	9.69	1.36%			
8	2011/1/12	9.76	0.72%			
954	2014/12/22	22	-2.27%			
955	2014/12/23	22.1	0.45%			
956	2014/12/24	20.1	-9.05%			
957	2014/12/25	20.94	4.18%			
958	2014/12/26	23.03	9.98%			
959	2014/12/29	22.46	-2.48%			
960	2014/12/30	23.88	6.32%			
961	2014/12/31	24.06	0.75%			
962						

圖 4.41

（三）計算收益率的標準差

在 E2 單元格中輸入公式「＝STDEV（C3：C961）」，即可得到結果 2.49%。

（四）評價收益率波動程度的高低

對於 2.49%（收益率標準差）這一波動程度指標，其大小如何，直接從數值上無

法把握。為此，我們同樣還是以上證指數作為參照的對象來進行對比。因此，我們先把 2011—2014 年四年間上證指數的日收益率標準差計算出來，以此對比，就可以看出海通證券日收益率的波動大小了。

計算結果如下：

上證指數日收益率的標準差為 1.13%。

由此可見，海通證券的波動程度 2.49% 是上證指數的兩倍多，算是比較大的了。

(五) 評價收益風險比的大小

單獨通過平均收益率或標準差來評價一只股票的表現，都是片面的，最好是把兩者結合起來。如何結合呢？不妨用「收益風險比」這個指標。這個指標體現了承擔單位風險可以獲得的收益，其值越大越好。

為了計算這一指標，我們先要計算上證指數和海通證券在 2011—2014 年四年間的日平均收益率。其操作方法與前一個實訓中計算年平均收益率的方法是類似的，依然是用複利收益率指標，因此在這裡就不再列出全部具體操作步驟，只列出如圖 4.42 與圖 4.43 所示的計算結果，具體操作請讀者自行完成。

	A	B	C	D	E	F	G
1	日期	成交價(元)	收益率		收益率的標准差	日均收益率	收益風險比
2	2011/1/4	9.85			2.49%	0.093 2%	3.75%
3	2011/1/5	9.7	-1.52%				
4	2011/1/6	9.68	-0.21%				
5	2011/1/7	9.79	1.14%				
6	2011/1/10	9.56	-2.35%				
7	2011/1/11	9.69	1.36%				
8	2011/1/12	9.76	0.72%				
954	2014/12/22	22	-2.27%				
955	2014/12/23	22.1	0.45%				
956	2014/12/24	20.1	-9.05%				
957	2014/12/25	20.94	4.18%				
958	2014/12/26	23.03	9.98%				
959	2014/12/29	22.46	-2.48%				
960	2014/12/30	23.88	6.32%				
961	2014/12/31	24.06	0.75%				
962							

圖 4.42

	A	B	C	D	E	F	G
1	日期	成交價(元)	收益率		收益率的標准差	日均收益率	收益風險比
2	2011/1/4	2 852.648			1.13%	0.0130%	1.15%
3	2011/1/5	2 838.593	-0.49%				
4	2011/1/6	2 824.197	-0.51%				
5	2011/1/7	2 838.801	0.52%				
6	2011/1/10	2 791.809	-1.66%				
7	2011/1/11	2 804.047	0.44%				
8	2011/1/12	2 821.305	0.62%				
9	2011/1/13	2 827.713	0.23%				
961	2014/12/22	3 127.445	0.61%				
962	2014/12/23	3 032.612	-3.03%				
963	2014/12/24	2 972.532	-1.98%				
964	2014/12/25	3 072.536	3.36%				
965	2014/12/26	3 157.603	2.77%				
966	2014/12/29	3 168.016	0.33%				
967	2014/12/30	3 165.815	-0.07%				
968	2014/12/31	3 234.677	2.18%				
969							

圖 4.43

註：在圖 4.42 與圖 4.43 中，日均收益率的計算公式為「=POWER（B961/B2, 1/959）-1」，收益風險比的計算公式為「=F2/E2」。

根據圖 4.42 與圖 4.43，可得最終結果如下：

上證指數日均收益率為 0.013, 0%。

海通證券日均收益率為 0.093, 2%。

上證指數日收益風險比為 0.013, 0%÷1.13%=1.15%。

海通證券日收益風險比：0.093, 2%÷2.49%=3.75%。

由此可見，持有海通證券在這四年間的收益風險比是同期大盤指數收益風險比的三倍多，說明其權衡了收益和風險之后的綜合表現好於大盤。

四、注意事項

首先，在計算股票價格日平均收益率的時候，我們採用的是直接通過當日收盤價和前日收盤價來計算，自然能夠反應真實的收益水平。

其次，「收益風險比」這一指標，因沒有考慮剔除無風險收益率，所以不是真正的「單位風險報酬」，本例中這樣做，只是為了簡單快捷地對比綜合風險收益的大小。在實際應用中，請讀者嚴格按照夏普比率（單位風險報酬）的公式操作。

實訓技能 3　構建最優證券投資組合

一、實訓內容

在本次實訓中，我們將在給定的候選證券中組建一個最優投資組合。簡單起見，我們沿用本模塊理論部分的案例：假設給定了 A、B 兩種證券，其預期收益率分別為 8%和 13%，標準差分別為 12%和 20%。A、B 兩種證券的相關係數為 0.3。市場無風險利率為 5%。某投資者決定用這兩種證券組成最優風險組合，請根據「單位風險報酬」最大化策略來求解這一最優證券組合。

二、實訓方法

求解最優風險組合，其實就是「單位風險報酬最大化」這樣一個求極值問題。因此，在 Excel 裡，我們需要用到規劃求解工具。

三、實訓步驟

（一）新建一個 Excel 文檔，把相關數據填入其中，如圖 4.44 所示。

	A	B	C	D	E	F
1						
2			A证券	B证券	证券组合	
3		预期收益率	8%	13%		
4		标准差	12%	20%		
5		投资比例（权重）				
6						
7		A、B证券相关系数	0.3			
8		无风险收益率	0.05			
9		单位风险报酬				
10						

圖 4.44

（二）計算證券組合的預期收益率和標準差

1. 證券組合的預期收益率

根據理論部分的公式，風險組合的預期收益率為 $\overline{R}_1 = X_A \overline{R}_A + X_B \overline{R}_B$，因此，單元格 E3 中應填入公式「＝C3＊C5+D3＊D5」。由於此時 A、B 證券的權重為空，所以 E3 單元格的值為 0。

2. 證券組合的標準差

根據風險組合的方差計算公式 $\sigma_1^2 = X_A^2 \sigma_A^2 + X_B^2 \sigma_B^2 + 2 X_A X_B \rho \sigma_A \sigma_B$，因此 E4 單元格裡應填入公式「＝（C4^2＊C5^2+D4^2＊D5^2+2＊C7＊C4＊D4＊C5＊D5）^0.5」。

注意：標準差為方差的正平方根。

（三）用「規劃求解」來求解最優風險組合

（1）在 C9 單元格中填入單位風險報酬的計算公式「＝（E3−C8）/E4」。

（2）點出「規劃求解」設置窗口，設置相關參數及選項，如圖 4.45 所示。

圖 4.45

參數及其他選項設置情況如下：

首先，目標單元格的取值不是給定的，而是「求最大化」的極值問題，這需要由「規劃求解」來試算。

其次，可變單元格是 A、B 證券的權重，兩者相加要等於 1，從而添加到約束條件中去。

再次，由於權重總是正數，因此要勾選「非負數」選項。

最后，由於本例的極值問題是非線性規劃求解，因此要選擇「非線性」求解方法，否則會導致錯誤。

當所有選項設定完畢，點擊「求解」，即可得出結果，Excel 會自動把試算結果存入相應地單元格之中，如圖 4.46 所示。

	A	B	C	D	E	F
1						
2			A证券	B证券	证券组合	
3		預期收益率	8%	13%	11%	
4		标准差	12%	20%	14%	
5		投资比例（权重）	0.40	0.60		
6						
7		A、B证券相关系数	0.3			
8		无风险收益率	0.05			
9		單位风险报酬	42.26%			
10						

圖 4.46

根據圖 4.46 所示的規劃求解結果，我們可知，當 A、B 證券的投資比重分別為 0.40 和 0.60 時，風險組合的單位風險報酬實現最大化，其值為 42.26%。從而，這一組合就被稱為「最優風險組合」。

讀者可以自行嘗試給 C5 和 D5 單元格輸入其他任意數值（保證和為 1），得到的單位風險報酬絕對不會超過 42.26%。另外，也可以用本例給定的基本條件來模擬上百種投資比例情況下的單位風險報酬，從而得到如圖 4.47 所示的表格（部分行被隱藏）。

從圖 4.47 所示的表格中，我們可以看到黑色底紋的那一行，其單位風險報酬是最大的，投資比例各為 0.40 和 0.60。

為了更直觀地把握單位風險報酬最大化的效果，我們在圖 4.47 所示的表格基礎上，畫一個線圖來觀察，如圖 4.48 所示。

從圖 4.48 中，我們可以清晰地看到，通過點（0.4，0.422,6）的切線，正好平行於橫軸，因此該點為曲線的最高點。也就是說，當 A 證券的投資比例為 0.4 時（B 證券的投資比例為 0.6），單位風險報酬最大。

序號	A证券比重	B证券比重	证券组合预期收益率	证券组合标准差	單位风险报酬
1	0	1	0.130 0	0.200 0	0.400 000
2	0.01	0.99	0.129 5	0.198 4	0.400 780
3	0.02	0.98	0.129 0	0.196 7	0.401 559
4	0.03	0.97	0.128 5	0.195 1	0.402 337
36	0.35	0.65	0.112 5	0.148 1	0.421 951
37	0.36	0.64	0.112 0	0.146 9	0.422 169
38	0.37	0.63	0.111 5	0.145 6	0.422 344
39	0.38	0.62	0.111 0	0.144 4	0.422 472
40	0.39	0.61	0.110 5	0.143 2	0.422 550
41	**0.4**	**0.6**	**0.110 0**	**0.142 0**	**0.422 577**
42	0.41	0.59	0.109 5	0.140 8	0.422 549
43	0.42	0.58	0.109 0	0.139 7	0.422 464
44	0.43	0.57	0.108 5	0.138 5	0.422 319
45	0.44	0.56	0.108 0	0.137 4	0.422 111
46	0.45	0.55	0.107 5	0.136 3	0.421 837
98	0.97	0.03	0.081 5	0.118 3	0.266 186
99	0.98	0.02	0.081 0	0.118 9	0.260 808
100	0.99	0.01	0.080 5	0.119 4	0.255 411
101	1	0	0.080 0	0.120 0	0.250 000

圖 4.47

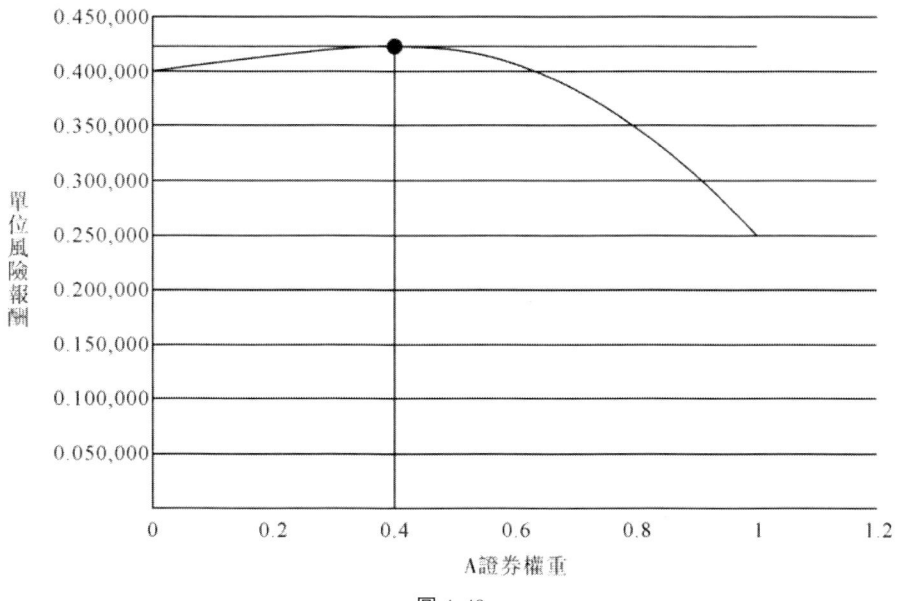

圖 4.48

四、注意事項

　　首先，在本例中，我們給定了證券的預期收益率和標準差。然而在現實中，得到的往往只是證券的原始行情數據，需要自行對預期收益率和標準差做出估算。估算的方法，讀者可以參考時間序列數據的迴歸分析方法、統計學上的移動平均法等，或者直接用歷史價格數據求取平均收益率和標準差來替代。

　　其次，簡單起見，本例只是考察了兩種證券，而在現實中，可列入候選的證券數量可能幾十上百種，其工作量是很大的。因此，為了提高工作效率，讀者有必要學會 Excel VBA 編程，屆時將可以用事先編好的程序來完成預定的工作任務，精準而又快捷。

　　最后，在本例中，我們模擬了上百種情況，同時根據模擬的數據畫出線圖來輔助認識單位風險報酬最大化問題。建議讀者好好體會這種方法，熟練掌握其操作技巧，把這種方法運用到其他問題中去，可以讓我們的工作成果更形象生動，讓人容易理解。

模塊五　Excel 在經濟管理決策中的應用

【模塊概述】

Excel 軟件在經濟管理中的應用是很廣泛的，從財務管理、經濟統計分析、最優化問題到前景預測，都可以發揮其高效的計算功能。本模塊的目標和任務即是學會如何把 Excel 應用到現實的經濟管理決策中來。

【模塊教學目標】

1. 掌握互斥項目常見評估方法（淨現值法、內部報酬率法與投資回收期法）的應用；
2. 掌握資本成本與資本結構的分析方法；
3. 掌握生產最優化問題；
4. 掌握如何對經濟數據進行分析與預測。

【知識目標】

1. 淨現值法、內部報酬率法、投資回收期法；
2. 資本成本；
3. 資本結構；
4. 線性規劃；
5. 移動平均；
6. 迴歸分析。

【技能目標】

1. 學會在 Excel 中作互斥項目的評估；
2. 學會運用 Excel 對資本成本與資本結構進行分析；
3. 學會在 Excel 中作簡單的統計分析與迴歸分析；
4. 學會在 Excel 中運用規劃求解來解決簡單的最優化問題。

【素質目標】

1. 培養學生理解現實經濟管理問題的能力；
2. 培養學生利用 Excel 來解決現實經濟管理問題的能力。

任務 1　投資項目評估

【案例導入】

某公司決定從幾個項目中挑選一個項目作為投資項目上。首先，該公司預計了各個項目在未來若幹年限中的現金流，然後，設定了合理的貼現率水平。請問該如何判斷投入哪個項目更好呢？

思考：如何評估互斥項目？哪一個項目更值得投資？

【任務目標】

通過實訓，學生應掌握互斥項目評估的經典方法，能夠熟練運用 Excel 工具來實現淨現值法、內部報酬率法以及投資回收期法，能自行作定量的分析與求解。

【理論知識】

一、互斥項目

互斥項目是指多個互相排斥、不能同時並存的方案。對投資項目進行評估的傳統方法主要有兩種。一種是考慮資金時間價值的貼現的方法，有淨現值（NPV）、內部報酬率（IRR）、現值指數（PI）；另一種是不考慮時間價值的非貼現方法，有投資回收期、會計收益率。從來自數千家不同行業的公司 CFO（首席財務官）反饋回來的情況發現，淨現值和內部報酬率是各評價方法中應用最廣泛的，多數公司使用此兩種方法。

二、淨現值

（一）定義

淨現值法是評價投資方案的一種方法。該方法是利用淨現金效益量的總現值與淨現金投資量算出淨現值，然後根據淨現值的大小來評價投資方案。淨現值為正值，投資方案是可以接受的；淨現值是負值，投資方案就是不可以接受的。淨現值越大，投

資方案越好。淨現值法是一種比較科學，也比較簡便的投資方案評價方法。

（二）計算公式

$$NPV = \sum_{t=0}^{n} \frac{CF_t}{(1+r)^t}$$

式中，CF_t 表示第 t 期的淨現金流，r 表示貼現率，n 為項目的生命期限。

（三）淨現值法的優點

（1）使用現金流量。公司可以直接使用項目所獲得的現金流量，相比之下，利潤包含了許多人為的因素。在資本預算中利潤不等於現金。

（2）淨現值包括了項目的全部現金流量，其他資本預算方法往往會忽略某特定時期之後的現金流量，如回收期法。

（3）淨現值對現金流量進行了合理折現，有些方法在處理現金流量時往往忽略貨幣的時間價值，如回收期法、會計收益率法。

（四）淨現值法的缺點

（1）資金成本率的確定較為困難，特別是在經濟不穩定的情況下，資本市場的利率經常變化更加重了確定的難度。

（2）淨現值法說明投資項目的盈虧總額，但沒能說明單位投資的效益情況，即投資項目本身的實際投資報酬率。這樣會造成在投資規劃中著重選擇投資大、收益大的項目，而忽視投資小、收益小、投資報酬率高的更好的投資方案。

三、內部報酬率

（一）定義

內部報酬率又名內部收益率，是一項投資可望達到的報酬率，是能使投資項目淨現值等於零時的折現率。就是在考慮了時間價值的情況下，使一項投資在未來產生的現金流量現值，剛好等於投資成本時的收益率，而不是「不論高低，淨現值都是零，所以無所謂」。這是一個本末倒置的想法，因為計算內部收益率的前提本來就是使淨現值等於零。

（二）計算方法

$$淨現值函數：NPV = \sum_{t=0}^{n} \frac{CF_t}{(1+r)^t}$$

內部報酬率就是令上式為 0 的 r 的值。一般來講，難以通過解析式來直接求解 r 的值，而是通過插值法來估算內部報酬率。

（三）優點

內部收益率法的優點是能夠把項目壽命期內的收益與其投資總額聯繫起來，指出這個項目的收益率，便於將它同行業基準投資收益率對比，確定這個項目是否值得建設。使用借款進行建設，在借款條件（主要是利率）還不很明確時，內部收益率法可以避開借款條件，

先求得內部收益率，作為可以接受借款利率的高限。但內部收益率表現的是比率，不是絕對值，一個內部收益率較低的方案，可能由於其規模較大而有較大的淨現值，因而更值得建設。所以在比較各個方案時，必須將內部收益率與淨現值結合起來考慮。

四、投資回收期

投資回收期可分為靜態投資回收期和動態投資回收期。

(一) 靜態投資回收期

靜態投資回收期是在不考慮資金時間價值的條件下，以項目的淨收益回收其全部投資所需要的時間。投資回收可以自項目建設開始年算起，也可以自項目投產年開始算起，但應予以註明。公式（也適用於動態投資回收期）如下：

$$投資回收期 = \frac{累積淨現金流開始出現正值的年份數} - 1 + \frac{上年累積淨現金流的絕對值}{當年淨現金流}$$

(二) 動態投資回收期

動態投資回收期是把投資項目各年的淨現金流量按基準收益率折成現值之後，再來推算投資回收期。這就是它與靜態投資回收期的根本區別。動態投資回收期就是淨現金流量累計現值等於零時的年份。動態投資回收期彌補了靜態投資回收期沒有考慮資金的時間價值這一缺點，使其更符合實際情況。

(三) 評價方法

求出的投資回收期要與行業標準投資回收期或行業平均投資回收期進行比較，低於相應地標準，則認為項目可行。投資者一般都十分關心投資的回收速度，為了減少投資風險，都希望盡早收回投資。

實訓技能 1　淨現值法

一、實訓內容

某公司要決定是否投入一項新的消費品的生產。根據預測的銷售收入和成本，預計在項目的 5 年年限中，第 1、2 年的現金流為每年 2,000 萬元，第 3、4 年為每年 4,000 萬元，第 5 年為 5,000 萬元。生產項目的投入成本為 10,000 萬元。假定貼現率為 10%。請根據淨現值法來判斷該項目是否可行。

二、實訓方法

NPV 函數介紹

語法：

NPV (rate, value1, value2, …)

rate 為某一期間的貼現率，是一固定值。

value1，value2，… 為 1 到 29 個參數，代表支出及收入。

value1，value2，…在時間上必須具有相等間隔，並且都發生在期末。

在 NPV 函數中，假定投資開始於 value1 現金流所在日期的前一期，並結束於最后一筆現金流的當期。也就是說，函數 NPV 依據未來的現金流進行計算。如果第一筆現金流發生在第一個週期的期初，則第一筆現金必須添加到函數 NPV 的結果中，而不應包含在 values 參數中。通過字面意思，讀者可能不太容易理解，那麼當做完本實訓，親自操作之后，就能明白了。

三、實訓步驟

（1）新建一個 Excel 表格，在其中錄入本例所需數據，如圖 5.1 所示。

	A	B	C	D	E	F
1						
2		时期	净现金流（万元）			
3		0	-10 000			
4		1	2 000			
5		2	2 000			
6		3	4 000			
7		4	4 000			
8		5	5 000			
9						
10		贴现率	10%			
11						
12		净现值				
13						

圖 5.1

（2）在 C12 單元格中輸入公式「＝NPV（C10，C4：C8）+C3」，按回車鍵之后，即可得到結果，如圖 5.2 所示。

	A	B	C	D	E
1					
2		时期	净现金流（万元）		
3		0	-10 000		
4		1	2 000		
5		2	2 000		
6		3	4 000		
7		4	4 000		
8		5	5 000		
9					
10		贴现率	10%		
11					
12		净现值	2 312.99		
13					

圖 5.2

計算結果為 2,312.99 萬元。可見，該項目的淨現值為正，且比較大，因此，該項目值得投資。

（3）除了上面介紹的 NPV 函數法，我們也可以用其他方法來計算，結果是一樣的，如圖 5.3 所示。

時期	淨現金流（万元）	折現到0时点的現值（万元）
0	-10 000	-10 000.00
1	2 000	1 818.18
2	2 000	1 652.89
3	4 000	3 005.26
4	4 000	2 732.05
5	5 000	3 104.61

貼現率	10%

淨現值	2 312.99	=SUM(D3:D8)

圖 5.3

在圖 5.3 所示的表格中，我們把每一期的現金流折現到 0 時點，求得各期現金流的現值，然后把所有現值（有正有負）加起來，即可得到淨現值。計算各期的現值需要用到 PV 函數，求和用到 SUM 函數。現列舉 D4 單元格和 C12 單元格的公式：

D4 單元格的公式＝-PV（＄C＄10，B4，0，C4）

C12 單元格的公式＝SUM（D3：D8）

四、注意事項

（1）在 NPV 函數中，第一個參數為貼現率，第二個參數是現金流，但現金流是從 1 時點開始的，而不是從 0 時點。0 時點上的現金流需要在 NPV 的結果上去添加，而不是在其參數內去添加，這是特別需要注意的。

（2）完成同樣的工作，其途徑未必只有一種，讀者不妨在遇到問題的時候，思考各種解決方法，並親身實踐一下，久而久之，自然就能提高解決問題的能力。

實訓技能 2　內部報酬率法

一、實訓內容

我們沿用上面的例子。某公司要決定是否投入一項新的消費品的生產。根據預測的銷售收入和成本，預計在項目的 5 年年限中，第 1、2 年的現金流為每年 2,000 萬元，

第 3、4 年為每年 4,000 萬元，第 5 年為 5,000 萬元。生產項目的投入成本為 10,000 萬元。假定同行業報酬率標準為 10%。請根據內部報酬率法來判斷該項目是否可行。

二、實訓方法

1. 該例需要求解內部報酬率，一般來講至少有三種方法
（1）用 Excel 函數 IRR；
（2）用內插法；
（3）用規劃求解法；
（4）用 RATE 函數。

這四種方法中，內插法乃是在沒有計算機的前提下手工計算的方法，如果有計算機並且安裝了 Excel，那麼直接用 IRR 函數是最簡潔的。規劃求解的方法可以用來加深對內部報酬率的理解，在某些特定情況下會用到它。而 RATE 函數，只適用於定額年金的情形，如果年金的額度不完全一致，就不能用 RATE 函數。

在本次實訓中，我們先用 IRR 函數，然后再用規劃求解方法。對於 RATE 函數，我們修改題目條件之後，再介紹它的用法。

2. IRR 函數介紹

IRR 函數返回由數值代表的一組現金流的內部收益率。這些現金流不必為均衡的，但作為年金，它們必須按固定的間隔產生，如按月或按年。語法如下：

IRR（values, guess）

values 為數組或單元格的引用，包含用來計算返回的內部收益率的數字。

values 必須包含至少一個正值和一個負值，以計算返回的內部收益率。

guess 為對函數 IRR 計算結果的估計值。從 guess 開始，函數 IRR 進行循環計算，直至結果的精度達到指定的一個較小的小數。在大多數情況下，並不需要為函數 IRR 的計算提供 guess 值。如果省略 guess，Excel 會自動假設它為 0.1（10%）。如果函數 IRR 返回錯誤值 #NUM!，或結果沒有靠近期望值，可用另一個 guess 值再試一次。

三、實訓步驟

（1）新建一個 Excel 文檔，填入所需數據，如圖 5.4 所示。

	A	B	C	D	E
1					
2		時期	淨現金流（萬元）		
3		0	-10 000		
4		1	2 000		
5		2	2 000		
6		3	4 000		
7		4	4 000		
8		5	5 000		
9					
10		同行業報酬率標準	10%		
11					
12		內部報酬率			
13					

圖 5.4

（2）在 C12 單元格中輸入公式「=IRR（C3：C8）」，即可求解得到內部報酬率的值 0.173 0，如圖 5.5 所示。

	A	B	C	D	E
1					
2		時期	淨現金流（萬元）		
3		0	-10 000		
4		1	2 000		
5		2	2 000		
6		3	4 000		
7		4	4 000		
8		5	5 000		
9					
10		同行業報酬率標準	10%		
11					
12		內部報酬率	0.173 0		
13					

圖 5.5

（3）項目評價。

從圖 5.5 中可見，求解得到的內部報酬率為 0.173 0，遠遠大於給定的行業標準 0.10，因此，我們認為該項目是值得投資的，因為它的內部報酬率已經超過了行業標準。

（4）用規劃求解的方法來求解內部報酬率。
①新建如圖 5.6 所示的表格。

基於 Excel 的財務金融建模實訓

	A	B	C	D	E
1					
2		时期	净现金流（万元）	折现到0时点的现值（万元）	
3		0	-10 000	-10 000.00	
4		1	2 000	2 000.00	
5		2	2 000	2 000.00	
6		3	4 000	4 000.00	
7		4	4 000	4 000.00	
8		5	5 000	5 000.00	
9					
10		同行业报酬率标准	10%		
11		净现值	7 000.00		
12		内部报酬率			
13					

圖 5.6

顯而易見，該表格與計算淨現值的表格幾乎一樣。是的，用規劃求解的方法來操作，事先就必須寫出淨現值的計算過程和公式，然後再根據內部報酬率的定義來求解。

根據理論部分的介紹，我們知道，內部報酬率就是使得投資的淨現值為 0 的貼現率。因此，求解內部報酬率就是解一個一元方程。該方程的目標函數為淨現值，變量是內部報酬率。我們要求解的是，內部報酬率這個變量取何值時，淨現值為零。

②第 D 列的現值計算公式跟「淨現值法」案例中的是一樣的。在這裡，我們給讀者列舉 C11 單元格（目標單元格：淨現值）和 D4 單元格的公式給讀者，如下所示：

C11 單元格的公式＝SUM（D3：D8）

D4 單元格的公式＝-PV（＄C＄12，B4，0，C4）

從 D4 到 D8 單元格的公式中，都包含了 C12 單元格作為 rate 參數，然而此時 C12 單元格的值是空值，因此 Excel 就把它當作 0 處理，於是此時淨現值的結果為 7,000。當內部報酬率的值發生變化的時候，淨現值自然也隨之而變。

③規劃求解內部報酬率。

把「規劃求解參數設置」的窗口點出來之後，按照如圖 5.7 所示的樣子設置參數。需要強調的是，目標單元格的值應設為 0，求解方法應設為「非線性」。

圖 5.7

點擊「求解」之後，即可得到內部報酬率的可行解，Excel 會自動存入相應單元格。結果如圖 5.8 所示。

時期	淨現金流（萬元）	折現到0時點的現值（萬元）
0	-10 000	-10 000.00
1	2 000	1 704.96
2	2 000	1 453.44
3	4 000	2 478.05
4	4 000	2 112.49
5	5 000	2 251.06

同行業報酬率標準	10%
淨現值	0.00
內部報酬率	0.173 0

圖 5.8

從圖 5.8 中可以發現，當 C12 單元格取值為 0.173 0 時，淨現值正好為 0，所以，0.173 0 就是項目的內部報酬率。

（5）用 RATE 函數求解內部報酬率

①修改題目為：某公司要決定是否投入一項新的消費品的生產。根據預測的銷售收入和成本，預計在項目的 5 年年限中，每年年末將獲得現金流 3,000 萬元，最後一年年末還能獲得項目轉讓收入 3,000 萬元。生產項目的投入成本為 10,000 萬元。假定同行業報酬率標準為 10%。請根據內部報酬率法來判斷該項目是否可行。

②根據題目條件，編寫一個新的表格。然後我們採用 RATE 函數和 IRR 函數兩種方法來計算內部報酬率，可以發現，結果是一樣的，如圖 5.9 所示。

	A	B	C	D
1				
2		時期	淨現金流（萬元）	
3		0	-10 000	
4		1	3 000	
5		2	3 000	
6		3	3 000	
7		4	3 000	
8		5	6 000	
9				
10		同行業報酬率標準	10%	
11		內部報酬率	0.207 3	=IRR(C3:C8)
12		內部報酬率	0.207 3	=RATE(B8,C4,C3,C8-C4)
13				

圖 5.9

四、注意事項

（1）IRR 函數的參數要包含所有時點上的現金流，這一點與 NPV 函數是不同的。並且，在包含的現金流中，既要有正值，又要有負值，否則就不符合實際，Excel 計算出來的值將顯示錯誤提示。

（2）RATE 函數的使用要注意適用條件。如果每期發生的現金流不固定，沒有規律，那麼只能用 IRR 函數，而不能用 RATE 函數。

實訓技能 3　投資回收期法

一、實訓內容

繼續沿用上面的例子。某公司要決定是否投入一項新的消費品的生產。根據預測的銷售收入和成本，預計在項目的 5 年年限中，第 1、2 年的現金流為每年 2,000 萬元，第 3、4 年為每年 4,000 萬元，第 5 年為 5,000 萬元。生產項目的投入成本為 10,000 萬

元。假定同行業靜態投資回收期標準為 4 年。請根據投資回收期法來判斷該項目是否可行。

二、實訓方法

求解投資回收期，要計算累積淨現金流，然後觀察從哪一年開始，累積淨現金流從負值變成正值，然後再根據公式進行計算。由於需要人工觀察正值出現的年份，因此，這種方法帶有較大的手動性質。如果善用 Excel 函數的話，可以實現對正值出現年份的自動記錄，並完成計算結果。

三、實訓步驟

（1）新建如圖 5.10 所示的表格，把累積淨現金流計算出來。

时期	净现金流（万元）	累积净现金流（万元）
0	-10 000	-10 000
1	2 000	-8 000
2	2 000	-6 000
3	4 000	-2 000
4	4 000	2 000
5	5 000	7 000

圖 5.10

（2）觀察累積淨現金流開始出現正值的年份。

從圖 5.10 中，可以看到，累積淨現金流開始出現正值的年份為 4，於是上年（第 3 年）累積淨現金流為 -2,000，其絕對值為 2,000，當年的淨現金流則為 4,000。

根據投資回收期的計算公式：

$$投資回收期 = \frac{累積淨現金流開始出現正值的年份數}{1} - 1 + \frac{上年累積淨現金流的絕對值}{當年淨現金流}$$

代入已經計算出來的數值到等式右邊，可得：

投資回收期 = 4 - 1 + 2,000 ÷ 4,000 = 3.5（年）

（3）項目評價。

根據上面的計算，我們得到該項目的靜態投資回收期為 3.5 年，而同行業靜態投資回收期標準為 4 年，因此，該項目與同行業相比的話，算是提前收回了投資，因而具有較好的投資價值，值得投資。

四、注意事項

動態投資回收期與靜態投資回收期的區別僅在於：動態投資回收期是把投資項目各年的淨現金流量按基準收益率折成現值之後，再來推算投資回收期。除此之外，計

算公式與操作方法都是一樣的。請讀者自行沿用上面的案例，計算項目的動態投資回收期。

任務 2　資本成本與資本結構

【案例導入】

某企業現有資本結構為：長期負債 1,000 萬元，利息率為 9%；普通股 7,500 萬元，共 100 萬股。企業計劃擴大規模，籌資 1,500 萬元。

營業目標：息稅前利潤達到 1,600 萬元。

現有兩個方案：

方案 A：全部發行普通股，發行價 75 元。

方案 B：全部發行長期債券，利息率 12%。

請判斷哪一種增資方案比較好。

思考：融資方案有優劣，如何判斷哪一個方案是最優的呢？判斷標準是唯一的嗎？還是有多種？

【任務目標】

通過實訓，學生應對融資方法、資本成本以及資本結構問題有更深入的認識，能夠熟練運用 Excel 工具對資本結構問題進行分析與求解。

【理論知識】

一、融資方式

企業籌集的資金，按資金來源性質不同，可以分為債務資本與權益資本。債務資本需要償還，而權益資本不需要償還，只需要在有營利時進行分配。通過貸款、發行債券籌集的資金屬於債務資本，通過留存收益、發行股票籌集的資金屬於權益資本。

二、資本成本

（1）資本成本是指企業取得和使用資本時所付出的代價，包括資金占用費（用資費用）和資金籌集費（籌資費用）兩部分。

用資費用，是指企業為使用資金而付出的代價，比如債務資金的利息和權益資金的股利、分紅等。其特點是與資金的使用時間長短有關。

籌資費用，是指企業在資金籌集階段而支付的代價，比如發行股票和債券所支付

的發行手續費、律師費、資信評估費、公證費、擔保費、廣告費、印刷費等。其特點是籌資開始時一次性支付。

(2) 通常我們所說的資本成本是指年資本成本率。計算公式如下：

$$資本成本 = \frac{年實際負擔的用資費用}{實際籌資淨額} = \frac{年實際負擔的用資費用}{(籌資總額 - 籌資費用)}$$

(3) 加權平均資金成本（WACC）。

加權平均資金成本又叫綜合資本成本率，是指分別以各種資金成本為基礎，以各種資金所占全部資金的比重為權數計算出來的綜合資金成本。

$$K_w = \sum_{j=1}^{n} K_j W_j$$

式中：K_j 是單個資本成本，W_j 是與之對應的權重。如果考慮稅後資金成本，則進行如下調整：

$$K_j = K_j \times (1 - t)$$

將 WACC 與相應地投資報酬率相比較，可以判定某一籌資方案或項目是否可行。只有綜合資本成本小於投資報酬率的項目才是可以接受的。

(4) 資本成本的意義。

①資本成本是企業投資者（包括股東和債權人）對投入企業的資本所要求的收益率。

②資本成本是選擇資金來源、確定籌資方案的重要依據，企業力求成本最低的籌資方式。

③資本成本是評價投資項目、決定投資與否的重要標準。

④資本成本還可以作為衡量企業經營成果的尺度，即經營利潤率應高於資本成本，否則表明業績欠佳。

三、資本結構

(1) 資本結構是指企業各種資本的價值構成及其比例，主要反應的是企業債務與股權的比例關係。

資本結構在很大程度上決定著企業的償債和再融資能力，決定著企業未來的盈利能力，是企業財務狀況的一項重要指標。合理的融資結構可以降低融資成本，發揮財務槓桿的調節作用，使企業獲得更大的自有資金收益率。

(2) 最優資本結構。

①比較資本成本法。

決策原則為，擬訂多個備選方案，選擇加權平均資本成本最低的方案為最優方案。計算各方案的加權資本成本，選擇 WACC 最低的結構為最優資本結構。

②無差異點分析法。

無差異點分析法又稱每股利潤分析法，是利用每股利潤無差別點來進行資本結構決策的方法。每股收益無差別點是指每股收益不受融資方式影響的息稅前利潤水平。在每股收益無差別點上，無論是採用負債融資，還是採用權益融資，每股收益都是相

等的。

$$\frac{(EBIT - I_1)(1 - T) - D_{p1}}{N_1} = \frac{(EBIT - I_2)(1 - T) - D_{p2}}{N_2} = EPS$$

式中：EBIT：息稅前利潤（方程的解即每股利潤無差別點）。

I1，I2：兩種增資方式下的年利息。

Dp1，Dp2：兩種籌資方式下的年優先股股利。

N1，N2：兩種籌資方式下普通股股份數。

四、財務槓桿

財務槓桿又叫籌資槓桿或融資槓桿，是指由於固定債務利息和優先股股利的存在而導致普通股每股利潤變動幅度大於息稅前利潤變動幅度的現象。財務槓桿效應通常用財務槓桿系數（DFL）來表示。計算公式如下：

財務槓桿系數（DFL）＝普通股每股收益變動率÷息稅前利潤變動率

如果用 EPS 來表示變動前普通股每股收益，EBIT 來表示變動前的息稅前利潤，則上述公式可寫為：

$$DFL = \frac{\Delta EPS/EPS}{\Delta EBIT/EBIT}$$

上式又可推導為：

$$DFL = \frac{EBIT}{EBIT - I}$$

無論企業的營業利潤是多少，債務利息和優先股的股利都是固定不變的。當息稅前利潤增大時，每一元盈餘所負擔的固定財務費用就會相應減少，這能給普通股股東帶來更多的盈餘。對投資者而言，這種債務影響的是企業的息稅后利潤而不是息稅前利潤。

實訓技能 1　資本成本的計算

一、實訓內容

某企業取得 5 年期長期借款 200 萬元，年利率為 11%，每年付息一次，到期一次還本，籌資費用率為 0.5%，企業所得稅稅率為 25%。請計算該項長期借款的資本成本。

二、實訓方法

（一）長期資本成本的計算公式

$$K_l = \frac{I_l(1 - T)}{L(1 - F_l)} = \frac{R_l(1 - T)}{1 - F_l}$$

式中：K_l——長期借款成本率；

I_l——長期借款年利息額；

T——企業所得稅率；

L——長期借款本金；

F_l——長期借款籌資費用率；

R_l——借款年利率。

(二) 考慮資金時間價值的修正公式

$$L(1-F_l) = \sum_{t=1}^{n} \frac{I_t}{(1+K)^t} + \frac{P}{(1+K)^n}$$

稅后資本成本：$K_l = K(1-T)$

根據上述公式可知，考慮資金時間價值的長期資本成本，其實就是使長期借款的現金流入與其現金流出的淨現值為零的貼現率。由於考慮了資金時間價值，因而更為科學合理。

三、實訓步驟

（1）創建一個 Excel 表格，填入本例所需數據及條件，如圖 5.11 所示。

	A	B	C	D	E
1					
2		借款本金（万元）	200		
3		籌資費率	0.50%		
4		籌資期限（年）	5		
5		年利率	11%		
6		所得稅率	25%		
7					
8		年利息額（万元）	22		
9		應償還本金（万元）	200		
10		籌資淨額（万元）	199.00		
11					
12		資本成本			
13					

圖 5.11

C8 單元格（年利息額）＝ C2 * C5

C10 單元格（籌資淨額）＝ C2 *（1-C3）

（2）根據長期資本成本的計算公式，計算該籌資方案的成本。

在 C12 單元格（資本成本）填入公式「＝C8 *（1-C6）/C10」，即可得到計算結果，如圖 5.12 所示。

	A	B	C	D	E
1					
2		借款本金（萬元）	200		
3		籌資費率	0.50%		
4		籌資期限（年）	5		
5		年利率	11%		
6		所得稅率	25%		
7					
8		年利息額（萬元）	22		
9		应偿还本金（萬元）	200		
10		籌資淨額（萬元）	199.00		
11					
12		資本成本	8.29%		
13					

圖 5.12

（3）考慮資金時間價值的長期資本成本。

①根據公式 $L(1-F_l) = \sum_{t=1}^{n} \frac{I_t}{(1+K)^t} + \frac{P}{(1+K)^n}$，可知稅前資本成本 K 就是一系列資金流入流出（有現值、年金和終值）所內含的貼現率，因此，我們可以用 RATE 函數來求解。

②在 C12 單元格裡填入公式「=RATE（C4，C8，-C10，C9）」，然後在 C13 單元格裡填入公式「=C12＊（1-C6）」，即可得到稅前和稅后的資本成本，如圖 5.13 所示。

	A	B	C	D	E
1					
2		借款本金（萬元）	200		
3		籌資費率	0.50%		
4		籌資期限（年）	5		
5		年利率	11%		
6		所得稅率	25%		
7					
8		年利息額（萬元）	22		
9		应偿还本金（萬元）	200		
10		籌資淨額（萬元）	199.00		
11					
12		稅前資本成本	11.14%		
13		稅后資本成本	8.35%		

圖 5.13

對比兩次計算結果，可以看出，如果不考慮資金時間價值的話，長期借款的資本成本的計算是被低估了的。

實訓技能 2　最優資本結構的求解

一、實訓內容

某企業現有資本結構為：長期負債 1,000 萬元，利息率為 9%；普通股 7,500 萬元，共 100 萬股。企業計劃擴大規模，籌資 1,500 萬元。

營業目標：息稅前利潤達到 1,600 萬元。

現有兩個方案：

方案 A：全部發行普通股，發行價 75 元。

方案 B：全部發行長期債券，利息率 12%。

請判斷哪一種增資方案比較好？

二、實訓方法

（1）採用無差異點分析法來判斷，依據的方程如下：

$$\frac{(EBIT-I_1)(1-T)-D_{p1}}{N_1}=\frac{(EBIT-I_2)(1-T)-D_{p2}}{N_2}=EPS$$

（2）求解上面的方程（獲取無差異點）需要用規劃求解工具。

三、實訓步驟

（1）新建一個 Excel 文檔，按照圖 5.14 的樣子設計好表格。

項目	籌資前 金額(萬元)	比重	方案A: 發行股票 金額(萬元)	比重	方案B: 發行債券 金額(萬元)	比重
長期負債	1 000	11.80%	1 000	10%	2 500	25%
普通股	7 500	88.20%	9 000	90%	7 500	75%
資本總額	8 500	100%	10 000	100%	10 000	100%
年利息	90		90		270	
總股數	100		120		100	

所得稅率	25%
EBIT	
EPS$_A$	
EPS$_B$	
EPS$_A$-EPS$_B$	

圖 5.14

在圖 5.14 所示的表格中，我們把籌資前和籌資后（分 A、B 方案兩種情況）的資本結構清晰地展現了出來，方便后續的計算。以方案 A 為例，籌資后各重要指標的計

算方式如下：

①長期負債（E4 單元格）：由於方案 A 為發行股票，因此長期負債保持不變，還是 1,000 萬元。

②普通股（E5 單元格）：由於方案 A 發行了總額為 1,500 萬元的股票，因此普通股的總額在原來 7,500 萬元的基礎上增加到 9,000 萬元。

③年利息（E7 單元格）：方案 A 下，年利息與籌資前一樣，還是 90 萬元。

④總股數（E8 單元格）：新增股票的發行價為 75 元，因此總股數增加了 20 萬股（1,500÷75＝20），變為 120 萬股（100+20＝120）。

（2）計算兩種方案的 EPS 以及兩者之差。

①在 C11 單元格中（EBIT）輸入預期的利潤目標：1,600。

②在 C12 單元格中（EPS_A）輸入公式「＝（C11-E7）＊（1-C10）/E8」。

③在 C13 單元格中（EPS_B）輸入公式「＝（C11-G7）＊（1-C10）/G8」。

④在 C14 單元格中（EPS_A-EPS_B）輸入公式「＝C12-C13」。

輸入完公式之後，可以得到如圖 5.15 所示的結果。

項目	籌資前		方案A：發行股票		方案B：發行債券	
	金額(萬元)	比重	金額(萬元)	比重	金額(萬元)	比重
長期負債	1 000	11.80%	1 000	10%	2 500	25%
普通股	7 500	88.20%	9 000	90%	7 500	75%
資本總額	8 500	100%	10 000	100%	10 000	100%
年利息	90		90		270	
總股數	100		120		100	
所得稅率	25%					
EBIT	1 600					
EPS_A	9.44					
EPS_B	9.98					
EPS_A-EPS_B	-0.54					

圖 5.15

從圖 5.15 中，我們可以看到，當息稅前利潤達到目標 1,600 萬元時，如果採用方案 A 來增資，那麼每股收益 EPS_A 為 9.44 元，小於採用方案 B 來增資的每股收益 9.98 元。

$EPS_A-EPS_B=-0.54<0$

由此可見，如果預期目標實現的話，採用方案 B 來增資要優於方案 A。

（3）無差異點分析。

上面的分析方法是把預期的息稅前利潤 EBIT 直接代入，然後得到兩種方案下的每股收益 EPS，再進行對比，從而得到最優的決策。這種方法的缺點是，需要一個個代入不同的預期 EBIT，才能知道權益籌資和債務籌資的優劣。

而無差異點分析法旨在求出一個 EBIT 的臨界點來，當 EBIT 等於這個臨界點的時候，權益籌資與債務籌資的每股收益一樣，一旦低於這個臨界點，或超過這個臨界點，兩種籌資方式就有優劣之分。這個臨界點就被稱為「無差異點」，知道它的話，就能幫助我們快速作出判斷，而無須每次都代入預期的 EBIT 去計算兩種籌資方案下的 EPS 了。

求解無差異點的 EBIT，需要用規劃求解工具來解如下方程：

$$\frac{(EBIT - I_1)(1 - T) - D_{p1}}{N_1} = \frac{(EBIT - I_2)(1 - T) - D_{p2}}{N_2} = EPS$$

也就是解 EBIT 等於多少可以令 $EPS_A - EPS_B = 0$。

因此，我們把 C14 單元格（$EPS_A - EPS_B$）設為目標單元格，把 C11 單元格（EBIT）設為可變單元格，就可以解出無差異點了。參數設置如圖 5.16 所示。

圖 5.16

具體操作請讀者自行完成，結果應如圖 5.17 所示。

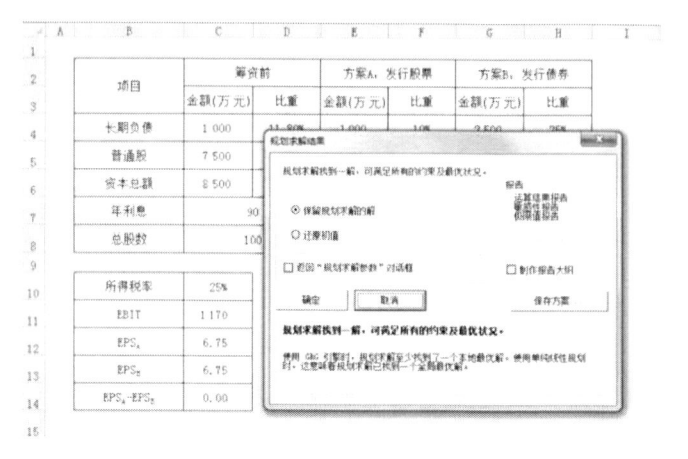

圖 5.17

從圖 5.17 所示的結果可知，EBIT 為 1,170 時，$EPS_A - EPS_B = 0$，因此，1,170 就是無差異點。對於無差異點分析法，我們有如下判斷法則：

當預計的 EBIT 高於每股收益無差別點的 EBIT 時，運用債務籌資可獲得較高的每股收益；當預計的 EBIT 低於每股收益無差別點的 EBIT 時，運用權益籌資可獲得較高的每股收益。

從判斷法則可知，預期的 EBIT 為 1,600，大於無差異點 1,170，因此，採用方案 B 來籌資是最優的選擇。

實訓技能 3　財務槓桿比率的計算與分析

一、實訓內容

本次實訓將根據圖 5.18 所示表格中三個公司兩年的經營指標，通過一年間所發生的變化來求解財務槓桿系數。

圖 5.18

二、實訓方法

本次實訓方法比較簡單，只需在圖 5.18 的基礎上建立新的表格，按照財務槓桿系數的公式，一步步求解出所需的條件，就可以得到正確的計算結果。

三、實訓步驟

（1）在如圖 5.18 所示的表格基礎上，增添幾行，得到新的 Excel 表格，如圖 5.19 所示。

	A	B	C	D	E	F
1						
2		項目	A公司	B公司	C公司	
3		普通股本（股本總金額）	2 000 000	1 500 000	1 000 000	
4		发行股數（總股數）	20 000	15 000	10 000	
5		債務	0	500 000	1 000 000	
6		资本總額(元)	2 000 000	2 000 000	2 000 000	
7		利率	8%	8%	8%	
8		所得稅稅率	25%	25%	25%	
9		第0年（初始狀態）				
10		息稅前盈余	200 000	200 000	200 000	
11		債務利息				
12		稅前盈余				
13		所得稅				
14		稅后盈余				
15		每股普通股收益				
16		第1年（后续狀態）				
17		息稅前盈余	400 000	400 000	400 000	
18		債務利息				
19		稅前盈余				
20		所得稅				
21		稅后盈余				
22		每股普通股收益				
23		計算依據				
24		息稅前盈余增加倍數				
25		每股普通股收益增加倍數				
26		計算結果				
27		財務杠杆系數（定義式）				
28		財務杠杆系數（公式）				
29						

圖 5.19

（2）在圖 5.19 所示的表格中，從上到下，把空白單元格的指標計算出來，即可得到結果。

以 B 公司為例，在圖 5.20 中列出了各項指標的 Excel 計算公式，請讀者自行操作。三個公司的最后完整結果應如圖 5.21 所示。

註：在實際操作中，如果不考慮自動複製填充公式到其他單元格，那麼公式中行號列標前的絕對引用符號「＄」，可有可無。圖中之所以出現，乃是在原表格的操作中，為了自動複製填充單元格的公式，在某些行號列標前加上了它。如果讀者沒有這種需求的話，那麼請在自行操作的時候忽略。當然，如果不小心添加上絕對引用符號，也不會有任何影響。添加或不添加絕對引用符號「＄」，只是在自動複製填充公式時才有區別，除此之外，別無二致。

	A	B	C	D	E
1					
2		项目	B公司		
3		普通股本（股本总金额）	1500 000		
4		发行股数（总股数）	15 000		
5		债务	500 000		
6		资本总额(元)	2000 000		
7		利率	8%		
8		所得税税率	25%		
9		第0年（初始状态）			
10		息税前盈余	200 000		
11		债务利息	40 000	=C$5*C$7	
12		税前盈余	160 000	=C$10-C$11	
13		所得税	40 000	=C$12*C$8	
14		税后盈余	120 000	=C$12-C$13	
15		每股普通股收益	8.00	=C$14/C$4	
16		第1年（后续状态）			
17		息税前盈余	400 000		
18		债务利息	40 000	=C$5*C$7	
19		税前盈余	360 000	=C$17-C$18	
20		所得税	90 000	=C$19*C$8	
21		税后盈余	270 000	=C$19-C$20	
22		每股普通股收益	18	=C$21/C$4	
23		计算依据			
24		息税前盈余增加倍数	1.00	=C$17/C$10-1	
25		每股普通股收益增加倍数	1.25	=(C$22-C$15)/C$15	
26		计算结果			
27		财务杠杆系数（定义式）	1.25	=C$25/C$24	
28		财务杠杆系数（公式）	1.25	=C$10/(C$10-C$11)	

图 5.20

	A	B	C	D	E	F
1						
2		项目	A公司	B公司	C公司	
3		普通股本（股本总金额）	2 000 000	1 500 000	1 000 000	
4		发行股数（总股数）	20 000	15 000	10 000	
5		债务	0	500 000	1 000 000	
6		资本总额(元)	2 000 000	2 000 000	2 000 000	
7		利率	8%	8%	8%	
8		所得税税率	25%	25%	25%	
9		第0年（初始状态）				
10		息税前盈余	200 000	200 000	200 000	
11		债务利息	0	40 000	80 000	
12		税前盈余	200 000	160 000	120 000	
13		所得税	50 000	40 000	30 000	
14		税后盈余	150 000	120 000	90 000	
15		每股普通股收益	7.50	8.00	9.00	
16		第1年（后续状态）				
17		息税前盈余	400 000	400 000	400 000	
18		债务利息	0	40 000	80 000	
19		税前盈余	400 000	360 000	320 000	
20		所得税	100 000	90 000	80 000	
21		税后盈余	300 000	270 000	240 000	
22		每股普通股收益	15	18	24	
23		计算依据				
24		息税前盈余增加倍数	1.00	1.00	1.00	
25		每股普通股收益增加倍数	1.00	1.25	1.67	
26		计算结果				
27		财务杠杆系数（定义式）	1.00	1.25	1.67	
28		财务杠杆系数（公式）	1.00	1.25	1.67	

图 5.21

四、注意事項

（1）構建 Excel 表格沒有統一的標準，在本次任務的解決方案中，我們可以用自己的思路來構建表格，只要保證格式規範、邏輯清晰即可。

（2）關於財務槓桿系數的計算，有定義式和計算公式兩種，定義式同時也是計算公式，但計算公式卻不是定義式，它只是定義式推導出來的定理，方便我們進行計算而已。這是需要加以強調的，千萬不要混為一談。

任務 3　最優化問題

【案例導入】

假設某工廠生產甲、乙兩種產品，需要消耗煤、電力和勞動力。在任何一個時期（1 天、1 個月或 1 年），工廠所能利用的這三種生產要素的總量都是有限的。在每件產品利潤已知的前提下，工廠應該如何安排兩種產品的產量，才能使工廠在當期的獲利最大呢？

思考：

上面的案例給我們提出了「如何決定生產方案」的問題，在現實中，諸如此類的問題還有很多，比如「如何定價」「如何採購原材料」等。這些問題被統稱為「最優化問題」。

【任務目標】

通過實訓，學生應對經濟管理決策中的最優化問題有一定的瞭解，能夠熟練運用 Excel 中的規劃求解工具進行最優化求解。

【理論知識】

一、最優化問題

最優化，是應用數學的一個分支，主要研究目標函數在什麼條件下可以獲得最小值、最大值或等於某個給定的值。最優化是一門應用得相當廣泛的學科，常見於經濟計劃、工程設計、生產管理、交通運輸、國防等重要領域，已受到政府部門、科研機構和產業部門的高度重視。伴隨著計算機的高速發展和優化計算方法的進步，規模越來越大的優化問題也將得到解決。

二、最優化問題的種類

最優化問題包含線性規劃、整數規劃、二次規劃、非線性規劃、動態規劃等分支。在 Excel 中，我們求解最優化問題通常採用的是系統自帶的「規劃求解」工具，它可以滿足我們工作中大多數的求解需要。

三、經濟管理中常見的最優化問題

(一) 廠家生產決策問題

(1) 利潤最大化生產：根據每種生產資料的可用數量和每種產品的預期利潤來決定利潤最大化目標下的生產方案。

(2) 成本最小化生產：在給定生產資料的成本和產量目標的前提下，追求成本最小的生產方案。

(二) 商家盈虧平衡問題

商家在給定的成本和單價條件下，達到多少銷量才能盈虧平衡？盈虧平衡點，又稱零利潤點、保本點、盈虧臨界點、損益分歧點、收益轉折點，通常是指全部銷售收入等於全部成本時（銷售收入線與總成本線的交點）的產量或銷量。以盈虧平衡點為界限，當銷售量高於盈虧平衡點時企業盈利；反之，企業就虧損。

(三) 投資者最優證券組合問題

投資者在給定證券收益和風險的條件下，如何組建投資組合才能使得單位風險報酬最大？這方面的最優化問題，本書在關於金融投資的模塊中已經做過相關介紹。

(四) 其他問題

經濟管理中常見的最優化問題有很多，本書不打算在這裡一一羅列，請讀者參閱其他相關專業書籍，並且在學習和工作的過程中，加以歸納總結。

實訓技能 I　最優生產決策問題

一、實訓內容

某廠生產甲、乙兩種產品，生產甲種產品每件要消耗煤 9 噸，電力 4 千瓦，使用勞動力 3 個，獲利 70 元；生產乙種產品每件要消耗煤 4 噸，電力 5 千瓦，使用勞動力 10 個，獲利 120 元。有一個生產日，這個廠可動用的煤是 360 噸，電力是 200 千瓦，勞動力是 300 個。

請問：應該如何安排甲、乙兩種產品的生產（產量為整數），才能使工廠在當日的獲利最大？該廠當日的最大獲利是多少？

二、實訓方法

本案例屬於典型的線性規劃問題，需要用到「規劃求解」工具。關於「規劃求解」工具的操作方法，在本書其他實訓案例中已經多次出現過，這裡就不再詳細介紹。

三、實訓步驟

（1）新建一個 Excel 表格，根據案例所給條件，編寫如圖 5.22 所示的表格。

圖 5.22

（2）在圖 5.22 所示的表格中，填入總消耗量、總利潤等指標的公式。由於產量單元格均為空白，所以此時的總利潤會顯示為 0，如圖 5.23 所示。

圖 5.23

在圖 5.23 所示的表格中，填入的公式如下所示：

  E4 單元格（煤總消耗量）＝ C＄10＊C4+D＄10＊D4

  E5 單元格（電力總消耗量）＝ C＄10＊C5+D＄10＊D5

E6 單元格（勞動力總消耗量）＝C＄10＊C6+D＄10＊D6

C11 單元格（甲產品的總利潤）＝C9＊C10

D11 單元格（乙產品的總利潤）＝D9＊D10

C13 單元格（甲、乙產品的總利潤）＝C11+D11

（3）在圖 5.23 所示表格的基礎上，調用「規劃求解」工具，然后設定參數值，如圖 5.24 所示。

圖 5.24

（4）在正確操作完上一步的參數設置之后，點擊「求解」，即可得到結果，如圖 5.25 所示。

	A	B	C	D	E	F	G
1							
2				约束条件			
3		投入项	每件甲产品消耗量	每件乙产品消耗量	总消耗量	总可用额度	
4		煤（吨）	9	4	276	360	
5		电力（千瓦）	4	5	200	200	
6		劳动力	3	10	300	300	
7							
8		指标	甲	乙			
9		单件利润（元）	70	120			
10		产量（个）	20	24			
11		总利润（元）	1 400	2 880			
12							
13		甲、乙产品总利润（元）	4 280				
14							

圖 5.25

從圖 5.25 中可見，當甲、乙兩種產品的產量安排為 20 和 24 時，總利潤達到最大，為 4,280 元。

四、注意事項

（1）在規劃求解的參數設置中，特別要注意本例的目標單元格是求最大值。另外，約束條件是：煤、電力和勞動力的總消耗量不能超過總可用額度。

（2）在求解本案例的過程中，沒有必要照搬本書的做法來創建表格，讀者完全可以按照自己的習慣偏好來創建，建議嘗試去創建其他形式的表格來完成本案例的訓練，這樣更能夠鍛煉讀者的建模能力。

實訓技能 2　盈虧平衡問題

一、實訓內容

某公司生產一種產品的固定成本為 18,000 元，單位變動成本為 1.8 元/件，單價為 5.0 元/件，請為該公司管理人員確定該產品的盈虧平衡銷量。

二、實訓方法

（1）採用盈虧平衡分析法。

當生產或銷售某產品的總收入與總成本相等時，即達到了盈虧平衡，此時的產量或銷量，即是盈虧平衡的產量或銷量。

$$總收入 = 銷量 \times 單價$$
$$總成本 = 固定成本 + 銷量 \times 單位變動成本$$
$$總利潤 = 總收入 - 總成本$$

（2）利用 Excel 的「規劃求解」工具來求解盈虧平衡點。

三、實訓步驟

（1）新建一個 Excel 表格，創建如圖 5.26 所示的表格。

圖 5.26

（2）填入總收入、總成本和總利潤的公式，如下所示：

C7 單元格（總收入）= C5 * C4

C8 單元格（總成本）= C5 * C3+C2

C9 單元格（總利潤）= C7-C8

（3）點出「規劃求解參數」，設置目標單元格、可變單元格及其他選項，如圖 5.27 所示。

圖 5.27

(4) 設置參數完畢，點擊「求解」，即可解出結果，如圖 5.28 所示。

	A	B	C	D
1				
2		固定成本(元)	18 000	
3		单位变动成本(元)	1.8	
4		单价(元)	5	
5		销量(件)	5 625	
6				
7		总收入(元)	28 125	
8		总成本(元)	28 125	
9		总利润(元)	0.00	
10				

圖 5.28

從圖 5.28 中可知，當銷量為 5,625 件時，總利潤剛好為 0，此銷量即為盈虧平衡銷量。當銷量大於 5,625 件時，總利潤將為正。

四、注意事項

在本例中，所有條件都是極其簡單的，然而在現實經濟管理活動中，最優化問題可能很複雜，需要讀者理清各相關變量之間的關係，把模型創建好。

任務 4　經濟數據的分析與預測

【案例導入】

已知產品過去的銷售數據，如何預測下一個月的產品銷售額？已知過去數年的銷量和員工的薪酬以及當地的平均戶總收入情況，估算銷量是如何受員工薪酬和居民收入情況影響的。已知中國歷年的居民總消費水平和 GDP（國內生產總值），嘗試去求解中國經濟的邊際消費傾向。

思考：

以上所有問題都可歸結於分析經濟變量之間的關係，搞清楚這些關係，那麼對於洞察當前的經濟情況和預測未來的發展態勢，都具有指導性的意義。

【任務目標】

通過實訓，學生應能夠熟練運用 Excel 工具對經濟統計數據進行分析，並對未來的

發展情況進行科學的預測。

【理論知識】

一、統計分析

統計分析是指運用統計方法及與分析對象有關的知識，從定量與定性的結合上進行的研究活動。它是在統計調查、統計整理的基礎上通過分析從而達到對研究對象更為深刻的認識。

統計分析的三大主要內容：

1. 搜集數據

搜集數據是進行統計分析的前提和基礎。搜集數據的途徑眾多，可通過實驗、觀察、測量、調查等獲得直接資料，也可通過文獻檢索、閱讀等來獲得間接資料。搜集數據的過程中除了要注意資料的真實性和可靠性外，還要特別注意區分兩類不同性質的資料：一是連續數據，也叫計量資料，指通過實際測量得到的數據；二是間斷數據，也叫計數資料，指通過對事物類別、等級等屬性點計所得的數據。

2. 整理數據

整理數據就是按一定的標準對搜集到的數據進行歸類匯總的過程。由於搜集到的數據大多是無序、零散、不系統的，在進入統計運算之前，需要按照研究的目的和要求對數據進行核實，剔除其中不真實的部分，再分組匯總或列表，從而使原始資料簡單化、形象化、系統化，並能初步反應數據的分佈特徵。

3. 分析數據

分析數據指在整理數據的基礎上，通過統計運算，得出結論的過程。它是統計分析的核心和關鍵。數據分析通常可分為兩個層次：第一個層次是用描述統計的方法計算出反應數據集中趨勢、離散程度和相關強度的具有外在代表性的指標；第二個層次是在描述統計的基礎上，用推斷統計的方法對數據進行處理，以樣本信息推斷總體情況，並分析和推測總體的特徵和規律。

二、迴歸分析

迴歸分析是確定兩種或兩種以上變量間相互依賴的定量關係的一種統計分析方法，運用得十分廣泛。按照自變量和因變量之間的關係類型，迴歸分析可分為線性迴歸分析和非線性迴歸分析。迴歸分析按照涉及的自變量的多少，可分為一元迴歸分析和多元迴歸分析。如果在迴歸分析中，只包括一個自變量和一個因變量，且二者的關係可用一條直線近似表示，這種迴歸分析被稱為一元線性迴歸分析。如果迴歸分析中包括兩個或兩個以上的自變量，且因變量和自變量之間是線性關係，則稱其為多元線性迴歸分析。

實訓技能 1　運用移動平均來預測經濟數據

一、實訓內容

已知某商場在兩年內各個月份的產品銷售額數據，填於如圖 5.29 所示的表格中。現要求建立移動平均模型來預測第 25 個月的產品銷售額預測值。

月份	產品銷售額(萬元)	月份	產品銷售額(萬元)	月份	產品銷售額(萬元)	月份	產品銷售額(萬元)
1	30	7	34	13	37	19	36
2	32	8	38	14	30	20	32
3	30	9	32	15	35	21	36
4	39	10	39	16	30	22	38
5	33	11	30	17	34	23	42
6	30	12	36	18	40	24	34

圖 5.29

二、實訓方法

（1）本例需要用到移動平均預測法，也就是通過求取最近若幹個月的銷售額的平均值，用來作為下一個月的銷售額的預測值。

（2）在求取移動平均值的時候，到底取多少個月作為跨度，這要通過科學合理的評估來決定。評估方法是採用均方誤差（MSE）這個指標。具體判斷法則是，以歷史樣本數據為據，能夠使得 MSE 最小的時間跨度即為最優跨度。那麼我們就用最優跨度來求取移動平均值，作為對未來的預測。

（3）Excel 函數的使用。

在本案例的操作中，需要用到的 Excel 函數有很多。現逐一介紹如下：

（1）AVERAGE 函數：求算術平均值的函數。

語法：

AVERAGE（number1，number2，…）

number1，number2，…是要計算平均值的參數。

（2）IF 函數：判斷函數。

語法：

IF（logical_ test，value_ if_ true，value_ if_ false）

第一個參數為條件，如果成立，那麼返回第二個參數的值；否則，返回第三個參數的值。

（3）OFFSET 函數：獲取一個相對於參照點偏移的區域。

語法：

OFFSET（reference，rows，cols，height，width）

reference 作為偏移量參照系的引用區域。Reference 必須為對單元格或相連單元格區域的引用；否則，函數 OFFSET 返回錯誤值#VALUE！。

rows 相對於偏移量參照系的左上角單元格，上（下）偏移的行數。如果使用 5 作為參數 Rows，則說明目標引用區域的左上角單元格比 reference 低 5 行。行數可為正數（代表在起始引用的下方）或負數（代表在起始引用的上方）。

cols 相對於偏移量參照系的左上角單元格，左（右）偏移的列數。如果使用 5 作為參數 cols，則說明目標引用區域的左上角的單元格比 reference 靠右 5 列。列數可為正數（代表在起始引用的右邊）或負數（代表在起始引用的左邊）。

height 高度，即所要返回的引用區域的行數。height 必須為正數。

width 寬度，即所要返回的引用區域的列數。width 必須為正數。

（4）SUMXMY2 函數：返回兩數組中對應數值之差的平方和。

語法：

SUMXMY2（array_ x，array_ y）

array_ x 為第一個數組或數值區域。

array_ y 為第二個數組或數值區域。

（5）INDEX 函數：返回表或區域中的值或對值的引用。

函數 INDEX 有兩種形式：數組形式和引用形式。數組形式通常返回數值或數值數組；引用形式通常返回引用。在這裡我們只介紹數組形式。

語法：

INDEX（array，row_ num，column_ num）

參數：

array 為單元格區域或數組常數；row_ num 為數組中某行的行序號，函數從該行返回數值。如果省略 row_ num，則必須有 column_ num；Column_ num 是數組中某列的列序號，函數從該列返回數值。如果省略 column_ num，則必須有 row_ num。

（6）MATCH 函數：返回指定數值在指定數組區域中的位置。

語法：

MATCH（lookup_ value，lookup_ array，match_ type）

lookup_ value：需要在數據表（lookup_ array）中查找的值。

lookup_ array：可能包含有所要查找數值的連續的單元格區域，區域必須是某一行或某一列，即必須為一維數據，引用的查找區域是一維數組。

match_ type：為 1 時，查找小於或等於 lookup_ value 的最大數值在 lookup_ array 中的位置，lookup_ array 必須按升序排列；為 0 時，查找等於 lookup_ value 的第一個數值，lookup_ array 按任意順序排列；為−1 時，查找大於或等於 lookup_ value 的最小數值在 lookup_ array 中的位置，lookup_ array 必須按降序排列。利用 MATCH 函數的查找功能時，當查找條件存在時，MATCH 函數結果為具體位置（數值），否則顯示#N/A 錯誤。

註：當所查找對象在指定區域未發現匹配對象時將報錯。

（7）MIN 函數：求最小值的函數。

語法：

MIN（number1，number2，…）

参数：

Number1，number2，… 是要從中找出最小值的數字參數。

（8）COUNT 函數：返回作為參數的區域中有數值單元格的個數。語法略。

三、實訓步驟

（1）新建如圖 5.30 所示的表格，把產品銷售額數據填入其中。

圖 5.30

在圖 5.30 所示的表格中，輔助表是用來輔助求解最優移動平均跨度的，隨著后面介紹的深入，讀者將會明白其用意。

（2）在 G2 單元格（移動平均跨度）隨便輸入一個數值，比如 4，以便其他關聯單元格得以即時顯示結果。

（3）在 D3 單元格中輸入公式「=IF（B3<=＄G＄2," "，AVERAGE（OFFSET（D3，-＄G＄2，-1，＄G＄2，1）））」，然后下拉單元格直到 D26 為止，令該公式自動複製到后面各行的同列單元格中，可得到如圖 5.31 所示的結果。

月份	產品銷售額(萬元)	移動平均值
1	30	
2	32	
3	30	
4	39	
5	33	32.75
6	30	33.5
7	34	33
8	38	34
9	32	33.75
10	39	33.5
11	30	35.75
12	36	34.75
13	37	34.25
14	30	35.5
15	35	33.25
16	30	34.5
17	34	33
18	40	32.25
19	36	34.75
20	32	35
21	36	35.5
22	38	36
23	42	35.5
24	34	37

移動平均跨度　4
MSE

最佳移動平均跨度
第25月的預測值

輔助表
1
2
3
4
5
6
7
8
9
10

圖 5.31

從圖 5.31 中，我們可以看到，如果移動平均跨度為 4 的話，那麼從第 5 期開始才有移動平均值，這正好符合移動平均跨度為 4 時的情形。比如第 5 期，其移動平均值（也就是預測值）為 32.75，正好是第 1～4 期實際銷售額的平均值。而第 4 期，由於在它之前只有 3 期，小於移動平均跨度 4，無法計算，因此我們在公式中令其為空。

(4) 解釋 D7 單元格（第一個有預測值的單元格）的公式。

公式＝IF（B7＜＝＄G＄2，" "，AVERAGE（OFFSET（D7，－＄G＄2，－1，＄G＄2，1）））

在下面的介紹中，請讀者參照前面介紹過的函數用法來加以理解。

＊OFFSET（D7，－＄G＄2，－1，＄G＄2，1）

以 D7（第一個參數）作為參照點，上移 4 行（第二個參數－＄G＄2 的值為－4，負號表示上移）到 D3 單元格（起始單元格），然后再左移 1 列（第三個參數為－1，負號表示左移）到 C3 單元格。從 C3 單元格開始，往下取 4 行（第 4 個參數＄G＄2 的值為 4，正值表示下移），由於該參數的規則是當前行就是往下數的第 1 行，因而往下取 4 行就取得第 3、4、5、6 行，然后再往右取 1 列（第 5 個參數為 1，正值表示往右），由於該參數的規則是當前列就是往右數的第 1 列，因此往右 1 列就還是 C 列。到此為止，就得到一個區域 C3：C6，該函數最終的返回值就是 C3：C6 區域。

＊AVERAGE（OFFSET（D7，－＄G＄2，－1，＄G＄2，1））

根據上一步的介紹，該函數就返回區域 C3：C6 的平均值，這正好是我們想要的第 5 個月的預測值。它是前 4 個月的實際銷售額的平均數。

＊IF（B7＜＝＄G＄2，" "，AVERAGE（OFFSET（D7，－＄G＄2，－1，＄G＄2，1）））

該條件判斷函數的意思是，如果當前月份小於等於移動平均跨度，那麼什麼都不顯示；否則，就顯示當前月份的移動平均數（以移動平均跨度來計算）。

（5）輸入其他的數值作為移動平均跨度。

讀者可以嘗試在 G2 單元格中輸入其他數值作為移動平均跨度，以查看表格中移動平均值的變化情況。比如在 G2 單元格輸入 6，我們可以看到如圖 5.32 所示的結果。

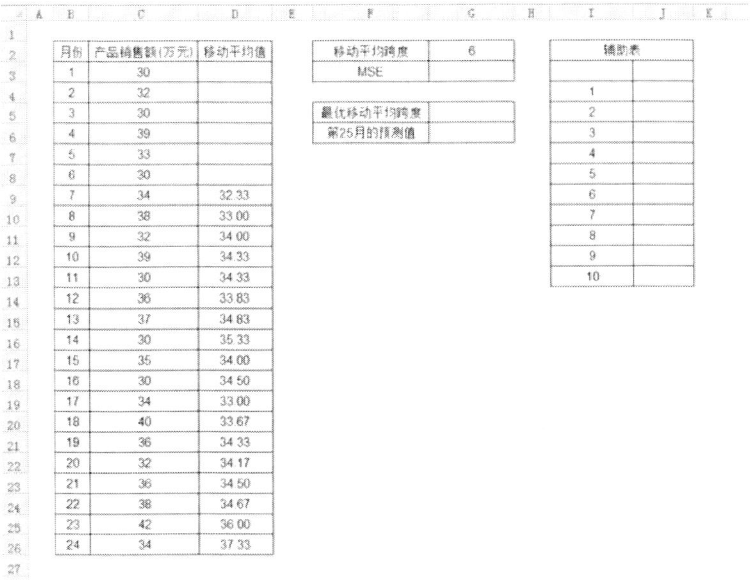

月份	產品銷售額(萬元)	移動平均值
1	30	
2	32	
3	30	
4	39	
5	33	
6	30	
7	34	32.33
8	38	33.00
9	32	34.00
10	39	34.33
11	30	34.33
12	36	33.83
13	37	34.83
14	30	35.33
15	35	34.00
16	30	34.50
17	34	33.00
18	40	33.67
19	36	34.33
20	32	34.17
21	36	34.50
22	38	34.67
23	42	36.00
24	34	37.33

移動平均跨度 6
MSE
最佳移動平均跨度
第25月的預測值

輔助表
1
2
3
4
5
6
7
8
9
10

圖 5.32

（6）計算預測的均方誤差 MSE。

我們就在移動平均跨度為 6 時的結果中（如圖 5.33 所示）來計算預測的均方誤差。D 列是移動平均值，用來作為預測，而 C 列是實際發生的銷售額。D 列的預測值與 C 列的實際值總是會有差異，因而預測就存在誤差。衡量這種預測誤差的指標之一就是均方誤差 MSE，它是預測值與實際值之差的平方和的平均值的正平方根。

根據均方誤差的定義，我們在 G3 單元格輸入公式「=（SUMXMY2（C3：C26，D3：D26）/COUNT（D3：D26））^（1/2）」。

該公式中函數的含義如下：

＊SUMXMY2（C3：C26，D3：D26）

該函數用於計算區域 C3：C26 與 D3：D26 對應單元格數值之差的平方和，如果區域中有無數值的單元格，那麼函數將忽略它們，只計算有數值的對應單元格。

＊COUNT（D3：D26）

該函數用於統計區域 D3：D26 中有數值的單元格個數。

於是，我們可以得到如圖 5.33 所示的結果。均方誤差 MSE 為 3.66。

基於 Excel 的財務金融建模實訓

圖 5.33

（7）如何計算最優移動平均跨度？

每當我們更換 G3 單元格（移動平均跨度）的值為一個有效整數，都可以得到一個與之對應的均方誤差 MSE。於是，我們就可以嘗試將 1 到 10（10 是人為設定的界限），分別設置為移動平均跨度，那麼就可以得到 10 個 MSE 的值。其中必然有最小的值出現，那我們就取最小的 MSE 值對應的移動平均跨度為最優移動平均跨度，以此來計算第 25 個月的移動平均值。

因此，我們需要在輔助表裡把這 10 種情況下的 MSE 都計算出來。這要用到 Excel 內置的「模擬運算表工具」。

（8）輔助表的求解。

操作步驟如下：

①在 J3 單元格輸入公式：「=G3」。

②選中 I3：J13 區域，點出窗口菜單項「數據」下的「模擬分析」之「模擬運算表」，操作過程如圖 5.34 所示。

圖 5.34

③接下來會彈出模擬運算表的設置窗口，把引用列的單元格設置為 $G$2，如圖 5.35 所示。

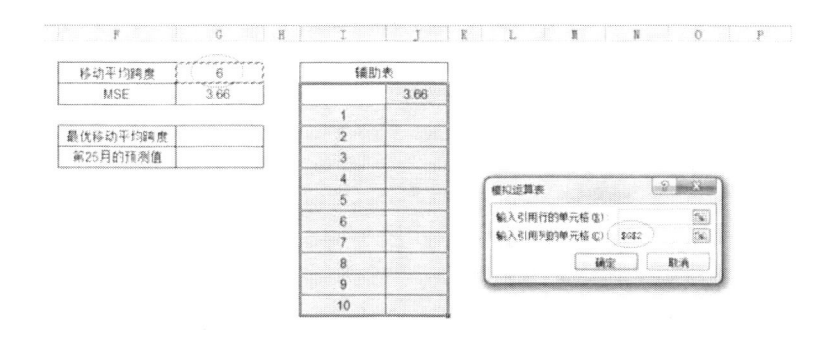

圖 5.35

這樣設置的意義是，Excel 將會把選中的區域 I3：J13 的第一列的每一個值都當作移動平均跨度（＄G＄2）去模擬一遍。

④設置完畢之後，點擊「確定」，即可得到模擬運算結果，如圖 5.36 所示。

圖 5.36

⑤至此，移動平均跨度從 1 到 10 十種情況下所對應的均方誤差 MSE 都已經自動計算出來了。模擬運算表的規則及原理說明如下：

首先，選中區域 I3：J13 的第二列的第一個單元格 J3 必須是一個公式，或者引用到一個含公式的單元格（本例中是 G3 單元格）。G3 單元格的公式就是計算 MSE 的公式，它的值受 G2 單元格的值（移動平均跨度）的影響。從而，J3 單元格就與 G2 單元格建立起計算 MSE 的複雜函數關係。

其次，當我們把引用列的單元格設置為＄G＄2 時，這就是告訴 Excel，模擬運算區域的第一列從 1 到 10 這 10 個整數都將被模擬為＄G＄2 代入到計算 MSE 的複雜函數中，其結果分別存放在模擬運算區域的第二列對應單元格之中，於是就模擬運算出來 10 種情況下的 MSE 值。

（9）如何求解最優移動平均跨度？

從圖 5.36 中，我們可以通過肉眼直接看出 3.57 是最小的均方誤差，對應的移動平均跨度為 5。然而，一個完美的 Excel 解決方案，不應要求用戶用肉眼判斷去輔助求解，因此，我們要利用 Excel 中的最小值函數 MIN 來求解。

在 G5 單元格中輸入公式：「=INDEX（I4：I13，MATCH（MIN（J4：J13），J4：J13，0））」。

輸入公式完畢後，按回車鍵即可看到如圖 5.37 所示的計算結果，最優移動平均跨度正好為 5，與我們通過肉眼判斷的別無二致。

月份	產品銷售額(萬元)	移動平均值		移動平均跨度	6		輔助表	
1	30			MSE	3.66			3.66
2	32						1	5.32
3	30			最佳移動平均跨度	5		2	4.58
4	39			第25月的預測值			3	4.26
5	33						4	3.78
6	30						5	3.57
7	34	32.33					6	3.66
8	38	33.00					7	3.98
9	32	34.00					8	3.73
10	39	34.33					9	3.86
11	30	34.33					10	3.61
12	36	33.83						
13	37	34.83						
14	30	35.33						
15	35	34.00						
16	30	34.50						
17	34	33.00						
18	40	33.67						
19	36	34.33						
20	32	34.17						
21	36	34.50						
22	38	34.67						
23	42	36.00						
24	34	37.33						

圖 5.37

G5 單元格中的公式解釋如下：

MIN（J4：J13）

返回 J4：J13 區域中最小的值，在本例中顯然應該是 3.57。

MATCH（MIN（J4：J13），J4：J13，0）

在區域 J4：J13 中尋找 MIN（J4：J13），找到之後返回其相對位置。在本例中，顯然應該是 5。

INDEX（I4：I13，MATCH（MIN（J4：J13），J4：J13，0））

返回區域 I4：I13 中位於 MATCH（MIN（J4：J13），J4：J13，0）的單元格的值，在本例中，顯然應該是 5。這裡請讀者特別注意，位列第 5 的移動平均跨度正好為 5，這只是一個巧合而已。如果我們模擬的時間跨度是從 3 到 10，那麼 3.57 這個最小值將位於第 3，而不再是第 5 了。

(10) 計算第 25 個月的預測值。

在 G6 單元格中輸入公式：「=AVERAGE（OFFSET（D27，-$G$5，-1，$G$2，1））」。

公式輸入完畢之後的按回車鍵，即可得到第 25 個月的預測值，為 36.40，該值是以最優移動平均跨度來計算的移動平均值，在過去的歷史經驗上證明其均方誤差 MSE 是最小的，因而值得我們參考。

四、注意事項

在用移動平均值來做預測的現實應用中,一般不會把移動平均跨度取太小的數,比如1,因為時間太短了,意外波動性會很大。同時,也不會把移動平均跨度取相對太長的數,因為時間太長的話,時效性就大打折扣。我們之所以能夠在一定程度上預測未來,是因為規律具有延續性,但如果時間太長的話,企業經營環境可能已經發生較大變化,銷售額的水平及波動規律都早已不同了。

實訓技能 2　經濟數據的迴歸分析

一、實訓內容

某插卡音箱專賣店經營各類插卡小音箱及其配套播放的曲目內存卡,某段時間內它的日銷售量及利潤數據如圖 5.38 所示。(為了顯示方便,圖中大部分單元格已經被隱藏)

該店的總利潤來自內存卡和插卡音箱的銷售利潤,插卡音箱與內存卡在售賣時,或者是搭配一起出售的,或者是單獨賣出的。不管怎樣,兩者之間都有相互促進客戶購買的作用。因此,店主無法通過各自的成本和單賣價格來充分考察其對總利潤的獨立影響程度。

為了幫助店主較為精確地揭示曲目內存卡和插卡音箱對總利潤的獨立影響程度,我們用迴歸分析方法幫店主解決這一問題。

	A	B	C	D	E	F
1						
2		日期序號	利潤(元)	內存卡銷量	插卡音箱銷量	
3		1	663	24	15	
4		2	706	20	10	
5		3	478	14	6	
6		4	313	9	5	
7		5	366	11	5	
8		6	237	7	3	
9		7	365	15	12	
10		8	431	12	7	
347		345	240	9	3	
348		346	203	5	2	
349		347	242	17	2	
350		348	0	0	0	
351		349	68	2	2	
352		350	291	6	3	
353		351	250	5	4	
354		352	193	8	2	
355		353	318	11	2	
356						

圖 5.38

二、實訓方法

在本案例中，我們採用多元迴歸分析方法來揭示多個解釋變量（自變量）對因變量的獨立影響程度，這需要用到 Excel 內置的「數據分析」工具下的「迴歸分析」工具。

三、實訓步驟

（1）在圖 5.38 所示的表格下，調出「迴歸分析」設置界面，操作界面與點擊的菜單選項如圖 5.39 所示。圖中箭頭所指即是需要點擊的「選項」。

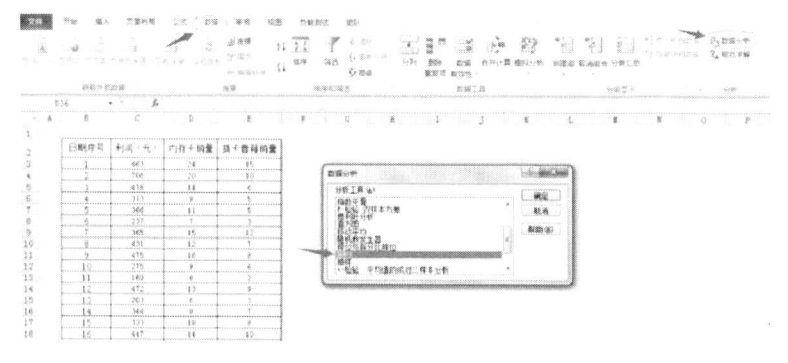

圖 5.39

（2）選擇「迴歸」，點擊「確定」之後，即可來到迴歸分析設置窗口，如圖 5.40 所示。

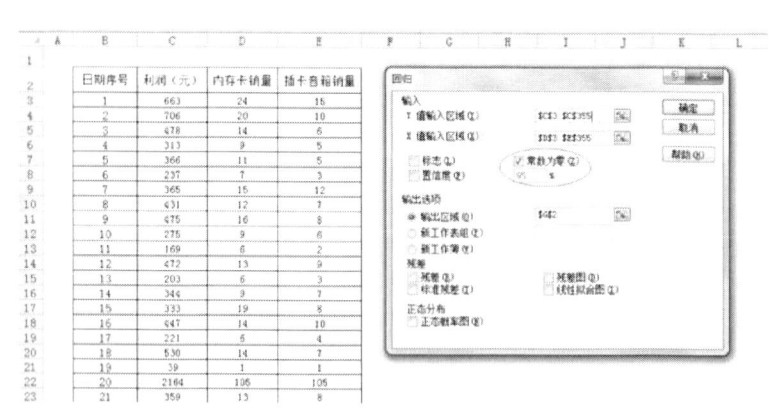

圖 5.40

在迴歸分析設置窗口中，重點需要設置四個地方，分別說明如下：

①Y 值的輸入區域。

Y 值就是迴歸分析模型的因變量，在本例中，顯然就是每日總利潤，因此它的區域就應設置為「＄C＄3：＄C＄355」。

②X 值的輸入區域。

X 值就是迴歸模型的自變量，在本例中，是內存卡銷量和插卡音箱銷量，因此它們的區域就應設置為「＄D＄3：＄E＄355」。

③常數為零。

為什麼要勾選「常數為零」這個選項呢？因為除了插卡音箱和內存卡之外，該店沒有其他利潤來源，所以，模型的常數項自然就應當為零。也就是說，只要哪天沒有這兩種產品的銷售，那麼當天該店就沒有任何利潤。從而，我們可以寫出該店總利潤與兩種產品銷量之間的迴歸方程，如下所示：

$$Y = \beta_1 \cdot X_1 + \beta_2 \cdot X_2$$

式中：Y 為日總利潤，X_1 為內存卡日銷量，X_2 為插卡音箱日銷量，β_1 和 β_2 分別是兩個自變量對因變量的影響系數。我們通過做迴歸要去估計的參數，正好就是 β_1 和 β_2。

④輸出區域。

把輸出區域設為＄G＄2，因此迴歸結果將顯示在從＄G＄2 單元格開始的一個區域內，自然與原始數據顯示在同一個頁面上。

(3) 分析迴歸結果。

在上一步中點擊「確定」之后，將會得到迴歸結果，如圖 5.41 所示。

SUMMARY OUTPUT

回归统计	
Multiple R	0.9385 285
R Square	0.880 835 745
Adjusted R Square	0.877 647 243
标准误差	193.916 599 7
观测值	353

方差分析

	df	SS	MS	F	Significance F
回归分析	2	97 562 994.9	48 781 497.45	1 297.257 078	1.3631E-162
残差	351	13 198 853.1	37 603.570 08		
总计	353	110 761 848			

	Coefficients	标准误差	t Stat	P-value	Lower 95%	Upper 95%	下限 95.0%	上限 95.0%
Intercept	0	#N/A	#N/A	#N/A	#N/A	#N/A	#N/A	#N/A
X Variable 1	12.181 467 48	0.435 150 658	27.993 678 17	1.915 15E-91	11.325 636 86	13.037 298 11	11.325 636 86	13.037 298 11
X Variable 2	7.284 621 059	0.881 444 909	8.264 408 795	2.918 25E-15	5.551 043 197	9.018 198 921	5.551 043 197	9.018 198 921

圖 5.41

現對該迴歸結果分析如下：

①變量 $X1$（內存卡銷量）對應的 P 值為：1.92E-91（科學計數法），非常小，遠小於通常使用的顯著性水平（1%、5%或 10%），說明該變量對因變量（總利潤）的影響在統計上是顯著的；同理，變量 $X2$（插卡音箱銷量）對因變量（總利潤）的影響也是統計顯著的。只有當一個變量在統計上是顯著的時候，我們才能去解釋它的系數估計值的經濟含義；否則，不顯著的變量去解釋它的系數估計值是無意義的。

②$X1$ 的系數估計值為 12.2，表明每賣出去一張內存卡，對總利潤的影響（貢獻）是 12.2 元；同理，$X2$ 的系數估計值為 7.3，表明每賣出去一臺插卡音箱，對總利潤的貢獻是 7.3 元。由此可見，內存卡銷量對總利潤的影響要大於插卡音箱銷量對總利潤的影響。

③R Square 和 Adjusted R Square 都是 88% 左右，說明該模型對總利潤的解釋程度（解釋能力）達到了 88%，算是很高的水平了。

四、注意事項

（1）在本例中，我們採用的是多元迴歸分析，也就是自變量個數大於 1 的迴歸分析。在 Excel 中做多元迴歸分析的時候，自變量的數據必須存放在相鄰列中，不然的話，Excel 會提示警告說「輸入區域必須為相鄰引用」。

（2）在做迴歸分析之前，事先要判斷因變量與自變量之間究竟是否存在邏輯關係，然后在這個基礎上再去創建合適的方程。在本例中，我們創建的方程是線性迴歸方程，但在現實中，迴歸方程的形式是多種多樣的，我們有必要逐次嘗試多種形式，選擇最恰當的一種。

模塊六　Excel 財務金融高級建模技術

【模塊概述】

在財務金融建模的過程中，我們採用前幾個模塊介紹的常規方法與技巧，已經可以完成大多數的工作。但有時候，現實問題的複雜性以及用戶的高標準要求決定了我們不得不需要綜合應用函數與控件等多種方法，甚至需要進行 VBA 編程，才能實現預定的目標。

為了讓讀者對高級 Excel 財務金融建模技術有一定瞭解，並且能夠切實掌握部分基本操作，本模塊從常用控件、函數與定義名稱的綜合應用到 VBA 宏程序的編寫，都進行了一定篇幅的介紹，旨在通過一些簡單的案例來啓發讀者去探索更高一級的建模技術。

【模塊教學目標】

1. 綜合應用常見 Excel 函數、窗體控件和圖表製作技巧；
2. 瞭解 Excel VBA 編程技術在批量數據處理與自動化工作上的作用；
3. 掌握 Excel VBA 編程的基本方法，能夠使用 Excel VBA 編程來實現簡單的表格自動化操作。

【知識目標】

1. Excel 常見的函數；
2. 窗體控件（數值調節鈕、滾動條、組合框、列表框、選項按鈕等）；
3. 定義名稱；
4. 宏；
5. 過程、函數、屬性、方法；
6. 條件判斷、循環等語句。

【技能目標】

1. 學生能夠對現實經濟管理問題進行深入細緻的分析，並對其進行合理的抽象，

以便能夠更好地用 Excel 工具來對其建模；

2. 學生能夠熟練利用 Excel 函數、控件來綜合解決現實經濟問題，學會構建具有較強交互性的模型。

【素質目標】

1. 培養學生理解現實經濟問題的能力；
2. 培養學生對現實經濟問題進行概括、抽象，並合理構建 Excel 模型的能力。

任務 1　Excel 窗體控件的基本操作

【案例導入】

貸款的還款計劃是經濟生活中常見的問題。不同的人貸款的本金、貸款期限、貸款利率和還款方式大多都是不同的，那麼如何根據不同的條件快速計算出我們想要的結果呢？

思考：不同的條件可以考慮用不同的控件來調節，而不是通過直接輸入數值去設定。這樣做的好處是，減少了用戶輸入的工作量和操作上的麻煩，通過鼠標點擊按鈕總比通過鍵盤輸入具體數值要容易得多，而且增強了用戶與模型界面的互動性。交互式體驗是創建優秀的 Excel 模型必須考慮的功能。

【任務目標】

通過實訓，學生應能熟練掌握基本表單控件的使用方法，並且能夠用於實際的財務金融建模案例中。

【理論知識】

Excel 表單控件（窗體控件）和 ActvieX 控件。

Microsoft Excel 提供了多個可用於選擇列表中項目的對話框工作表控件和 ActvieX 控件，例如，列表框、組合框、數值調節鈕和滾動條等控件。若要在 Excel 2007 和 Excel 2010 中使用窗體控件，我們必須啟用「開發工具」選項卡，操作方法見「實訓技能 1　啟用開發工具選項卡」。

Excel 表單控件（窗體控件）和 ActiveX 控件的區別為：前者只能在工作表中添加和使用（雖然它名為 Form Controls，但其實並不能在 User Form 中使用），並且只能通過設置控件格式或者指定宏來使用它；而后者不僅可以在工作表中使用，還可以在用

戶窗體中使用，並且具備了眾多的屬性和事件，提供了更多的使用方式。

實訓技能 1　啟用開發工具選項卡

一、實訓內容

在 Excel 不同版本下，啟用開發工具卡，以使用窗體控件和 ActiveX 控件。

二、實訓方法

三、實訓步驟

（1）若要使用 Excel 2010 中的窗體控件，必須啟用「開發工具」選項卡。為此，請執行以下步驟：

①單擊「文件」，然后單擊「選項」，如圖 6.1 所示。

圖 6.1

②在彈出的新窗口「Excel 選項」中，單擊左側窗格中的「自定義功能區」，如圖 6.2 所示。

圖 6.2

③選中右側「主選項卡」下的「開發工具」復選框，然后單擊「確定」。

（2）若要使用 Excel 2007 中的窗體控件，必須啟用「開發工具」選項卡。為此，請執行以下步驟：

①單擊「Office 按鈕」，然后單擊「Excel 選項」，如圖 6.3 所示。

圖 6.3

②在彈出的新窗口「Excel 選項」中，單擊「常用」，選中「在功能區中顯示開發工具選項卡」復選框，然后單擊「確定」，如圖 6.4 所示。

圖 6.4

四、注意事項

（1）在 Excel 2003 版以及早期版本中，沒有「啟用開發工具」，Excel 在每次啓動的時候窗口工具欄的選項裡就可以直接插入窗體控件了。

（2）如果 Excel 的用戶不懂 VBA 編程，那麼通常使用的是窗體控件，而不是 ActiveX 控件，因窗體控件可以不用編程，但 ActiveX 必須用到 VBA 程序，否則沒有意義。

實訓技能 2　數值調節鈕和滾動條的使用

一、實訓內容

請設計一個 Excel 模型，讓用戶可以自由操作數值調節鈕或滾動條來調節貸款本金、貸款期限和貸款利率，從而即時顯示每月還貸額。（已知月還款方式為等額本息）

二、實訓方法

（1）構建表格，填入所需數據；
（2）插入數值調節按鈕和滾動條，設計按鈕格式；
（3）用公式來構建單元格之間的聯繫，得出結果。

三、實訓步驟

（1）新建一個 Excel 文檔，填入所需數據，如圖 6.5 所示。

■ 基於 Excel 的財務金融建模實訓

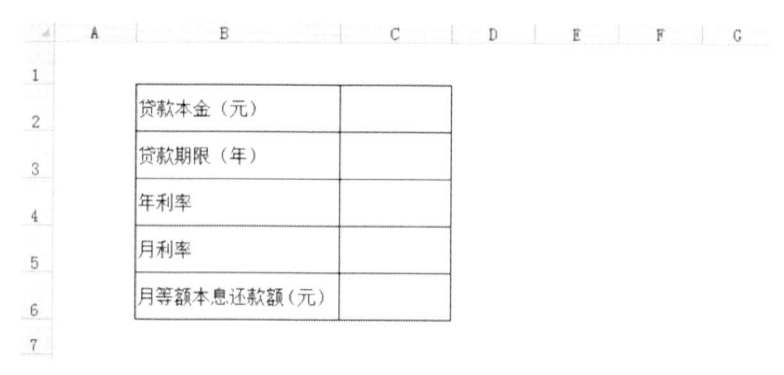

圖 6.5

（2）在窗口菜單「開發工具」中選擇「插入」，然后點擊「數值調節鈕」，如圖 6.6 所示。

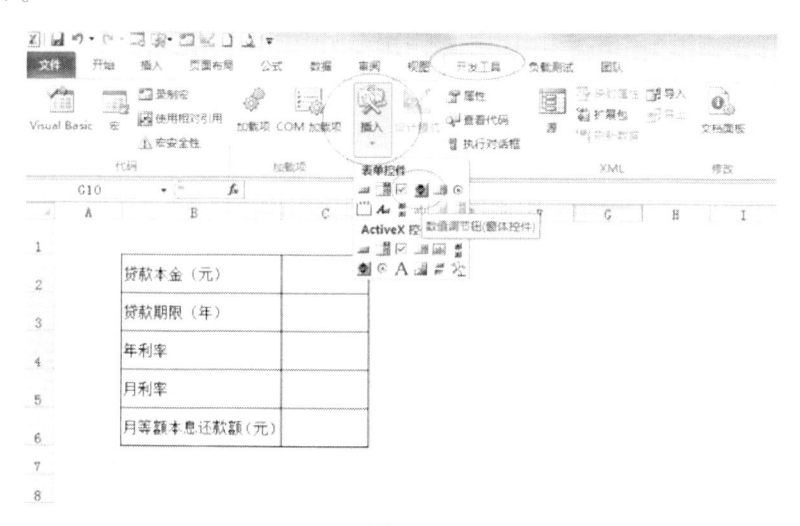

圖 6.6

（3）點擊「數值調節鈕」之后，鼠標形狀變成了很細的黑色十字形狀，然后我們用鼠標左鍵在 Excel 表格中點一下，即可得到如圖 6.7 所示的一個數值調節鈕。此時的數值調節鈕其大小和位置都可能不符合我們的要求，因此需要把它調整到合適的大小以及正確的位置。

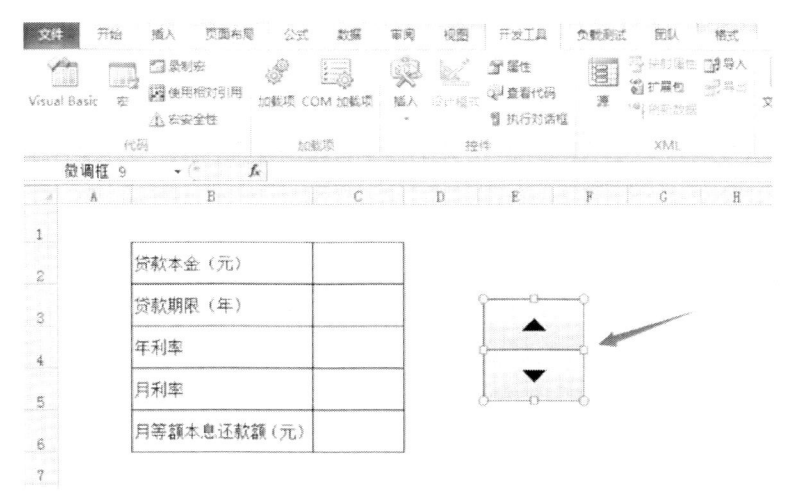

圖 6.7

圖 6.7 中的數值調節鈕，為選中的狀態，其四周有邊框包圍。當用鼠標點擊其他單元格之後，數值調節鈕的選中狀態就會消失。如果需要再次選中，應用鼠標右鍵去點擊它。

（4）選中數值調節鈕之後，我們按住鼠標左鍵移動到貸款本金輸入值的后面單元格 D2 位置，然后調節大小，最終得到如圖 6.8 所示的效果。

圖 6.8

（5）鼠標右鍵點擊數值調節鈕，選擇「設置控件格式」，即可進入「設置控件格式」窗口。步驟如圖 6.9 和圖 6.10 所示。

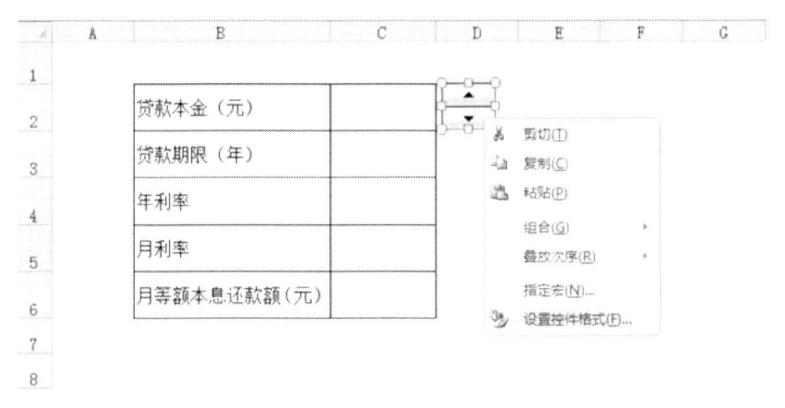

圖 6.9

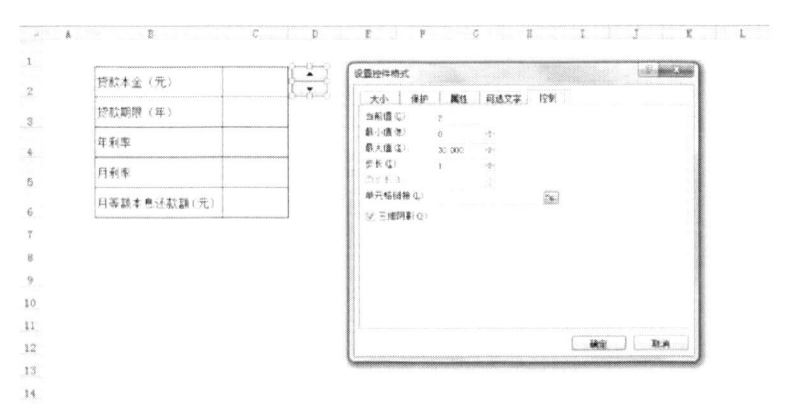

圖 6.10

（6）在圖 6.10 所示的控件格式設置窗口中，把單元格連結設置為 D2 單元格，點擊「確定」之後，D2 單元格就馬上顯示出按鈕的當前值（此時為 2）。然後，當我們調節按鈕數值時（增加或減少），D2 單元格就會即時顯示按鈕的當前值。然而，我們發現，按鈕的取值只能在其範圍內（默認最小值 0 與最大值 30,000 之間）變化，如果用按鈕的原始數值來表示貸款本金的話，顯然不能滿足要求。因此，在這裡我們不能直接使用連結單元格的原始數值來作為貸款本金。怎麼辦呢？很簡單，我們把這個原始數值再乘上一個較大的數值，其結果就可以作為貸款本金了。

（7）根據上一步的操作及說明，我們在單元格 C2 中輸入公式「＝D2 * 10,000」，然后把控件的最小值設為 1，最大值設為 100，步長默認為 1，這樣一來，C2 單元格的數值就在 1 萬到 100 萬之間變化（假設這已經可以滿足我們的需求）。設置控件格式的窗口如圖 6.11 所示。

图 6.11

（8）設置完畢之後，點擊「確定」，就可以得到如圖 6.12 所示的結果。每點擊一下按鈕向上的箭頭，D2 單元格數值就增加 1（因為步長為 1），而 C2 單元格的數值則增加 10,000（因 C2 單元格的公式為「=D2*10,000」）。當我們把數值按鈕調節到 30 時，單元格 D2 所顯示的貸款本金就為 300,000 元（即 30 萬元）。

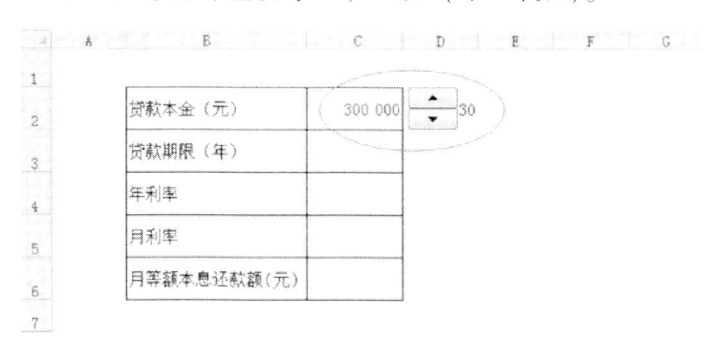

图 6.12

（9）用同樣的方法及變通策略，我們又可設置 C3 單元格（貸款期限）。格式設置如圖 6.13 所示。

圖 6.13

這樣一來，按鈕的數值就連結到 D3 單元格。然後在 C3 單元格輸入公式「=D3」即可。既然 C3 單元格的值與 D3 一樣，我們也可以直接把單元格連結設為「C3」。在這裡，為了統一起見，把按鈕的值都設在第 D 列了。最后的效果如圖 6.14 所示。

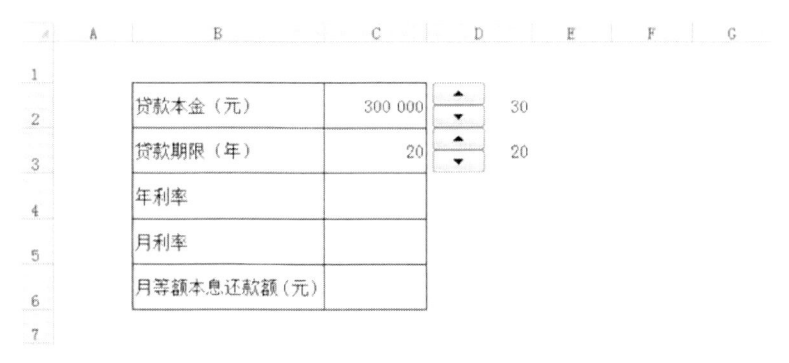

圖 6.14

（10）設置年利率的調節按鈕。

根據銀行貸款常識，我們可知，貸款利率是以萬分之一（0.000,1 或 0.01 個百分點）作為變動單位的，因此，利率的數值不可以直接使用調節鈕的數值，要通過公式間接獲取。另外，利率的變化區間比較大，比如從 5% 到 7%，就包含了 200 種利率，如果通過數值調節鈕去變換利率參數的話，我們將疲於點擊按鈕，效率非常低，所以在這裡最好不要用數值調節鈕，而只用滾動條。

於是，我們在表格中插入一個滾動條，然後調整其位置和大小。需要注意的是，滾動條應該設置得長一點，方便用戶拉動。插入方法及位置和大小的調整方法與其他控件一樣，這裡就不再贅述。最后得到如圖 6.15 所示的效果。

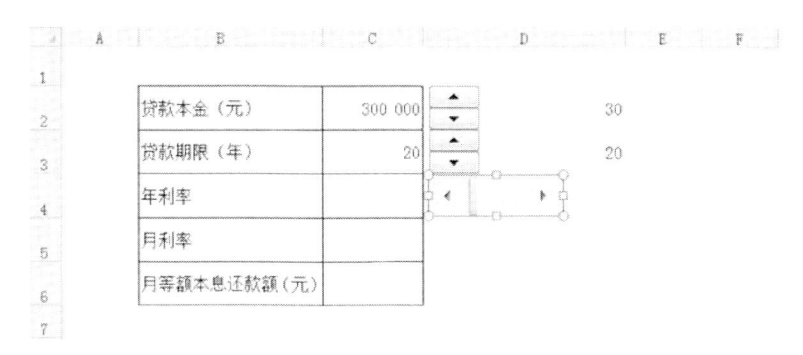

圖 6.15

接下來，我們要設置滾動條的格式。滾動條的格式設置原理與數值調節鈕是一樣的，只是多了一個「頁步長」選項。頁步長是指在滾動條與微調箭頭之間空白處點擊翻頁的時候，所變化的數值大小。設置一個較大的頁步長可以幫助用戶快速調節數值，但太長的話，又不如直接拉動滾動條來選取，所以，具體步長應根據需求而定。在這裡我們默認設置為 10。另外，滾動條的最小值和最大值我們分別設置為 1 和 2,000，單元格連結設置為 D4，如圖 6.16 所示。

圖 6.16

（11）設置單元格的公式。

在上一步的操作完成之後，我們在 C4 單元格裡輸入公式「=D4/10,000」，這樣一來，就構建了 C4 與 D4 的聯繫。由於公式中分母為 10,000，這樣我們就可以獲取精度為萬分之一（0.01 個百分點）的年利率。拉動滾動條，把數值調整到 655，年利率就調整到 6.55%。

接著，我們在 C5 單元格中輸入月利率的公式「=C4/12」，就構建了月利率與年利率的對應關係。

最后，在 C6 單元格中輸入計算年金的公式「=PMT（C5，C3＊12，-C2，0）」，

即可完成本次任務。

整個模型的效果如圖 6.17 所示。

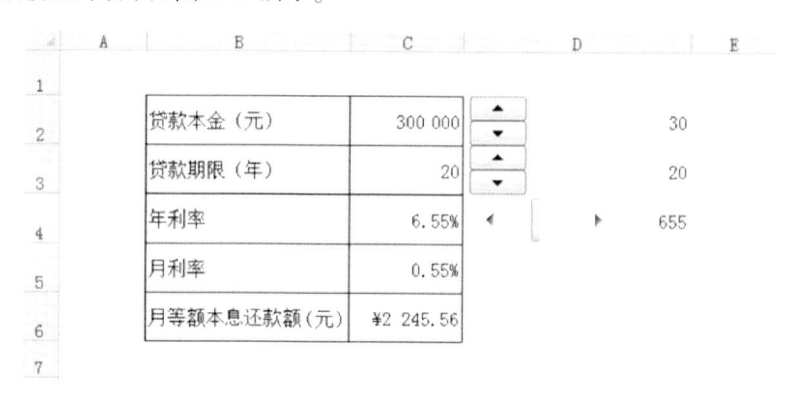

圖 6.17

（12）調節滾動條，查看計算結果。

至此，我們就可以隨心所欲地調整貸款本金、貸款期限和貸款利率來查看對應的月還款額了。比如：把貸款本金調為 35 萬元，貸款期限調為 10 年，年利率調為 6.15%，則每月還款額為 3,912.13 元。模型的整體效果如圖 6.18 所示。讀者只有自己動手實驗，才能體會到即時交互的動態效果。

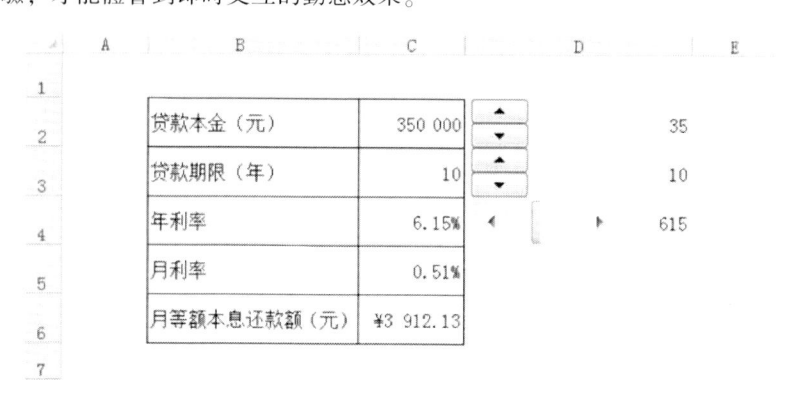

圖 6.18

四、注意事項

（1）在上述操作中，我們略去了單元格數值格式設置的介紹。請讀者自行用鼠標右鍵點擊單元格，選擇「設置單元格格式」，即可對數值格式以及其他格式進行設置，如圖 6.19 所示。

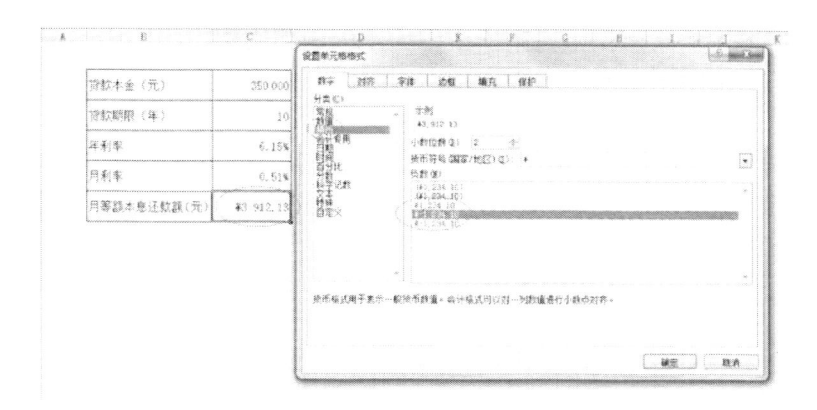

圖 6.19

（2）在本例中，為了教學的方便，我們把控件的單元格連結設置為當前 Sheet 表中的單元格，因此在控件的后面，會顯示出一系列數值來。然而，用戶想看的數值並不是這些，用戶只關心第 C 列裡的指標數值，因此，我們不妨把數值調節鈕和滾動條的單元格連結設置到其他 Sheet 表中去，而在給用戶呈現的主界面中，只顯示用戶想知道的東西。這樣一來，主界面就看起來更為簡潔和美觀。特別是當模型比較複雜的時候，輔助的單元格會比較多，如果都放在主界面裡，那主界面就會顯得凌亂不堪了。

（3）選擇什麼樣的控件，以及如何設置控件的控制格式，需要根據實際應用情況分別處理，並沒有統一的標準。隨著學習和實踐的深入，讀者要能夠在面對問題的時候，很快地抓住問題的特點，從而快速準確地設置出符合要求的 Excel 控件來。

實訓技能 3　列表框與選項按鈕的使用

一、實訓內容

根據圖 6.20 所示的工作表 Sheet2 中的數據（基金管理公司經營業績），在工作表 Sheet1 中建立如圖 6.21 所示的 Excel 模型。其功能為：當用戶選擇任意一個公司和任意一種基金類型時，該表格的頂端部分就會顯示出該公司經營該類基金的平均年化收益率水平。

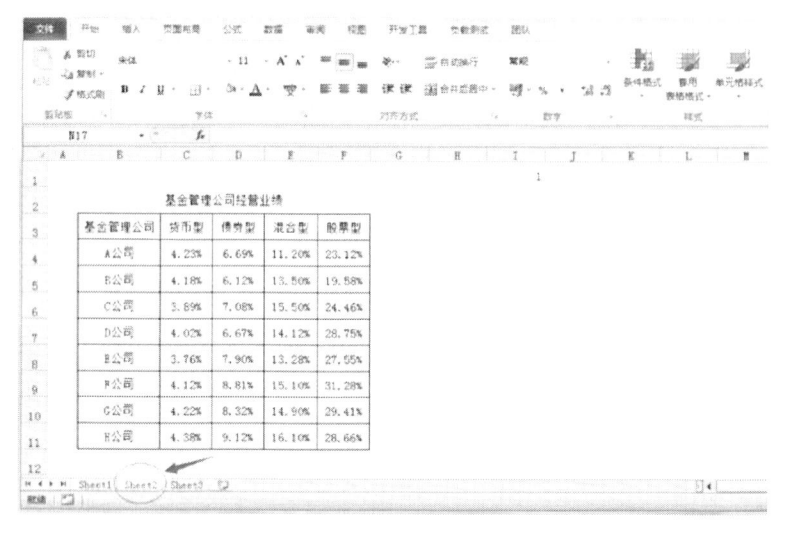

圖 6.20

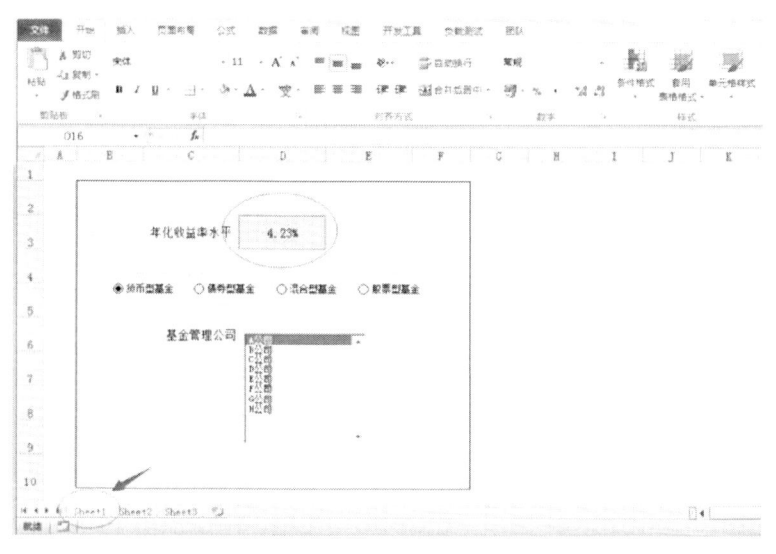

圖 6.21

二、實訓方法

(1) 插入列表框與選項按鈕，設置其格式；
(2) 通過公式構建表格數值與控件之間的聯繫；
(3) 調整單元格格式，得到預期結果。

三、實訓步驟

(1) 在 Sheet1 工作表中創建一個表格，調整行列的寬度，在適當的位置如 C3 單元

格中輸入文字「年化收益率」，在 C6 單元格中輸入文字「基金管理公司」。然後設置 B2：F10 區域的格式和 D3 單元格的格式，主要設置底紋和邊框，以便美觀而醒目地展現結果，如圖 6.22 所示。

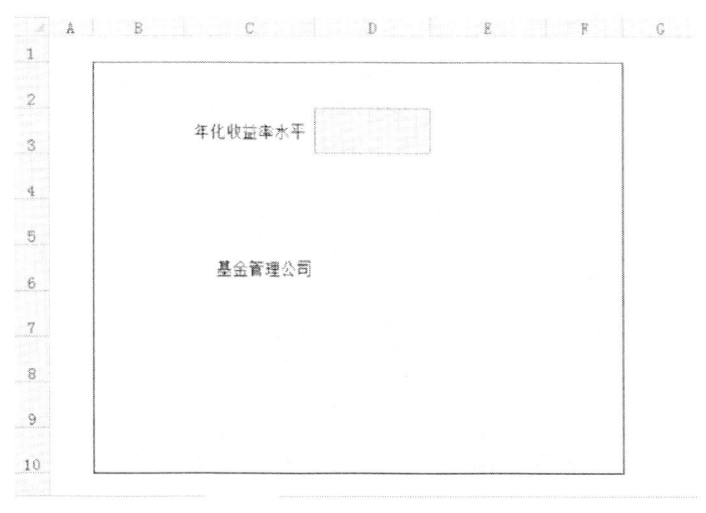

圖 6.22

（2）在圖 6.22 所示的表格中添加一個列表框控件和四個選項按鈕，然後調整各自的位置和大小，並用鼠標右鍵點擊選項按鈕，選擇「編輯文字」，把選項按鈕顯示的文字依次設置為「貨幣型基金」「債券型基金」「混合型基金」和「股票型基金」，然後再依次設置選項按鈕的虛線邊框。最后的效果如圖 6.23 所示。

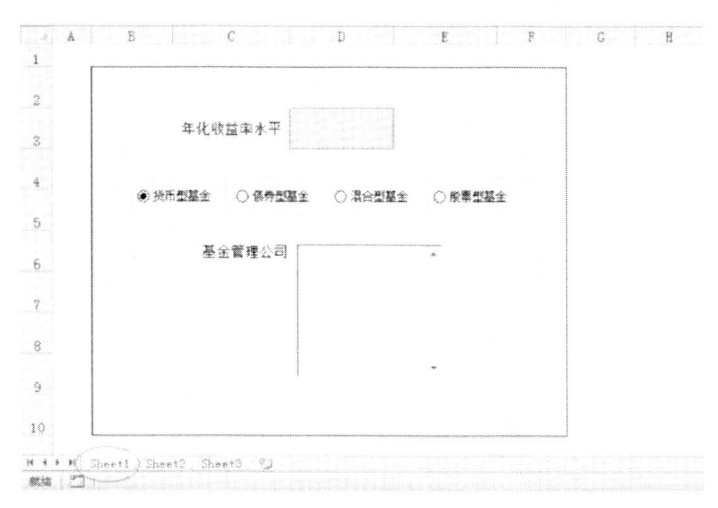

圖 6.23

（3）設置列表框的控制格式。

用鼠標右鍵點擊列表框，選擇「設置控件格式」，進入設置窗口，選擇「控制」選項，進行如圖 6.24 所示的設置。

圖 6.24

  這裡需要注意的是，設置的單元格連結不要選擇 Sheet1 工作表中的單元格，因為 Sheet1 工作表是作為主界面出現的，主界面盡量簡潔明瞭，不要出現用戶不關心的數據，所以，輔助的表格盡量選擇放在主界面以外的其他工作表中。

  另外，在設置數據源區域和單元格連結的時候，我們不必手動輸入表達式「Sheet2！＄B＄4：＄B＄11」和「Sheet2！＄I＄2」，只需要點擊輸入框右邊的按鈕，即可直接在表格上點擊鼠標左鍵來選擇，同時也支持點選「Sheet 工作表」。讀者自行嘗試之后就熟悉了。

  單元格連結「Sheet2！＄I＄2」是隨意選擇的一個先前無數據的單元格，到底選擇哪個單元格，並沒有統一的標準，但切記的是，千萬不要選擇先前存有有用數據的單元格，因為這將會覆蓋掉原有的有用數據。

  （4）在上一步的設置操作完畢之后，點擊「確定」，我們將得到如圖 6.25 所示的結果。

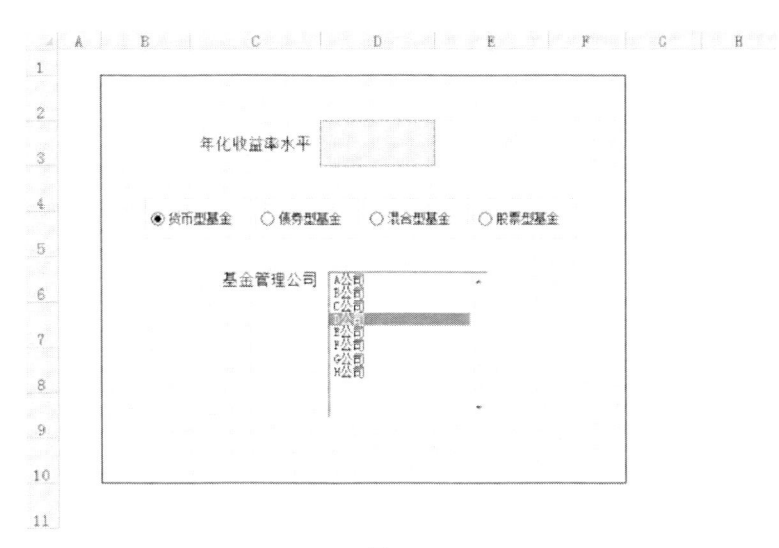

圖 6.25

至此，我們就可以在列表框內進行選擇了。當我們選擇不同選項的時候，列表框單元格連結裡的數值會發生相應地變化。比如，當我們選擇「D 公司」的時候，工作表 Sheet2 中 I2 單元格的數值就顯示為「4」，如圖 6.26 所示。

圖 6.26

不難推斷出，列表框單元格連結的值就是當前選中項在數據源區域中的位置（序號）。

（5）設置選項按鈕的控制格式。

隨便選中其中一個選項按鈕，用鼠標右鍵點出「設置控件格式」窗口，然後進入「控制」選項，設置單元格連結為 Sheet2！＄J＄2，如圖 6.27 所示。

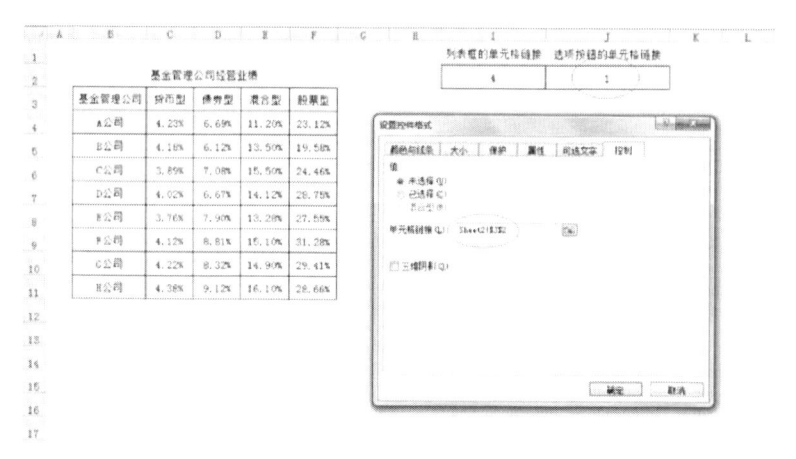

圖 6.27

設置完畢之後，當我們點擊任意一個選項按鈕，則單元格連結中的數值就顯示為該按鈕的序號。選項按鈕的序號指的是該選項按鈕在當前所有選項按鈕中添加的先後順序。

（6）至此為止，我們已經把列表框和選項按鈕的格式都設置完畢了。但此時，當我們選擇公司和基金類別時，基金年化收益率水平還不會顯示出來，原因是我們還沒有建立起目標單元格（工作表 Sheet1 中的 D3 單元格）與工作表 Sheet2 中年化收益率數據的對應關係。建立正確的對應關係，在 D3 單元格中顯示年化收益率指標，顯然要用到當前選中公司和選中基金類型的序號。

（7）設置目標單元格的公式。

在單元格 D3 中輸入公式：「=INDEX（Sheet2! C4：F11, Sheet2! I2, Sheet2! J2）」。

該公式用到 INDEX 函數，其含義是返回區域「Sheet2! C4：F11」中位於第 Sheet2! I2 行和第 Sheet2! J2 列的單元格的數值。比如，當我們選擇 D 公司和債券型基金的時候，D3 單元格中就會顯示其年化收益率為 6.67%，如圖 6.28 所示。

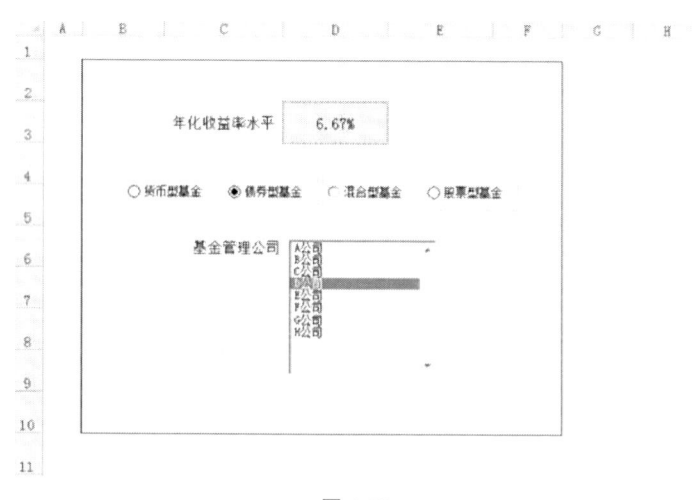

圖 6.28

通過與源數據表對照驗證，我們發現，圖 6.28 中顯示的結果是正確無誤的，源數據表中的數值如圖 6.29 所示。

基金管理公司經營業績

基金管理公司	貨幣型	債券型	混合型	股票型
A公司	4.23%	6.69%	11.20%	23.12%
B公司	4.18%	6.12%	13.50%	19.58%
C公司	3.89%	7.08%	15.50%	24.46%
D公司	4.02%	6.67%	14.12%	28.75%
E公司	3.76%	7.90%	13.28%	27.55%
F公司	4.12%	8.81%	15.10%	31.28%
G公司	4.22%	8.32%	14.90%	29.41%
H公司	4.38%	9.12%	16.10%	28.66%

圖 6.29

四、注意事項

（1）選項按鈕的序號是指該按鈕在當前所有選項按鈕中添加的相對時間順序。我們在安排選項按鈕的位置時，只需要關心文字名稱的順序，而無須關心它們的添加先後順序。

（2）通過各種控件以及 Excel 函數的搭配使用，我們將能夠創建出各式各樣生動形象的 Excel 模型來。建議讀者在實際工作中，多去思考如何設計互動性較強的解決方案，而不要僅僅滿足於得到一個「計算結果」。

任務 2　Excel 工具的綜合使用

【案例導入】

小王是一個理財機構的職員，經常需要解答不同條件的客戶所諮詢的相同理財規劃問題。比如，同樣都是孩子的大學教育規劃，不同的客戶，其條件和要求是不同的，有的客戶距離孩子上大學可能還有 10 年，而有的客戶孩子才剛剛出生。另外，客戶對孩子未來上大學的費用預算也是不同的。那麼，作為一個理財規劃師，如何能夠給每個不同的客戶快速提供有效的解決方案呢？也就是說，理財規劃師如何根據客戶的條件和要求計算出客戶每個月應投資多少錢，才能保證孩子將來上大學呢？

思考：對於這個問題，我們要考慮的不是一次性解決方案，而是一個可以重用的解決方案，畢竟小王需要面對的是不同條件的客戶。可重用的意思是，可以根據用戶的不同條件設定而得到不同的結果。另外，為了讓用戶能夠與模型有交互性，增強互

動體驗，還需要設置必要的控件，讓結果隨著用戶的操作即刻呈現動態的變化。最後，為了讓用戶有直觀的感性認識，還需要通過圖表來形象展現操作結果。

【任務目標】

通過實訓，學生應能夠熟練應用多種 Excel 函數和工具來解決現實財務金融建模問題。

【理論知識】

一、理財規劃

理財規劃是指運用科學的方法和特定的程序為客戶制訂切合實際、具有可操作性的包括現金規劃、消費支出規劃、教育規劃、風險管理與保險規劃、稅收籌劃、投資規劃、退休養老規劃、財產分配與傳承規劃等某方面或者綜合性的方案，使客戶不斷提高生活品質，最終達到財務安全、自主和自由的過程。

運用 Excel 工具來創建理財規劃模型是一個很不錯的選擇。一者，Excel 提供了很多內置的函數可以幫助我們搭建變量之間的關係，並且快速計算結果；二者，Excel 還有豐富的圖表製作和控件操作功能，可以讓模型的結果以生動形象的方式展現出來，還可以通過操作控件，讓模型具有較強的互動性。因此，在 Excel 軟件中，我們將能夠建立起一個極具互動性的理財規劃方案。

二、Excel 動態圖表

Excel 動態圖表，是指與靜態圖表相對的一種圖表。所謂「動態」，是指圖表顯示的內容是可以隨著用戶對控件的操作而發生變化的。比如，我們擁有上證指數從 1992 年到 2015 年的每日收盤價數據，要求畫一個指數走勢圖，可以讓用戶隨意選擇起止時間；相應地，該圖就顯示對應期間上證指數的走勢。那麼，滿足這種要求的圖表就是動態圖表。製作動態圖表，很多時候需要用到 OFFSET 函數和定義名稱來表示一個動態變化的數據源區域。

三、Excel 定義名稱

名稱是一個有意義的簡略表示法，可以表示單元格和表的引用。比如區域 C2：C10，我們可以定義一個名稱（比如 data1）去表示它，於是，當我們計算區域內數值的和的時候，就可以用公式「＝SUM（data1）」來替代「＝SUM（C2：C10）」，如果經常要用到 SUM（C2：C10）的值，我們甚至就可以直接定義 SUM（C2：C10）的名稱為 Sum of Data。

名稱的適用範圍：所有名稱都有一個延伸到特定工作表（也稱為局部工作表級別）或整個工作簿（也稱為全局工作簿級別）的適用範圍。名稱的適用範圍是指在沒有限

定的情況下能夠識別名稱的位置。

例如：如果您定義了一個名稱（比如是 data1），並且其適用範圍為 Sheet1，則該名稱在沒有限定的情況下只能在 Sheet1 中被識別，而不能在其他工作表中被識別。要在另一個工作表中使用局部工作表名稱，您可以通過在它前面加上該工作表的名稱來限定它，如 Sheet1！data1。

實訓技能 1　創建具有互動性的理財規劃模型

一、實訓內容

本實訓將為有孩子的家長建立一個教育規劃模型，該模型具有交互性和圖文並茂的特徵，當家長選擇距離孩子上大學年限和大學類型的時候，界面上會動態顯示每個月應該存入教育基金的投資額。最后我們創建的模型應如圖 6.30 所示。

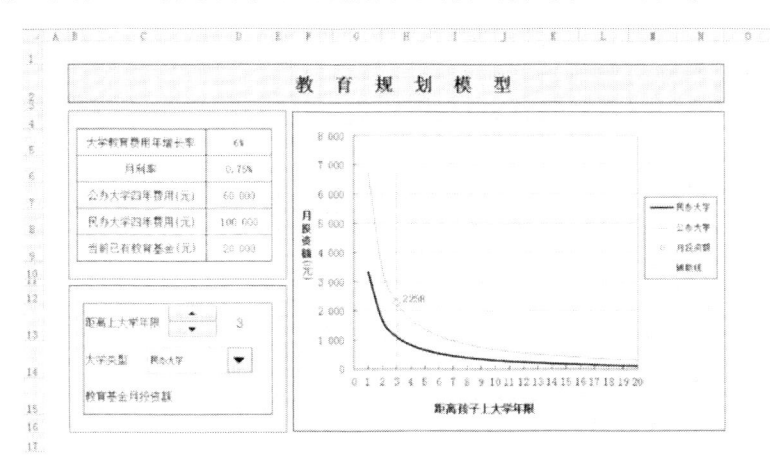

圖 6.30

在圖 6.30 所示的模型中，當我們調節距離上大學年限的時候，圖像上的「月投資額」會動態地在相應地軌跡上移動。如果選擇公辦大學，則在公辦大學對應的月投資額曲線上移動；如果選擇民辦大學，則在民辦大學對應的月投資額曲線上移動，非常直觀形象。

二、實訓方法

（1）Excel 控件的使用；
（2）Excel 圖表的創建；
（3）Excel 財務函數的使用。

三、實訓步驟

（1）新建一個 Excel 文檔，把工作表 Sheet1 作為主界面，把工作表 Sheet2 作為輔

助表，存放控件的數據源、單元格連結和輔助數據。直觀起見，乾脆把 Sheet1 的名稱修改為「主界面」，把 Sheet2 的名稱修改為「輔助表」。

（2）在主界面表中創建如圖 6.31 所示的表格，並在其中設定好以下項目：

①基本條件及參數：目前公辦大學和民辦大學修完四年所需總費用、大學教育費用年增長率、月利率（教育基金的投資收益率）和當前已有的教育基金。除了在主界面表中設定基本條件和參數外，我們還需要在輔助表裡構建相同的一個副本，以便輔助表中需要引用條件和參數的時候，方便一些，如圖 6.32 所示。

②距離孩子上大學年限：該參數需要由用戶來經常調整，所以我們採用數值調節鈕控件來為其設定參數。單元格連結設置在主界面表的 D13 單元格中。

③大學類型：共有兩大類，這裡用列表框控件來設定參數。數據源和單元格連結都設置在輔助表內，如圖 6.32 所示。

④教育基金月投資額：此時為空白項，有待後續設定其公式。

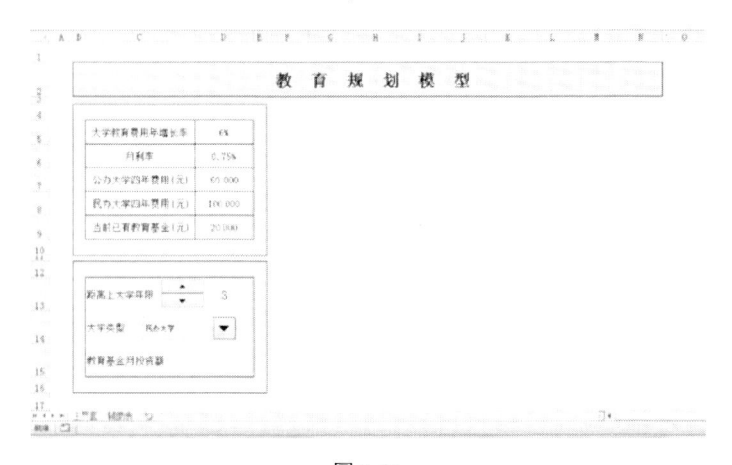

圖 6.31

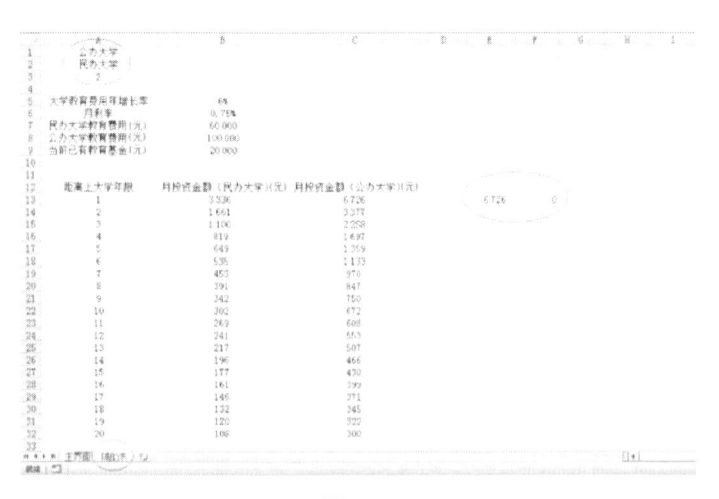

圖 6.32

（3）在輔助表中創建一個數據表，存放如圖6.32所示的數據。

該數據表的用途在於，作為數據源來描繪主界面圖表中的兩條曲線（公辦大學和民辦大學的月投資額與距離上大學年限的平滑散點圖）。

以輔助表中B22單元格為例，月投資額的公式為：

月投資額＝-PMT（＄B＄6，＄A22＊12，-＄B＄9，FV（＄B＄5，＄A22，0，-＄B＄7））

公式說明如下：

＊FV（＄B＄5，＄A22，0，-＄B＄7）

它是用於計算當前教育費用以一定的年增長率增長到孩子上大學時的終值。

＊-PMT（＄B＄6，＄A22＊12，-＄B＄9，FV（＄B＄5，＄A22，0，-＄B＄7））

它是用於計算在已有一部分給定教育基金的前提下，每個月還需要投資多少錢才能保證在孩子上大學時累積到那時上該類大學的全部教育費用。

（4）在主界面的表中添加圖表和數據系列。

在主界面表中添加散點圖，在散點圖中添加四個系列：首先，添加民辦大學和公辦大學的月投資金額曲線。然後，再添加一個輔助點用於顯著地標記出當前條件下的月投資金額所處的位置。最後，再添加一條輔助線，垂直於橫軸並經過輔助點，用於增強畫面的動感。輔助點和輔助線都是散點圖中的系列，只是這兩個系列，前者只有一個點，後者有兩個點。

以上四個數據系列的設置情況如下：

（1）系列「民辦大學」，如圖6.33所示：

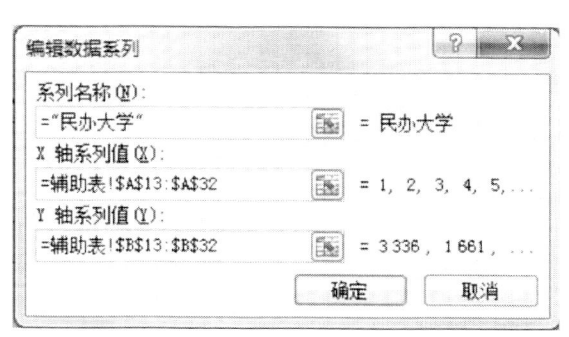

圖6.33

（2）系列「公辦大學」，如圖6.34所示。

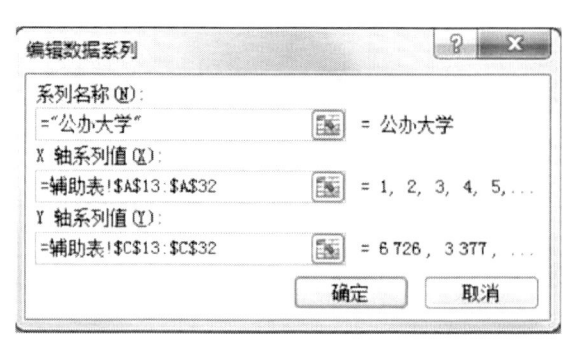

圖 6.34

（3）系列「月投資額」，如圖 6.35 所示。

圖 6.35

（4）系列「輔助線」，如圖 6.36 所示。

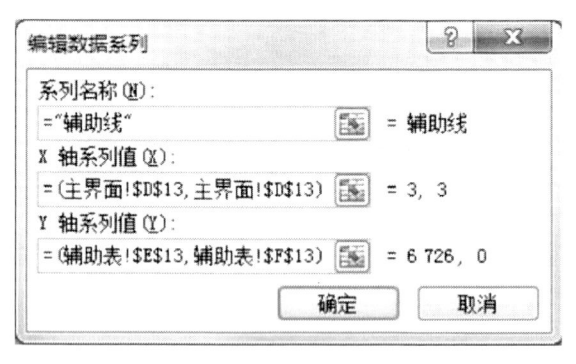

圖 6.36

（5）設置主界面 D15 單元格（月投資額）的公式。

月投資額=-PMT（D6，D13*12，-D9，FV（D5，D13，0，-IF（輔助表! A3=1，D7，D8）））

該公式設置說明如下：

*IF（輔助表! A3=1，D7，D8）

如果輔助表中 A3 單元格為 1，表明列表框選中的是公辦大學，從而則返回 D7 單元格的值（當前公辦大學教育費用）；否則，就返回 D8 單元格的值（當前民辦大學教育費用）。

＊FV（D5，D13，0，-IF（輔助表！A3＝1，D7，D8））

即返回當前教育費用以一定的年增長率增長到孩子上大學時的終值。

＊-PMT（D6，D13＊12，-D9，FV（D5，D13，0，-IF（輔助表！A3＝1，D7，D8）））

該公式用於計算在已有一部分給定教育基金的前提下，每個月還需要投資多少錢才能保證在孩子上大學時累積到那時上該類大學的全部教育費用。

（6）設置完以上所有項目之后，主界面將呈現這樣的結果，如圖 6.37 所示。

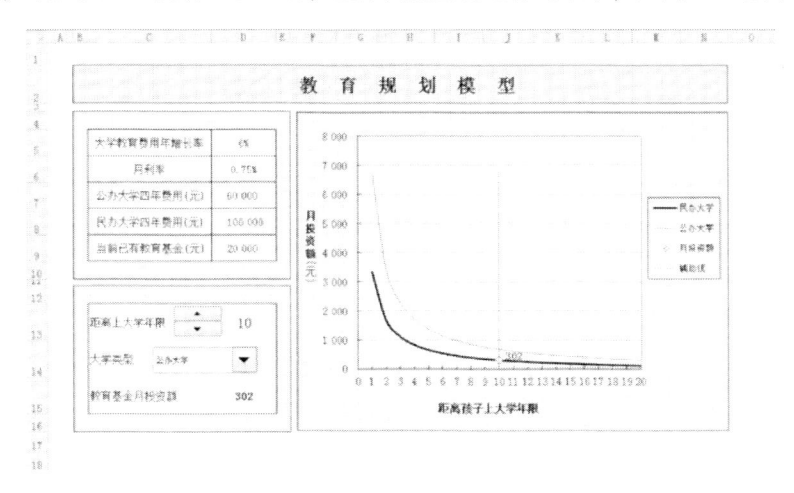

圖 6.37

至此，在主界面中，我們任意調劑距離上大學年限和大學類型，除了在 D15 單元格顯示當前月投資額之外，右邊的圖表上也會動態顯示匹配結果。

右邊的圖表有兩大效果：一是，隨著用戶的操作，模型具有較強的動態效果，可增強觀賞性，吸引用戶的注意力；二是，通過兩條曲線的變化趨勢，我們可以直觀地看出來，越早為孩子上大學作準備，每個月的財務負擔就越小。

四、注意事項

（1）關於輔助表的設計。雖然用戶看不到輔助表，但也須設計規範，使之有條理性。其目的是幫助我們在開發的過程中，有更清晰的思路，不容易出錯；同時，在后期維護和修改模型的時候，也更容易上手。

（2）關於圖表的格式。圖表的格式應盡量設計得美觀整齊，但具體的佈局以及字體、顏色等屬性都沒有統一標準，依個人偏好而定。關於圖表美觀性以及設計方法，本書不做探討，請讀者參考 Excel 操作的相關書籍，多多練習，自然熟能生巧。

（3）關於網格線和工作表標籤。主界面的網格線去掉之后，會讓模型看起來更美觀整齊。如果我們不想讓用戶看到主界面以外的其他工作表，怕不小心刪除掉重要的

基於 Excel 的財務金融建模實訓

數據，那麼也可以把除主界面以外的工作表設置為隱藏，甚至直接不顯示工作表標籤。這些技巧，讀者都應在實訓中經常使用。

實訓技能 2　創建動態數據圖表

一、實訓內容

根據上證指數的歷史收盤價數據表，創建一個動態圖表，讓用戶可以隨意選擇起止日期來顯示其走勢。效果如圖 6.38 所示。

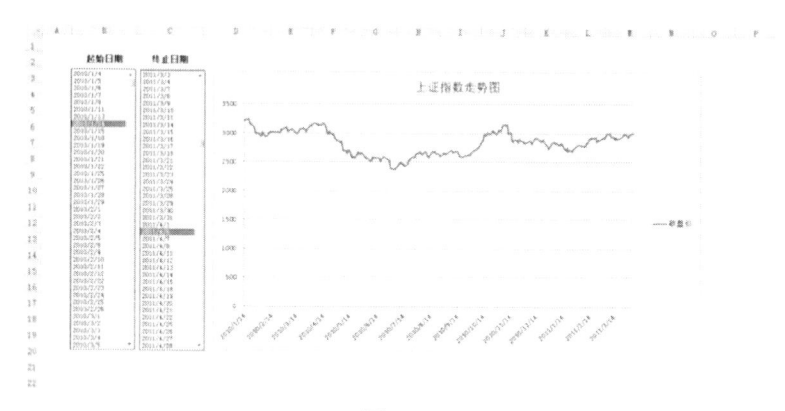

圖 6.38

二、實訓方法

（1）Excel 圖表製作。
（2）Excel 定義名稱方法的使用。
（3）OFFSET 函數和 IF 函數的使用。

三、實訓步驟

（1）新建一個 Excel 文檔，創建三個工作表，分別命名為「主界面」「上證指數」和「輔助表」，如圖 6.39 所示。

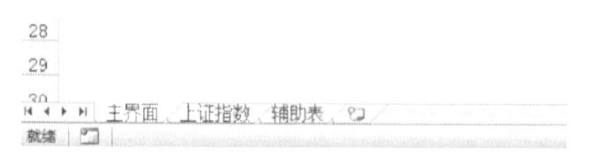

圖 6.39

（2）把上證指數收盤價的一段歷史數據（如 2010 年 1 月 4 日~2014 年 12 月 31 日）存入「上證指數」工作表中，如圖 6.40 所示。

圖 6.40

（3）在「主界面」工作表中添加兩個列表框控件，分別用於選擇起始日期和終止日期，所以其數據源都應設置為「上證指數」中的日期區域。列表框控件的單元格連結均設置在輔助表裡，分別是輔助表的 B4 和 C4 單元格，如圖 6.41 所示。

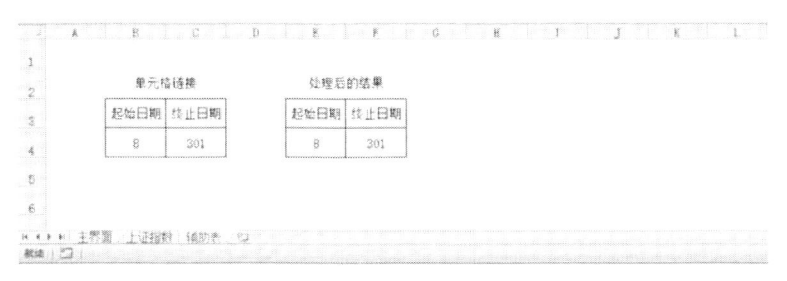

圖 6.41

考慮到用戶在操作的時候可能會把終止日期選為比起始日期還要早的時間，因此，我們需要處理這種不合理的錯誤選擇。於是，我們在輔助表裡增加一個「處理后的結果」，用處理后的結果來畫圖。

處理辦法是，當終止日期小於起始日期的時候，自動令終止日期等於起始日期，屆時圖表上將什麼都不顯示。

於是，E4 單元格的公式應設為「=B4」，而 F4 單元格的公式則為「=IF（C4>B4，C4，B4）」。

另外，為了在用戶錯誤選擇的時候有提醒的效果，我們可以在主界面上合併幾個連續的單元格（如區域 E2：L2）來顯示錯誤提示。該提示顯然是有條件的，公式為：「=IF（輔助表!C4<輔助表!B4," 警告：終止日期不可小於起始日期!"," "）」。

這樣一來，如果用戶選錯了起止日期，界面上將會提示警告。為了更醒目一點，我們可以把提示單元格的格式設為字號比較大的紅色字體。提示效果如圖 6.42 所示。

圖 6.42

（4）添加圖表。

在主界面中添加一個折線圖，調整其位置和大小，但暫時不為其添加數據系列，於是只得到一個空白圖表，如圖 6.43 所示。

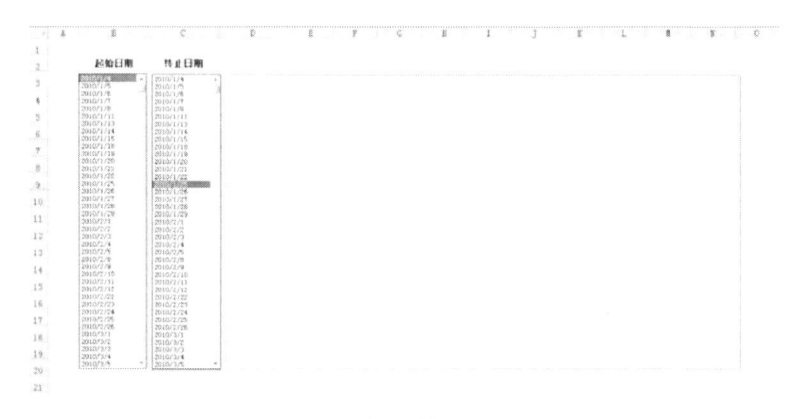

圖 6.43

（5）定義名稱。

由於圖表的數據系列是一個變化的區域，起點和跨度都會隨著用戶的選擇而變化，因此，我們要用 OFFSET 函數來表示數據系列的數據源所在區域。而在圖表中引入函數的話，必須用定義名稱的方式。

①調出「定義名稱」窗口。操作方法如圖 6.44 所示。

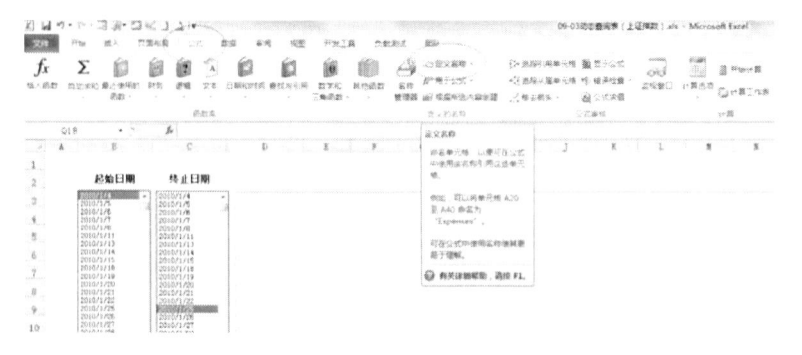

圖 6.44

②接著，在如圖 6.45 和圖 6.46 所示的窗口中設置上證指數數據區域的名稱和日期區域的名稱。

首先，我們把區域 OFFSET（上證指數！＄B＄1，輔助表！＄E＄4，0，輔助表！＄F＄4-輔助表！＄E＄4+1，1）定義為 data1，如圖 6.45 所示。

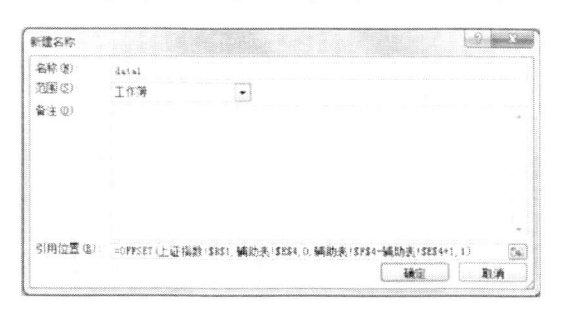

圖 6.45

然后，我們把區域 OFFSET（上證指數！＄A＄1，輔助表！＄E＄4，0，輔助表！＄F＄4-輔助表！＄E＄4+1，1）定義為 X，如圖 6.46 所示。

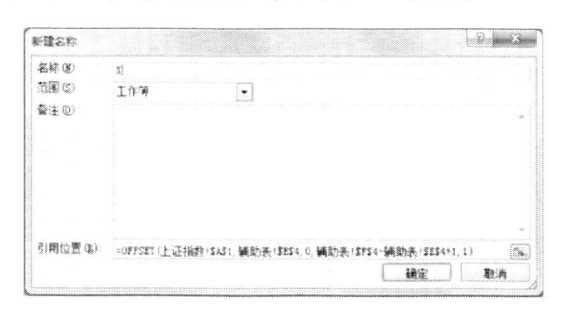

圖 6.46

在上面兩個 OFFSET 函數中，除了第一個參數（區域參照點）不同之外，其他參數毫無二致。關於 OFFSET 函數的使用方法，請參見本書「Excel 在經濟管理決策中的應用」這一模塊中的任務「經濟數據的分析與預測」。

（6）在圖表中添加數據系列。

至此為止，我們已經定義了兩個名稱——data1 和 X，分別代表起止日期內的上證指數和起止日期區域。接下來，我們就往圖表裡添加數據系列。在彈出的「編輯數據系列」窗口中如圖 6.47 所示來設定參數。

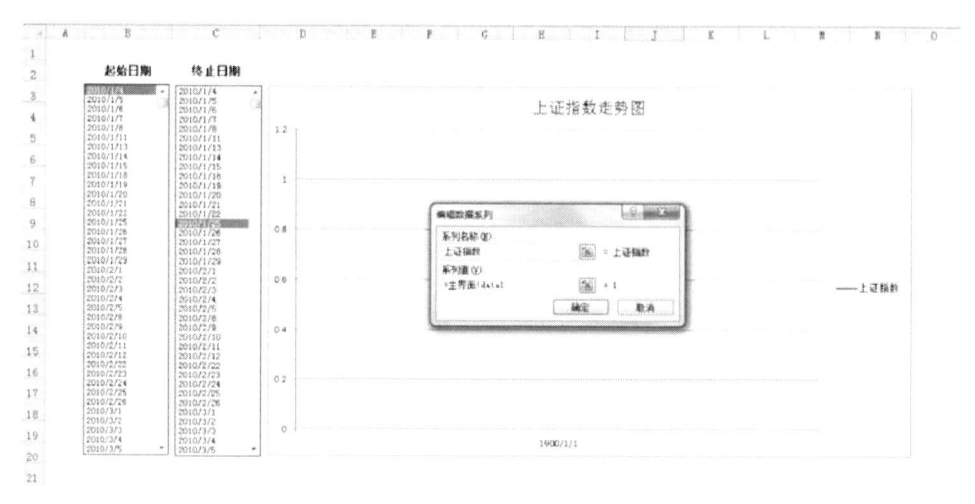

圖 6.47

照著圖 6.47 中的樣子來設置參數完畢之後，再去設置水平分類軸的標籤區域，如圖 6.48 所示。

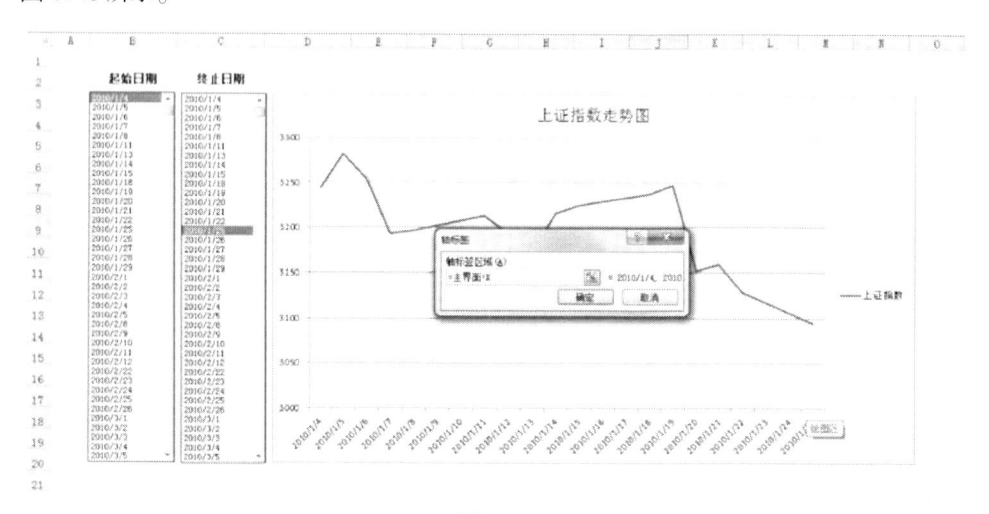

圖 6.48

上面兩步都設置完畢之後，任務即告完成。於是，我們就可以在列表框中隨意選擇起止日期，以觀測期間內的上證指數走勢圖了。

如果我們選擇起止日期為 2014 年 1 月 1 日~2014 年 6 月 30 日，那麼上證指數走勢圖如圖 6.49 所示。

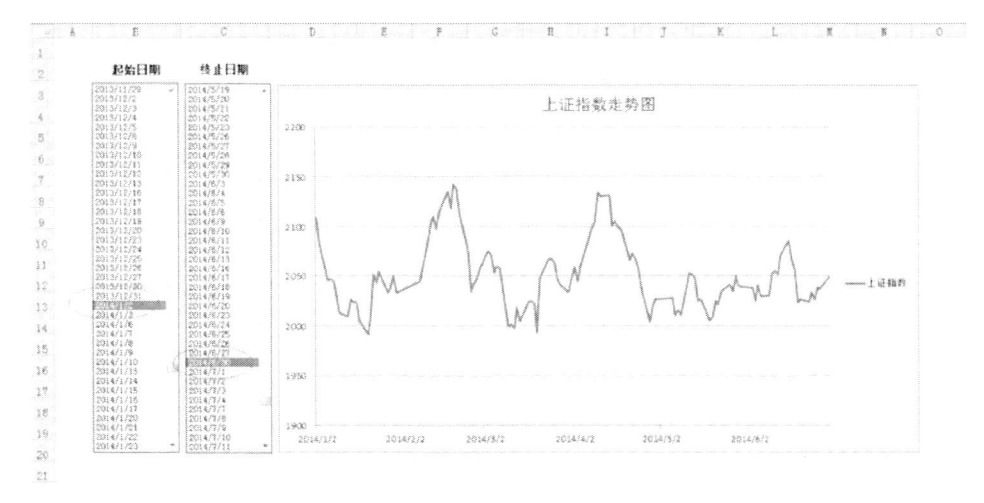

圖 6.49

如果再把起止日期調整為 2014 年 7 月 1 日～2014 年 12 月 31 日，那麼上證指數走勢圖將如圖 6.50 所示。

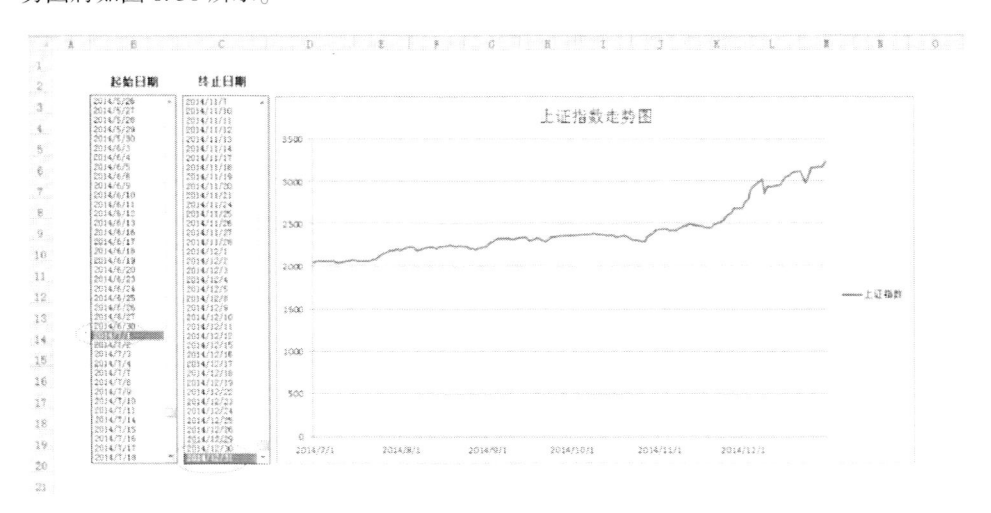

圖 6.50

從上面兩次選擇后的結果可知，我們設計的模型達到了預期的效果。

四、注意事項

（1）在「編輯數據系列」窗口中輸入定義的名稱的時候，名稱前面一定要加上所屬工作表的名稱（如「=主界面!data1」）或當前 Excel 文件的名稱，否則會提示錯誤。有意思的是，如果我們輸入「=主界面!data1」來設置數據系列的值，等設置完畢之后，再一次打開「編輯數據系列」窗口，剛才輸入的「=主界面!data1」會自動變成「='09-03 動態查詢表（上證指數）.xls'!data1」。「09-03 動態查詢表（上證指

數).xls」是當前 Excel 文檔的文件名。

（2）創建動態圖表的關鍵在於靈活變通地綜合使用 Excel 函數（如 OFFSET 函數和其他函數）和定義名稱來表示特定的數據區域，以實現用常規方法不能實現的工作目標。

任務 3 編寫 VBA 程序來提升工作效率

【案例導入】

研究金融產品的價格變化規律，經常需要把下載的數據進行預處理和統計分析，比如根據基金每日的收益率來計算累積收益率，並對未來做出一定的預測。然而，金融市場上的基金產品種類很多，交易日期也很多，因此像這樣的操作顯然是經常性的和重複性的。

在經濟金融的其他領域，經常性和重複性的工作也是屢見不鮮的，比如一個上市公司每個季度都要根據基本的財務數據來生成財務報表，一個商家每個月都要根據每日的銷售數據來對當月作匯總，並對下個月作預測。諸如此類的案例有很多，這裡就不一一列舉。

思考：在面臨經常性和重複性工作的時候，有沒有辦法實現一勞永逸的工作效果呢？

答案是肯定的！高明的分析師、技術員或研究機構通常都是採用編寫計算機程序的方式來完成這些重複性的工作。這樣做的好處是，節省了大量的時間，而且能夠保證結果的準確性。

【任務目標】

通過實訓，學生應掌握 VBA 編程的基本方法和技巧，能夠編寫簡單的程序來實現自動化批處理操作，並具備繼續學習和進一步提升的基本條件。

【理論知識】

一、VBA 語言簡介

Visual Basic for Applications（VBA）是 Visual Basic 的一種宏語言，是微軟開發出來在其桌面應用程序中執行通用的自動化（OLE）任務的編程語言。它主要用來擴展 Windows 的應用程序功能，特別是 Microsoft Office 軟件。應用於 Excel 軟件的 VBA，我們稱之為「Excel VBA」，微軟在 1994 年發行的 Excel 5.0 版本中，即具備了 VBA 的宏

功能。

VBA 在 Excel 中發揮了強大的二次開發功能，比如通過一段 VBA 代碼，可以實現畫面的切換，可以實現複雜邏輯的統計（比如從多個表中，自動生成按合同號來跟蹤生產量、入庫量、銷售量、庫存量的統計清單）等。概括而言，掌握了 VBA，在 Excel 中可以發揮以下作用：①規範用戶的操作，控制用戶的操作行為；②使操作界面人性化，方便用戶的操作；③通過執行 VBA 代碼可以迅速地實現多個步驟的手工操作；④實現一些手工操作或函數操作無法實現的功能；⑤用 VBA 製作 Excel 登錄系統；⑥其他廣泛的用途，如 Excel 宏程序的功能。宏就是一系列 VBA 命令的組合，本質上就是 VBA 程序，Excel 宏程序的用途是使常用任務自動化，有的宏可能只幫助完成簡單的任務，有的宏代碼可以是功能非常強大的 VBA 程序。

當然，VBA 宏程序也不都是只為我們帶來好處，也會引起潛在的安全風險。比如黑客可以通過某個文檔引入惡意宏，一旦打開該文檔，這個惡意宏就會運行，並且可能在計算機上傳播病毒。

二、使用 VBA 宏程序的情形

首先，如果需要使用特別複雜的計算，而 Excel 內置的工作表函數又無法滿足要求，則就需要用戶通過 VBA 語言來編寫程序，用程序來完成工作。

其次，在工作中有時會遇到這樣的情形，雖然可以使用內置函數來完成計算，但會造成很龐大的複雜公式，這些公式既不容易編寫，又不容易理解和維護，這時也可以考慮使用宏程序。

編寫程序需要一定的 VBA 基礎，但一旦完成編寫後，將可以極大提升我們的工作效率，讓 Excel 自動化辦公變得更加輕鬆。

實訓技能 1　宏程序的錄製

一、實訓內容

不管是 VBA 初學者還是使用 VBA 編程比較熟練的專業人士，經常都有可能記不住 Excel VBA 語言中大量的對象名稱、屬性和方法，因此，我們除了隨時查閱工具書之外，還可以利用 Excel 提供的錄製宏的工具。

本次實訓的內容就是介紹在 Excel 中如何錄製宏。具體的內容是，用「錄製宏」來記錄調整單元格格式的程序。

二、實訓方法

本次實訓的方法主要是菜單操作，在一系列的菜單操作之後，查看 Excel 錄製下來的宏語言是如何編寫的。

三、實訓步驟

（1）新建一個 Excel 文檔，創建一個簡單的表格，如圖 6.51 所示。

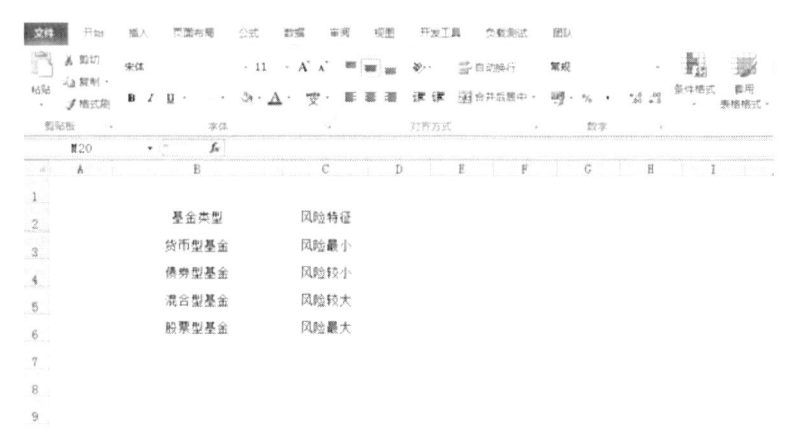

圖 6.51

（2）選擇窗口菜單項「開發工具」，點擊「錄製宏」，如圖 6.52 所示。

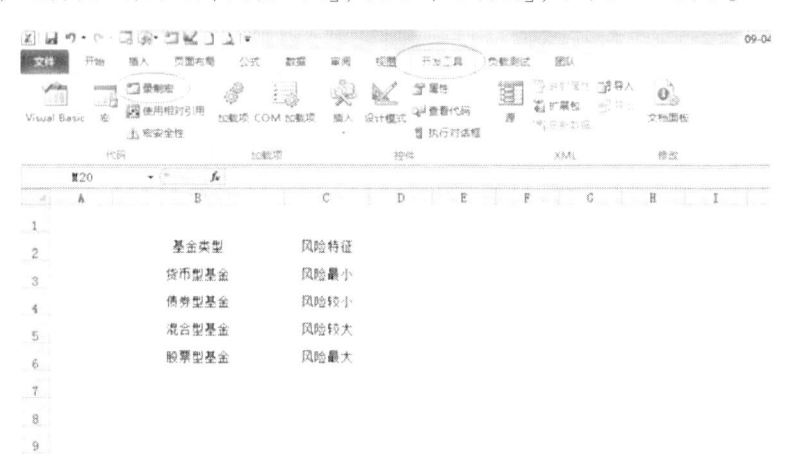

圖 6.52

（3）點擊「錄制宏之后」，將會彈出如圖 6.53 所示的設置窗口。在該窗口中，我們選擇把錄制的宏保存在當前工作簿中，宏的名稱改為「調整表格格式」，如果不想修改的話，就沿用默認的名稱也可以。最后我們為宏設置快捷鍵「Ctrl+j」。

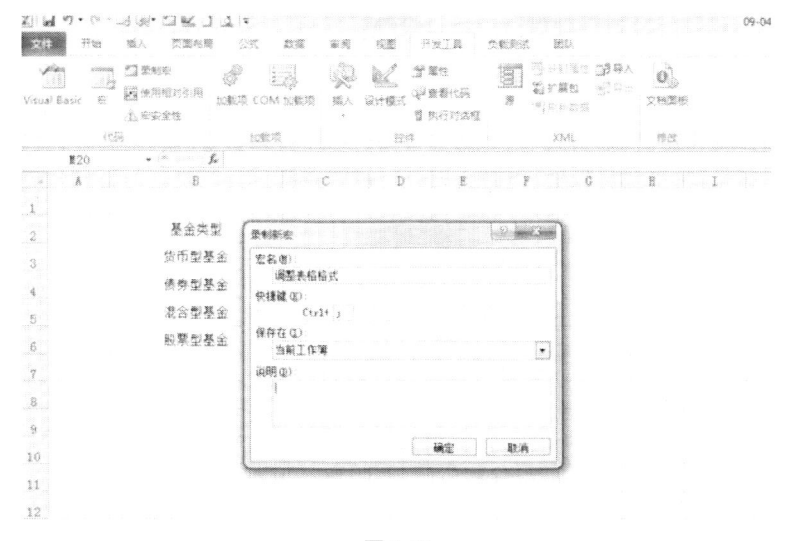

圖 6.53

（4）在上一步的設置完畢后，點擊「確定」，我們即進入錄制狀態，然后我們就按照自己的意願來操作表格，使之成為如圖 6.54 所示的樣子。

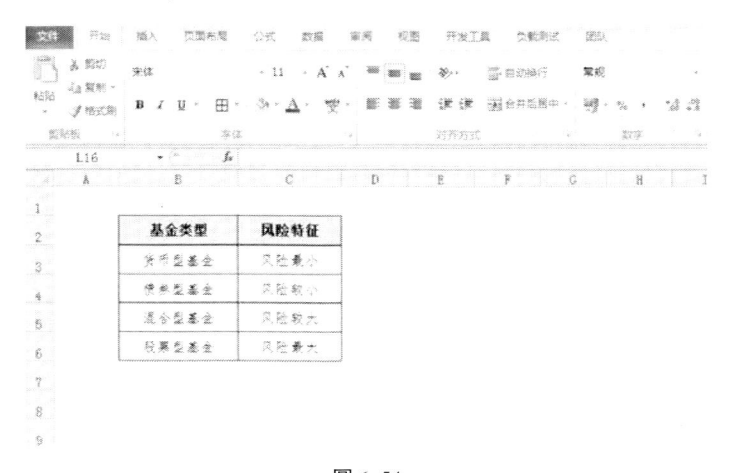

圖 6.54

（5）在上一步的操作完成之后，選擇窗口菜單「開發工具」，點擊「停止錄制」，完成錄制任務，然后保存當前工作簿，如圖 6.55 所示。

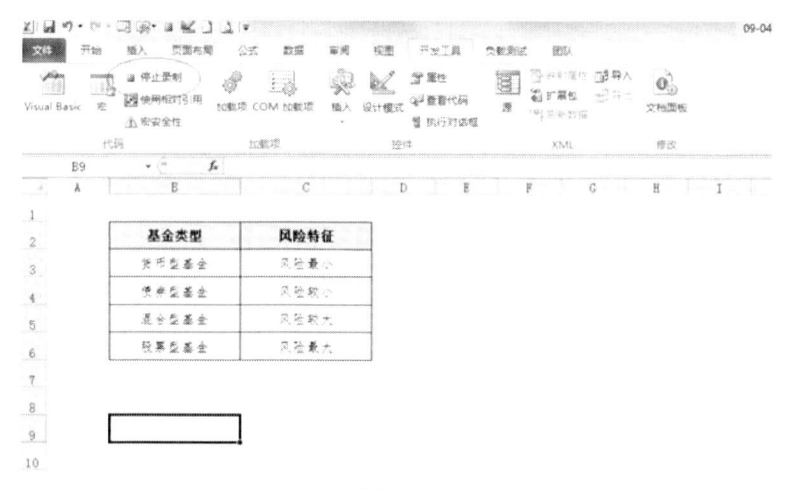

基於 Excel 的財務金融建模實訓

圖 6.55

（6）應用已經錄製好的宏。

①新建一個 Excel 文檔，構建如圖 6.56 所示的表格，該表格與圖 6.55 所示的表格位置和內容一樣，只是格式不同。

圖 6.56

②在保證原來錄製宏的文檔打開的狀態下，在圖 6.56 所示的表格中，按下組合快捷鍵「Ctrl+j」，圖 6.56 中的表格馬上就變成如圖 6.57 所示的樣式。不難發現，圖 6.57 中的表格樣式與圖 6.55 中的表格樣式是一樣的，可見錄制的宏在當前表格中又重新執行了一遍錄制它時的所有操作。

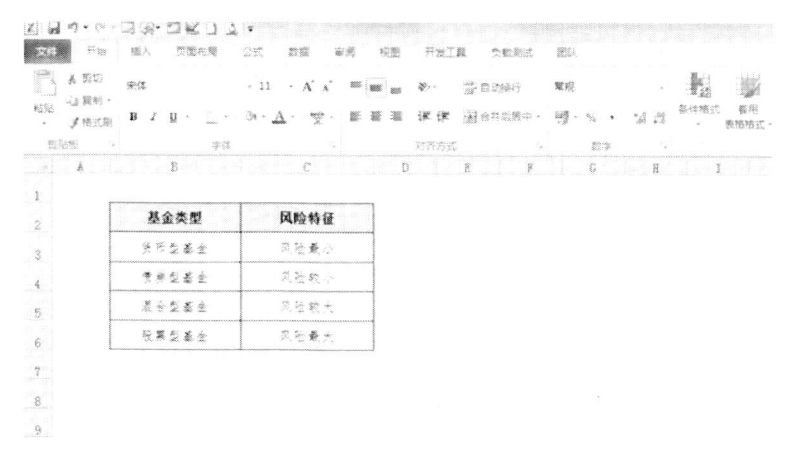

圖 6.57

（7）用菜單操作來執行宏。

如果不用快捷鍵，我們也可以通過菜單操作來執行宏。步驟如下：

①選擇窗口菜單「開發工具」，點擊「宏」，如圖 6.58 所示。

圖 6.58

②在「宏」窗口中，選擇要執行的宏，然後點擊「執行」，其效果與按快捷鍵是一樣的，如圖 6.59 所示。

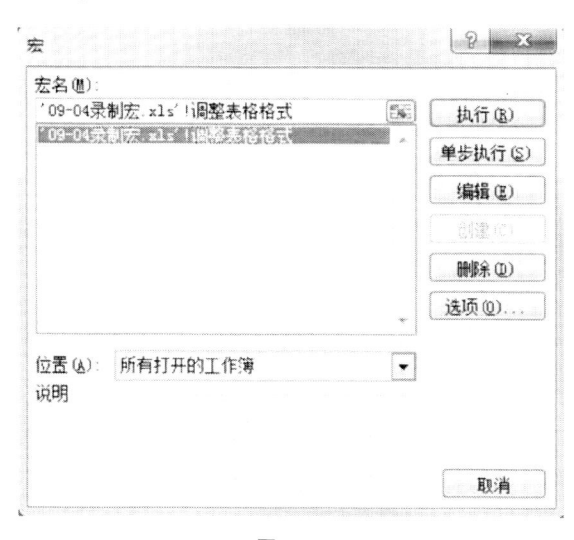

圖 6.59

（8）宏執行了哪些操作？

對比圖 6.56 和圖 6.57，不難發現錄制的宏「調整表格格式」執行了下面的操作：

①去掉了表格中的網格線；

②表格添加了邊框；

③調整了行列的寬度；

④文字居中顯示；

⑤表格標題行設置了底色，其文字加粗；

⑥表格內容行字體設置為「仿宋」。

如果我們手裡面有多張表格都要設置成同樣的格式，還是手工操作的話，恐怕要耗費大量的時間。但如果已經按要求錄制了宏，則只需要在每個表格中按一下快捷鍵「Ctrl+j」，任務就在瞬間完成了。

（9）查看宏程序的代碼。

如果想查看宏程序的代碼，我們可以在圖 6.59 所示的窗口中點擊「編輯」（也可以在圖 6.58 所示的窗口中點擊「Visual Basic」，或按快捷鍵「ALT+F11」），即可進入 VBA 程序編寫窗口。在其中，錄制的宏程序以及工作簿裡的其他所有程序，都可以隨意查看、修改和運行，如圖 6.60 所示。

圖 6.60

四、注意事項

（1）在錄制宏之前，要好好熟悉需要錄制的操作的具體要求，以免在錄制的時候錄錯了操作。另外，在錄完以後一定要記得及時點擊「停止錄制」，不然會一直錄制下去，一不小心就會錄制上不想要的操作。

（2）如果不小心錄制了不必要的操作，我們可以在宏程序的編輯窗口中刪掉對應的程序，而無須重錄。

實訓技能 2　編寫一個簡單的 VBA 程序

一、實訓內容

本實訓將編寫一個簡單的 VBA 程序，其功能為統計銷售額的總和，並在表格中顯示出來。

二、實訓方法

（1）在工作表中創建表格；
（2）添加控件，設置其屬性；
（3）為控件編寫 VBA 程序。

三、實訓步驟

（1）VBA 程序存放在哪裡？

在圖 6.60 所示的 VBA 編輯窗口，我們可以發現，VBA 程序可以存放在 Excel 文件的不同對象中，如工作表（Sheet1、Sheet2 等）、當前工作簿（this work book）和模塊中。

錄制的宏默認是存放在模塊中，Excel 會自動創建模塊來存放錄制的宏程序。當然，我們也可以新建模塊（如模塊1、模塊2等）來存放自己編寫的程序。

模塊中的程序（過程和函數）在其他對象的過程和函數中被調用的時候，不必指明其來源，而 sheet 工作表和 this Work book 工作簿中的過程和函數在自身以外的對象中引用的時候，必須加上所屬對象的名稱。這是面向對象編程的統一規範。

（2）如何編寫 VBA 程序？

VBA 程序主要由過程和函數來構成，在過程和函數中，我們要為之編寫執行某些操作的語句。這些具有很強邏輯性的語句，就構成了一個完整的功能模塊。

過程和函數的區別是，過程只執行程序命令，而函數在執行程序命令之後還需要返回一個值。也可以說，函數就是具有返回值的過程。

（3）為 ActiveX 控件添加 VBA 程序。

在 VBA 編輯窗口既可以編寫程序，也可以執行 VBA 程序，但多數的 VBA 應用程序都是通過控件（比如命令按鈕、列表框、滾動條等）的事件（如單擊、雙擊、選擇、拉動等）來驅動執行的，這樣才具有交互性。

下面我們通過一個簡單的例子來說明這一點。在這個例子中，我們將在工作表中錄入一些銷售數據，然后設計一個按鈕，只要點擊按鈕，就可以計算並顯示銷售額的總和。操作步驟如下：

①新建一個 Excel 文檔，錄入所需數據，調整格式，然后插入一個命令按鈕（ActiveX 控件類型），如圖 6.61 所示。

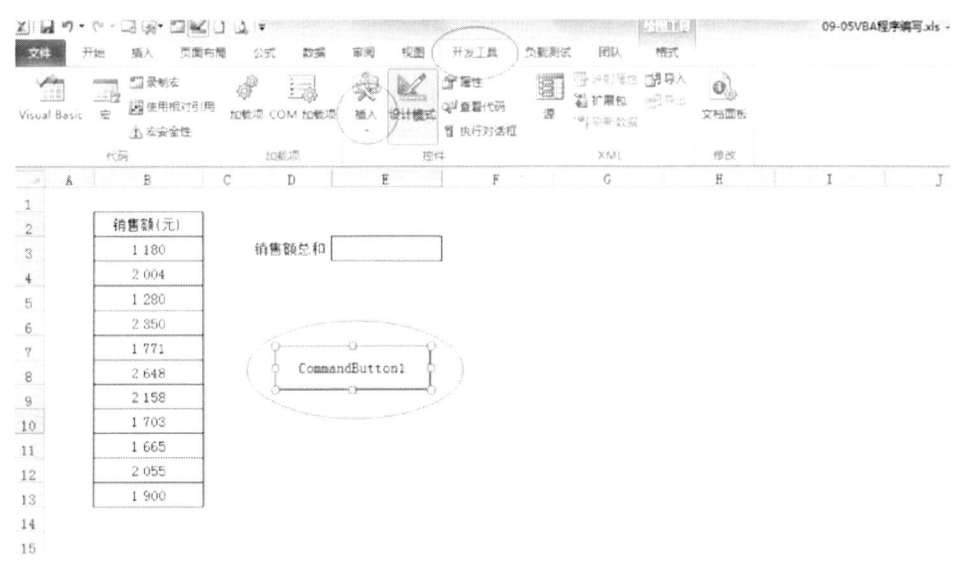

圖 6.61

②命令按鈕的文字、形狀及位置都是默認的，我們可以用鼠標右鍵點擊它之後，選擇「屬性」來修改其 Caption 屬性為「計算銷售額總和」，如圖 6.62 所示。（注意此時為「設計模式」狀態）

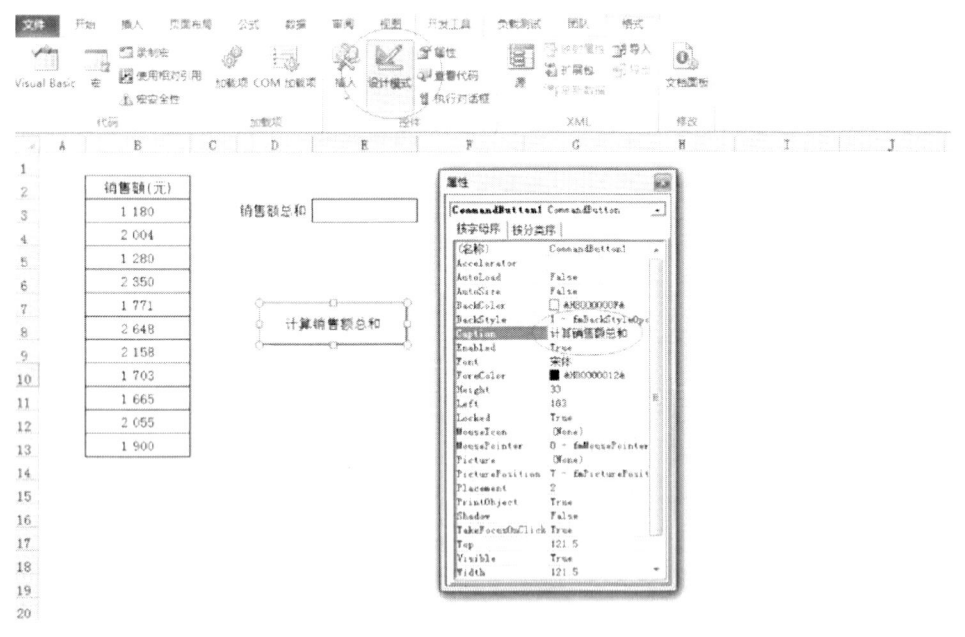

圖 6.62

③在設計模式下，雙擊命令按鈕就可以進入該控件對象的默認過程（CommandButton1_ Click 過程，該過程負責執行「點擊控件」事件發生後的代碼）的編輯狀態，我

們即可在此編寫代碼，如圖 6.63 所示。

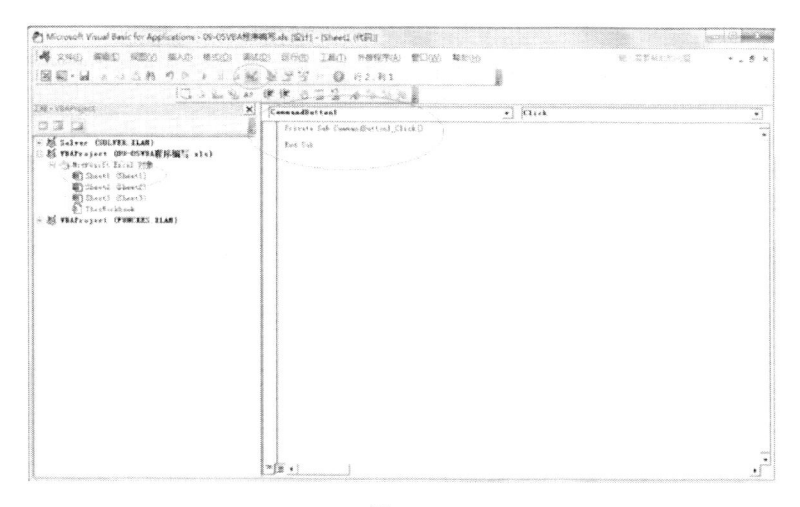

圖 6.63

④按照例題的要求編寫一段求和並且顯示結果的程序，如圖 6.64 所示。

```
Private Sub CommandButton1_Click()
    '过程用Sub来表示
    Dim i As Integer      '声明一个整数类型的变量i
    Dim sum As Integer    '声明一个整数类型的变量sum，用于存放求和结果
    sum = 0               '该句代码可有可无
    '下面是循环求和语句
    For i = 3 To 13
        sum = sum + Me.Cells(i, 2)   'Me.Cells(i, 2)表示当前对象sheet1的第i行第2列的单元格
    Next i
    Me.Cells(3, 5) = sum  '把sum的结果显示在E3单元格（第3行第5列）
End Sub
```

圖 6.64

註：程序代碼中，以單引號開始的表示註釋。被註釋的代碼不會被執行。

⑤退出設計模式，然后點擊「命令」按鈕，即可得到求和結果，如圖 6.65 所示。

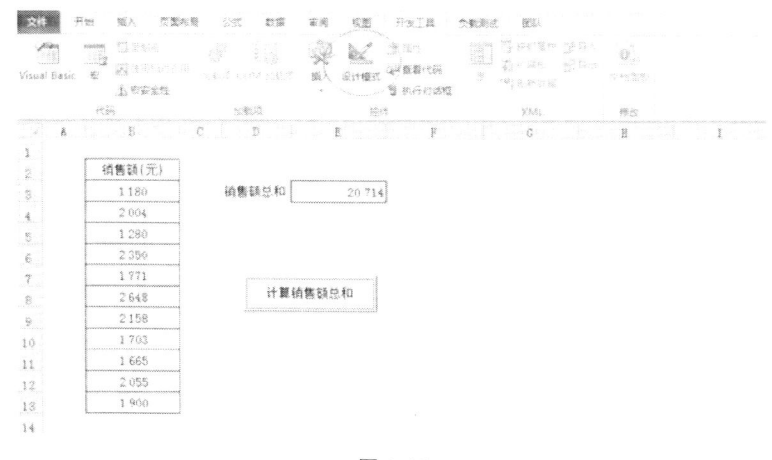

圖 6.65

(4) 不知道如何編寫實現某種功能的 VBA 程序時，應該怎麼辦？

不知道如何編寫某種功能的程序又分幾種情況，分別探討如下：

①語法上的問題。

如果讀者遇到的是語法上的問題，比如不知道如何編寫循環語句、條件判斷語句等，那麼必須去查閱關於 VBA 編程的專門書籍。

②邏輯上的問題（算法問題）。

如果讀者遇到的是邏輯問題，比如不知道如何編寫排序程序、遞歸程序，那麼就需要靜下心來慢慢思考，反覆試驗，實在不行的話，再去查找關於這方面的編程實例及源代碼來學習。

③Excel 對象屬性與方法不熟悉的問題。

如果遇到的是關於 Excel 對象屬性與方法使用上的問題，比如不知道如何編寫 VBA 程序來設置單元格格式，不知道如何編寫打印程序，我們有三種解決辦法：

一者，自行摸索。摸索的方式是利用 VBA 編輯窗口，在過程或函數中輸入一個對象的名稱，再接著輸入引用操作符「.」之後，就會自動出現這個對象的可用屬性和方法的列表，我們可以在這個列表中從上拉到下，一個個查看其名稱，判斷是否是自己需要的，如果確定需要那一個，就用鼠標直接雙擊它，或者按鍵盤的「tab」鍵，即可添加進來，如圖 6.66 所示。

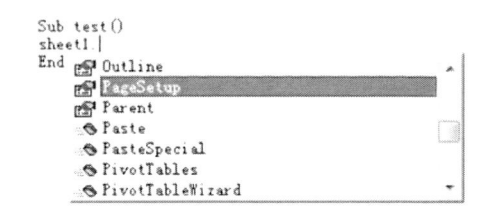

圖 6.66

二者，錄制宏。前面我們介紹的錄制宏的方法，在這裡可以派上用場。比如我們不知道如何編寫設置單元格底色的代碼，那麼我們就錄制一段設置單元格底色的宏，然後把宏程序打開來學習其代碼的編寫。學懂之後，以後就知道怎麼用了。很多人在學習 VBA 編程的過程中，都會經常錄制特定功能的宏程序，然后學習。

三者，查閱專業資料。最后的辦法就是查閱相關專業資料的介紹，或者查看其他人編寫的源代碼，然后學習。

VBA 編程技術的提升是一個逐步累積的過程，建議讀者在工作中多學多練，久而久之自然在常規的應用程序編寫上得心應手，對於難度較大的複雜模型，也能夠較快地找到突破口。

四、注意事項

我們經常習慣把錄制的宏程序中的一段或多段複製粘貼到自己的 VBA 程序中，以

「借用」一些自己不想親手輸入（或不知道如何輸入）的代碼。這是很便利和經濟的，在很多情況下都可以給我們節省不少寶貴的時間，加快開發程序的速度，不管是新手，還是 VBA 編程的專業人士，都可能會喜歡這樣做。但要注意的是，借用過來的代碼可能會「水土不服」，往往需要經過我們的修改才能正確執行。為此，即便是「借用」，也都需要我們熟悉 VBA 編程的常識和邏輯。

實訓技能 3　批量處理表格數據

一、實訓內容

圖 6.67 所示的表格中存放了 582 只股票型基金近兩年來的收益率數據。（為了顯示方便，大部分單元格已被隱藏）

本次實訓的任務是從這些基金中把兩個收益率指標都大於平均水平的基金挑選出來，並在原表中把符合條件的基金以黃底紅字突出顯示出來，然后再把它存到另一個工作表中。

	A	B	C	D	E	F	G	H	I	J
1	序号	基金简称	近1年	近2年						
2	1	博时上证自然	37.33%	-9.33%						
3	2	信诚精萃成长	31.71%	47.22%						
4	3	国联安商品E	37.99%	-10.80%						
5	4	鹏华资源分级	43.75%	-13.81%						
6	5	海富通国策导	47.70%	121.55%						
7	6	申万证券行业	——	——						
8	7	银华资源指数	39.99%	-15.32%						
9	8	海富通风格优	8.11%	17.49%						
10	9	民生中证资源	40.59%	-13.98%						
11	10	国投瑞银中证	36.18%	-12.52%						
571	570	华商盛世成长	57.54%	88.66%						
572	571	泰达宏利成长	27.88%	65.84%						
573	572	海富通中小盘	-0.45%	14.39%						
574	573	汇添富移动互	——	——						
575	574	农银低估值高	21.07%	——						
576	575	长信内需成长	10.24%	71.95%						
577	576	国联安优选行	37.61%	82.07%						
578	577	国联安德盛红	49.14%	65.00%						
579	578	南方隆元产业	30.23%	12.12%						
580	579	海富通内需热	4.06%	——						
581	580	汇丰晋信科技	27.22%	87.43%						
582	581	易方达科讯	33.91%	90.38%						
583	582	富国低碳环保	46.74%	73.77%						
584										

圖 6.67

二、實訓方法

本例將採用 VBA 編程的方法來實現。不用編程的話，利用 Excel 函數和條件格式等菜單操作，也可以達到目的，但如果此類任務經常遇到，編寫程序將是一勞永逸的辦法。

三、實訓步驟

（1）把源數據工作表改名為「源數據」，然后增加一個工作表，取名為「處理結果」，如圖 6.68 所示。

圖 6.68

（2）在源數據工作表中添加一個「ActiveX 命令按鈕」，並設置其 Caption 屬性為「執行程序」，如圖 6.69 所示。

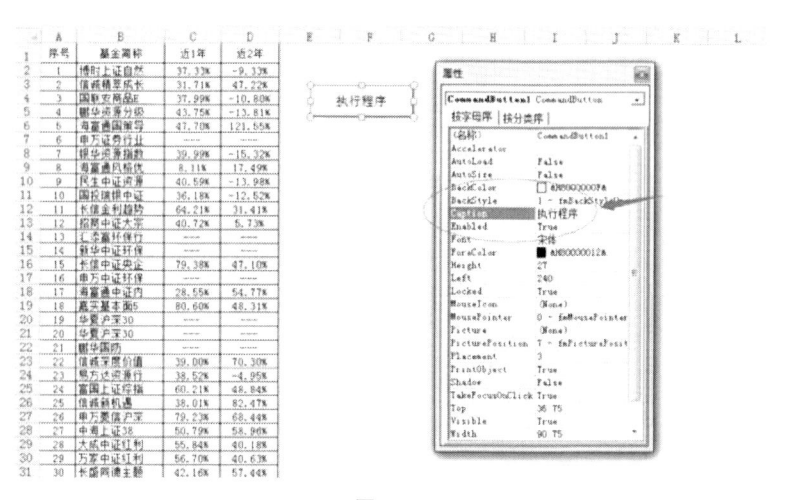

圖 6.69

（3）在設計模式下，雙擊「執行程序」按鈕，即可進入 VBA 編輯窗口。然後我們在工作表 Sheet1 的代碼編輯框裡編寫兩個程序：第一個是，「點擊按鈕」事件將會執行的「過程」；第二個是，返回工作表中有多少行非空單元格的「函數」。

①命令按鈕執行的「過程」程序如圖 6.70 所示。

```
Private Sub CommandButton1_Click()
Dim i As Integer
Dim sum As Integer
Dim sum1 As Double
Dim sum2 As Double
Dim count1 As Integer
Dim count2 As Integer
Dim a1 As Double
Dim a2 As Double
Dim hold As Integer
sum = Me.getSumOfRow(Sheet1, 1, 1)
Me.Cells.Font.ColorIndex = 1
Me.Cells.Interior.ColorIndex = 0
For i = 2 To sum
    If VBA.IsNumeric(Me.Cells(i, 3)) = True Then
        sum1 = sum1 + Me.Cells(i, 3).Value
        count1 = count1 + 1
    End If
    DoEvents
Next i
For i = 2 To sum
    If VBA.IsNumeric(Me.Cells(i, 4)) = True Then
        sum2 = sum2 + Me.Cells(i, 4).Value
        count2 = count2 + 1
    End If
    DoEvents
Next i
a1 = sum1 / count1
a2 = sum2 / count2
Sheet2.Cells.ClearContents
Sheet2.Cells(1, 1) = Me.Cells(1, 1)
Sheet2.Cells(1, 2) = Me.Cells(1, 2)
Sheet2.Cells(1, 3) = Me.Cells(1, 3)
Sheet2.Cells(1, 4) = Me.Cells(1, 4)
For i = 2 To sum
    If VBA.IsNumeric(Me.Cells(i, 3)) = True And VBA.IsNumeric(Me.Cells(i, 4)) = True Then
        If Me.Cells(i, 3) >= a1 And Me.Cells(i, 4) >= a2 Then
            Range(Me.Cells(i, 1), Me.Cells(i, 4)).Interior.ColorIndex = 6
            Range(Me.Cells(i, 1), Me.Cells(i, 4)).Font.ColorIndex = 3
            hold = hold + 1
            Sheet2.Cells(hold + 1, 1) = hold
            Sheet2.Cells(hold + 1, 2) = Me.Cells(i, 2)
            Sheet2.Cells(hold + 1, 3) = Me.Cells(i, 3)
            Sheet2.Cells(hold + 1, 4) = Me.Cells(i, 4)
        End If
    End If
    DoEvents
Next i
End Sub
```

圖 6.70

② 「函數」程序的編寫如圖 6.71 所示。

```
Function getSumOfRow(sheet As Worksheet, r As Integer, c As Integer) As Integer
'該函數返回sheet表中，從第c列的第r行單元格開始往下數，總共有多少行非空數據（包含起始行）
    Dim i As Integer
    Dim sum As Integer
    i = r
    sum = 0
    Do While sheet.Cells(i, c) <> ""
        i = i + 1
        sum = sum + 1
    Loop
    getSumOfRow = sum
End Function
```

圖 6.71

（4）過程 Private Sub CommandButton1_ Click（ ）的主要編寫思路及說明如下：
①過程名稱。

Private 是過程名稱中的關鍵字，為可選參數。它表示只有在包含其聲明的模塊中的其他過程可以訪問該 Sub 過程。CommandButton1_ Click 中，下劃線前的 CommandButton1 是命令按鈕的 Name 屬性，該屬性作為控件的名稱，用於識別控件。下劃線後面的 Click，表示按鈕的「點擊事件」。

②聲明變量。

Integer 表示整數類型，長度為 2 個字節，數值範圍從 -32,768 到 32,767。Double 表示雙精度浮點數據，長度為 8 個字節，數值範圍為：負數時從 -1.797,693,134,862,32E308 到 -4.940,656,458,412,47E-324（科學計數法，下同）；正數時從 4.940,656,458,412,47E-324 到 1.797,693,134,862,32E308。

聲明變量前應該仔細思考，到底需要用到哪些變量。在本例中，我們用到的變量及其設定理由如下：

i：作為循環計數變量。

sum：用來表示數據表的有效行數。

sum1 和 sum2：分別用來表示兩個收益率指標的有效數值的總和。

count1 和 count2：分別用來表示兩種收益率指標各有多少個有效數值。

a1 和 a2：分別用來表示兩種收益率指標各自的平均值，比如 a1 = sum/count1。

hold：作為輔助計數變量。

③語句剖析。

語句：

sum = Me. getSumOfRow (Sheet1, 1, 1)

該語句是用一個函數 Me. getSumOfRow 來給 sum 賦值，其含義是返回 Sheet1 工作表中，從第一列的第一行開始數，一共有多少非空數據行。

該函數對象屬於當前工作表 Sheet1，因此可以用 Me 來表示 Sheet1。當然，后面參數中的 Sheet1，也自然可以換成 Me，結果是一樣的。

函數 Me. getSumOfRow 中的符號「.」被稱為引用操作符，用來連接對象和對象中的過程、函數或其他屬性。對象中包含的對象也是這樣來連接的。這是面向對象編程語言的通用表示方法。當然，如果引用的是當前模塊的過程和函數以及屬性，可以省略掉 Me，直接寫 getSumOfRow 就可以了。但在實際的編程中，我們往往都會把所屬的對象名稱加上，這樣做的好處是，只要在對象的名稱后面輸入引用操作符「.」，系統就會自動提示該對象有哪些過程、函數和屬性可用，程序員直接在提示出來的列表框裡點選就可以了。這大大加快了開發程序的效率。這種功能被稱為「自動代碼提示」，如圖 6.72 所示。

```
Private Sub CommandButton1_Click()
Dim i As Integer
Dim sum As Integer
Dim sum1 As Double
Dim sum2 As Double
Dim count1 As Integer
Dim count2 As Integer
Dim a1 As Double
Dim a2 As Double
Dim hold As Integer
sum = Me.get
         getSumOfRow
         HPageBreaks
         Hyperlinks
         Index
         ListObjects
         MailEnvelope
         Move
```

圖 6.72

④把源數據中的字體和底色設為「白底黑字」，以清除上一次可能留下的「黃底紅字」痕跡。程序如下：

Me. Cells. Font. ColorIndex = 1

Me. Cells. Interior. ColorIndex = 0

如果不知道如何編寫格式設置的代碼，建議讀者自行錄制一段設置單元格格式的宏程序，然后從中學習。

⑤遍歷數據表，把兩列收益率指標的總和分別計算出來，同時計算有效數據的個數。程序如圖 6.73 所示。

```
For i = 2 To sum
    If VBA.IsNumeric(Me.Cells(i, 3)) = True Then
        sum1 = sum1 + Me.Cells(i, 3).Value
        count1 = count1 + 1
    End If
    DoEvents
Next i
For i = 2 To sum
    If VBA.IsNumeric(Me.Cells(i, 4)) = True Then
        sum2 = sum2 + Me.Cells(i, 4).Value
        count2 = count2 + 1
    End If
    DoEvents
Next i
```

圖 6.73

在這裡，我們用到了 For 循環和 If 條件判斷語句。For 循環的循環變量 i 從 2 循環到 sum，在循環過程中，只要滿足 If 條件（單元格為數值），我們就執行 Then 後面的語句（求和與計數）。

If 條件中用到的函數 VBA. IsNumeric，是用於判斷某個表達式是否為數值。只有單元格是一個數值時，我們才把它當作有效數據參與計算；否則就將其忽略掉。這一點需要特別注意，不要遺漏了。

⑥計算兩個收益率指標的平均值。程序如下：

a1 = sum1 / count1

a2 = sum2 / count2

⑦清空「處理結果」工作表中的內容，然后把第一行設為標題行，標題內容從 Sheet1 表的標題行中對應複製。程序如圖 6.74 所示。

```
Sheet2.Cells.ClearContents
Sheet2.Cells(1, 1) = Me.Cells(1, 1)
Sheet2.Cells(1, 2) = Me.Cells(1, 2)
Sheet2.Cells(1, 3) = Me.Cells(1, 3)
Sheet2.Cells(1, 4) = Me.Cells(1, 4)
```

圖 6.74

⑧從頭到尾遍歷所有收益率指標，如果兩個指標都大於等於均值，就把當前基金數據的格式設為黃底紅字，同時把該基金的數據複製到工作表「處理結果」中，按順序存放。程序如圖 6.75 所示。

```
For i = 2 To sum
    If VBA.IsNumeric(Me.Cells(i, 3)) = True And VBA.IsNumeric(Me.Cells(i, 4)) = True Then
        If Me.Cells(i, 3) >= a1 And Me.Cells(i, 4) >= a2 Then
            Range(Me.Cells(i, 1), Me.Cells(i, 4)).Interior.ColorIndex = 6
            Range(Me.Cells(i, 1), Me.Cells(i, 4)).Font.ColorIndex = 3
            hold = hold + 1
            Sheet2.Cells(hold + 1, 1) = hold
            Sheet2.Cells(hold + 1, 2) = Me.Cells(i, 2)
            Sheet2.Cells(hold + 1, 3) = Me.Cells(i, 3)
            Sheet2.Cells(hold + 1, 4) = Me.Cells(i, 4)
        End If
    End If
    DoEvents
Next i
```

圖 6.75

（5）函數 getSumOfRow 的編寫說明。

①函數的標示、返回值和返回類型。

函數總是以 Function 來定義開頭，然后以 End Function 來結束。在函數結束之前，我們一般要給函數設定應該返回的值，如本例中的語句「getSumOfRow = sum」，就是應該返回函數的值，為 sum。As Integer 表示該函數的返回類型為整型變量 Integer。

②函數的參數（sheet As Worksheet，r As Integer，c As Integer）。

第一個參數 sheet 為 Worksheet 類型，r 和 c 為 Integer 類型。在本例中，Sheet 表示函數處理的工作表，r 和 c 表示第 r 行和第 c 列。該函數的目的就是，返回 sheet 表中，從第 c 列的第 r 行單元格開始往下數，總共有多少行非空數據（包含起始行）。

③Do While 循環。

語句 Do While 表示循環，但該循環與 For 循環不同。For 循環的循環次數是給定的，但 Do While 循環的次數是不定的，要根據 While 后面的條件來決定。While 后面的條件為真，才繼續循環；否則，就退出循環。在我們面臨的問題中，每一次需要處理的基金數據的總數都有可能不同，因此，我們專門編寫了一個函數來自動判斷數據總行數，這是很有意義的。但如果我們面臨的問題中已經知道了總行數，以后也無須每次都去判斷總行數，那麼這個函數就沒有意義了。

（6）編寫完所有上述程序。我們回到「源數據」工作表中，退出「設計模式」，點擊命令按鈕來執行程序，即可得到如圖 6.76 和圖 6.77 所示的結果。

我們發現，滿足條件的基金，其單元格已經在原表中被突出標記出來，並且數據都被複製進了「處理結果」工作表中。可見，我們編寫的 VBA 程序已經達到了預期的效果。

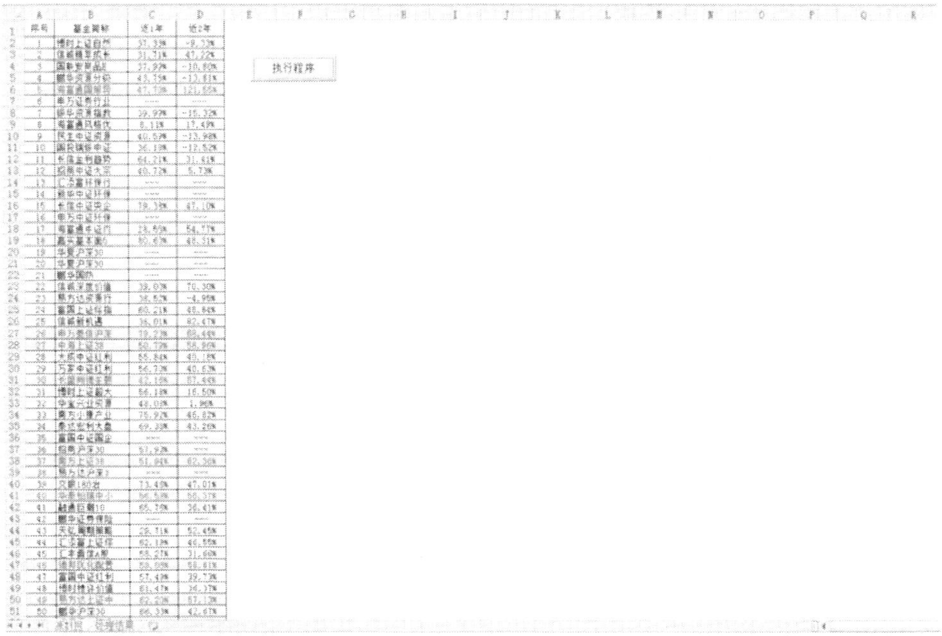

圖 6.76

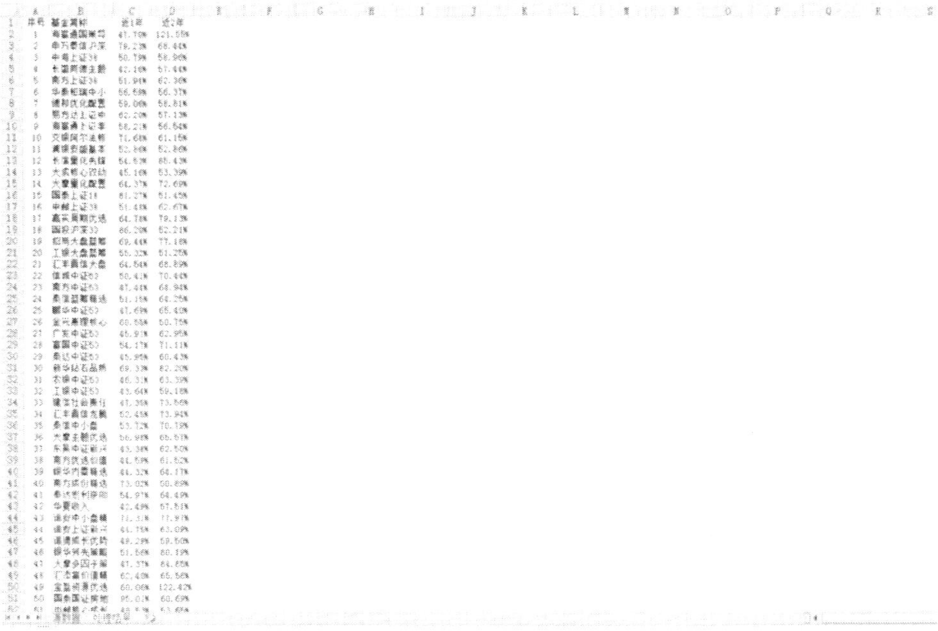

圖 6.77

四、注意事項

（一）程序的算法

算法是指解決方案的準確而又完整的策略步驟與機制，是一系列解決問題的清晰指令，所有指令的運行結果能夠實現我們預期的需要。在本例中，我們編寫了一個 Sub 過程和一個 Function 函數，其實現的功能都是非常簡單的，然而，就是這樣一個非常簡單的程序，其算法（目標實現的邏輯步驟）也都不止一種。讀者可以嘗試以不同的方案來解決同樣的問題。比如本例中的 getSumOfRow 函數，其實現過程我們可以用 Do Until 循環，甚至也可以用 For 循環，給 For 循環指定一個很大的終點，然後在循環中通過條件判斷來適時退出循環即可。

（二）程序的改進

已經編好的程序可能都不是完美的，在使用的過程中，應該根據需求的變化而隨時改進。正如我們所用的系統軟件和應用軟件一樣，幾乎每種軟件都在不斷地更新換代，以更好地滿足用戶不斷發展的需求。讀者可以嘗試在本例的基礎上，逐步去創建一個界面美觀、功能豐富的金融理財產品數據分析系統。

國家圖書館出版品預行編目(CIP)資料

基於EXCEL的財務金融建模實訓 / 趙昆 主編. -- 第一版.
-- 臺北市：崧燁文化，2018.08

面 ； 公分

ISBN 978-957-681-430-3(平裝)

1.財務金融 2.EXCEL(電腦程式)

494.7029　　107012251

書　名：基於EXCEL的財務金融建模實訓
作　者：趙昆 主編
發行人：黃振庭
出版者：崧燁文化事業有限公司
發行者：崧燁文化事業有限公司
E-mail：sonbookservice@gmail.com
粉絲頁　　　　　　　網　址：
地　址：台北市中正區重慶南路一段六十一號八樓815室
8F.-815, No.61, Sec. 1, Chongqing S. Rd., Zhongzheng Dist., Taipei City 100, Taiwan (R.O.C.)
電　話：(02)2370-3310　傳　真：(02) 2370-3210
總經銷：紅螞蟻圖書有限公司
地　址：台北市內湖區舊宗路二段121巷19號
電　話：02-2795-3656　　傳真：02-2795-4100　網址：
印　刷：京峯彩色印刷有限公司（京峰數位）

　　本書版權為西南財經大學出版社所有授權崧博出版事業股份有限公司獨家發行電子書繁體字版。若有其他相關權利需授權請與西南財經大學出版社聯繫，經本公司授權後方得行使相關權利。

定價：450 元
發行日期：2018 年 8 月第一版
◎ 本書以POD印製發行